1 Gleichungen und Polynomfunktionen

1.06
a) $x=-3 \vee x=0 \vee x=1$
b) $x=0 \vee x=2 \vee x=4$
c) $x=-1 \vee x=0 \vee x=5$
d) $x=0 \vee x=4$
e) $x=0 \vee x=5 \vee x=9$
f) $x=-4 \vee x=0$

1.07
a) $x=-3 \vee x=-1 \vee x=1$
b) $x=0 \vee x=2 \vee x=3$
c) $x=-\sqrt{3} \vee x=1 \vee x=\sqrt{3} \vee x=6$
d) $x=-\frac{\sqrt{13}}{2} \vee x=-1 \vee x=1 \vee x=\frac{\sqrt{13}}{2}$
e) $x=-5 \vee x=1 \vee x=5$
f) $x=-3 \vee x=-1 \vee x=1 \vee x=4$

1.08
a) $x=-4 \vee x=4 \vee x=7$
b) $x=-9 \vee x=1 \vee x=9$
c) $x=-2 \vee x=0 \vee x=2$
d) $x=-a \vee x=a$

1.09
a) $x=-\sqrt{3} \vee x=-\sqrt{2} \vee x=\sqrt{2} \vee x=\sqrt{3}$
b) keine Lösung
c) $x=-\frac{1}{2} \vee x=\frac{1}{2}$
d) $x=-3 \vee x=-2 \vee x=2 \vee x=3$
e) $x=1 \vee x=\sqrt[3]{3}$
f) $x=-3 \vee x=\frac{1}{2}$

1.11
a) $x=-3 \vee x=1 \vee x=2$
b) $x=-2 \vee x=-1 \vee x=1$
c) $x=-3 \vee x=2 \vee x=3$
d) $x=-2 \vee x=\frac{1}{2}$
e) $x=-4 \vee x=-3 \vee x=5$
f) $x=1 \vee x=3 \vee x=4$
g) $x=-2 \vee x=1 \vee x=4$
h) $x=-4$

1.12
a) $x=1 \vee x=2 \vee x=3$
b) $x=-2 \vee x=-1 \vee x=4$
c) $x=-\frac{1}{2} \vee x=1$
d) $x=-2 \vee x=-\frac{1}{2} \vee x=3$
e) $x=-3 \vee x=-1 \vee x=1 \vee x=2$
f) $x=-4 \vee x=-2 \vee x=1 \vee x=3$
g) $x=2$
h) $x=-2 \vee x=-1 \vee x=\frac{4}{3}$

1.13
2) ZB: $(x-1)^2 \cdot (x-2)=0 \Leftrightarrow x^3-4x^2+5x-2=0 \Leftrightarrow x=1 \vee x=2$
3) ZB: $(x-1) \cdot (x-2) \cdot (x-3)=0 \Leftrightarrow x^3-6x^2+11x-6=0 \Leftrightarrow x=1 \vee x=2 \vee x=3$

1.14
1) ZB: $(x-1)^4=0 \Leftrightarrow x^4-4x^3+6x^2-4x+1=0 \Leftrightarrow x=1$
2) ZB: $(x-1)^2 \cdot (x-2)^2=0 \Leftrightarrow x^4-6x^3+13x^2-12x+4=0 \Leftrightarrow x=1 \vee x=2$
3) ZB: $(x-1)^2 \cdot (x-2) \cdot (x-3)=0 \Leftrightarrow x^4-7x^3+17x^2-17x+6=0 \Leftrightarrow x=1 \vee x=2 \vee x=3$
4) ZB: $(x-1) \cdot (x-2) \cdot (x-3) \cdot (x-4)=0 \Leftrightarrow x^4-10x^3+35x^2-50x+24=0 \Leftrightarrow$
$\Leftrightarrow x=1 \vee x=2 \vee x=3 \vee x=4$

1.15
a) $-\frac{7}{3}$
b) $\frac{11}{4}$
c) 1; 8
d) 3; 12
e) −4; 3
f) −5; 6
g) −1
h) $\sqrt[3]{a}$
i) 0

1.16
a) −2; −1; 1
b) $\frac{1}{2}$; 1
c) −3; 2
d) $-\frac{1}{2}; \frac{1}{2}$

1.17
a) −3; 1; 2
b) −2; 1; 3
c) −1; 2
d) −1; 0; 1

1.18
a) −4; 2; 3
b) $-2; -1; \frac{7}{2}$
c) −1
d) 3
e) −1; 1; 2
f) $-\frac{1}{3}$; 0

1.19
a) $-3; \frac{1}{2}; 1; 2$
b) $-5; -\frac{1}{2}; \frac{1}{2}; 1$

1.20 Siehe Seite 6 bzw. Seite 9!

1.21 Siehe Seite 10!

1.22 Siehe Seite 10!

1.23 Siehe Seite 8!

1.24 Siehe Seite 8!

1.25 a) durch Herausheben von x b) durch Substitution

1.26 Siehe Seiten 6 bis 10!

1.27 a) $x = -5 \lor x = 0 \lor x = 5$
b) $x = -2 \lor x = 0 \lor x = 2$
c) $x = -7 \lor x = 7$
d) $x = -2\sqrt{2} \lor x = -\sqrt{2} \lor x = \sqrt{2} \lor x = 2\sqrt{2}$

1.28 ☐ ☐
☒ ☒

1.29 ZB: $x^3 - 2x^2 - x + 2 = 0$

1.30 $x^3 - 8 = (x - 2) \cdot (x^2 + 2x + 4) = 0$
Die Gleichung $x^2 + 2x + 4 = 0$ hat keine Lösung.
Daher ist 2 die einzige Lösung der Gleichung $x^3 - 8 = 0$.

1.31 $x^4 - 1^4 = (x^2)^2 - (1^2)^2 = (x^2 - 1) \cdot (x^2 + 1) = 0 \Leftrightarrow x^2 - 1 = 0 \lor x^2 + 1 = 0 \Leftrightarrow x = 1 \lor x = -1$

1.32

	Anzahl der Lösungen				
	0	1	2	3	4
$x^2 - 1 = 0$			x		
$x^3 - 1 = 0$		x			
$x^4 - 1 = 0$			x		

2 Grundbegriffe der Differentialrechnung

2.04 Klagenfurt–Bruck a.d. Mur: $\bar{v} = 83{,}52\,km/h$
Bruck a.d. Mur–Wien Meidling: $\bar{v} \approx 91{,}76\,km/h$
Der Zug fährt im Mittel zwischen Bruck an der Mur und Wien–Meidling schneller als zwischen Klagenfurt und Bruck an der Mur.

2.05 1) Nein. Die angegebenen Zeitintervalle haben nicht die gleiche Länge.
2) im Zeitintervall [12; 14]

2.06 ☐
☒
☒
☐

2.07 1) $v(t) = 10t$
2) Nein. Die Geschwindigkeit wächst linear.
3)

t (in s)	v(t) (in m)
0	0
1	10
2	20
3	30
4	40
5	50

2.08 a) 18 b) 2 c) 4 d) 84 e) $-\frac{1}{5}$ f) $-0{,}00075$

2.09 a) $\frac{f(b+h)-f(b)}{h}$ c) $N(t_0+1)-N(t_0)$ e) $u(a)-u(a-1)$
b) $\frac{A(r_2)-A(r_1)}{r_2-r_1}$ d) $\frac{y(z_0)-y(-z_0)}{2z_0}$ f) $\frac{g(s_0)-g(0)}{s_0}$

2.10 a) $\frac{f(a+h)-f(a)}{h} = 2a+h$ b) $\frac{f(t_1)-f(t_0)}{t_1-t_0} = -\frac{1}{t_0 \cdot t_1}$ c) $\frac{f(y_2)-f(y_1)}{y_2-y_1} = \frac{1}{(y_1+1)(y_2+1)}$

2.11 1) $A(z) - A(r) = \pi \cdot (z^2 - r^2)$
$A(2) - A(1) = 3\pi \approx 9{,}42\,(m^2)$
$A(3) - A(2) = 5\pi \approx 15{,}71\,(m^2)$
2) $\frac{A(z)-A(r)}{z-r} = \pi \cdot (z+r)$
mittlere Änderungsrate des Flächeninhalts in [1; 2] $= 3\pi \approx 9{,}42\,(m^2/m)$
mittlere Änderungsrate des Flächeninhalts in [2; 3] $= 5\pi \approx 15{,}71\,(m^2/m)$
3) $A'(r) = 2\pi r\,(m^2/m)$
$A'(1) = 2\pi \approx 6{,}28\,(m^2/m)$
$A'(3) = 6\pi \approx 18{,}85\,(m^2/m)$
Beim Radius 3 ändert sich der Flächeninhalt stärker als beim Radius 1.

2.12 1) $\frac{O(z)-O(r)}{z-r} = 4\pi \cdot (z+r)$
mittlere Änderungsrate des Oberflächeninhalts in [10; 20] $= 120\pi \approx 376{,}99\,(dm^2/dm)$
mittlere Änderungsrate des Oberflächeninhalts in [20; 30] $= 200\pi \approx 628{,}32\,(dm^2/dm)$
Im Radiusintervall [20; 30] ist die mittlere Änderungsrate des Oberflächeninhalts größer.
2) $O'(r) = 8\pi r\,(dm^2/dm)$
$O'(1) = 8\pi \approx 25{,}13\,(dm^2/dm)$
$O'(3) = 24\pi \approx 75{,}40\,(dm^2/dm)$

Beim Radius 3 ändert sich der Oberflächeninhalt stärker.

3) O′(r) ändert sich linear.

2.13 1) mittlere Änderungsrate des Kreisumfangs in [r; z] $= \frac{u(z)-u(r)}{z-r} = \frac{2\pi z - 2\pi r}{z-r} = \frac{2\pi(z-r)}{z-r} = 2\pi$

2) $u'(r) = \lim\limits_{z \to r} \frac{u(z)-u(r)}{z-r} = \lim\limits_{z \to r} 2\pi = 2\pi$

2.14

x	f(x)	$\frac{f(z)-f(x)}{z-x}$	$\lim\limits_{z \to x} \frac{f(z)-f(x)}{z-x}$
zurückgelegter Weg (in km)	verbrauchte Benzinmenge nach x km (in l)	mittlere Änderungsrate des Benzinverbrauchs im Wegintervall [x; z] (in l/km)	Änderungsrate des Benzinverbrauchs bei x km (in l/km)
Zeit (in h)	Ort zum Zeitpunkt t (in km)	mittlere Geschwindigkeit im Zeitintervall [x; z] (in km/h)	Geschwindigkeit zum Zeitpunkt x (in km/h)
Zeit (in h)	Flächeninhalt der Bakterienkultur zum Zeitpunkt x (in mm^2)	durchschnittliche Wachstumsgeschwindigkeit einer Bakterienkultur im Zeitintervall [x; z] (in mm^2/h)	Wachstumsgeschwindigkeit der Bakterienkultur zum Zeitpunkt x (in mm^2/h)
Höhe (in m)	Luftdruck in der Höhe x (in hPa/m)	mittlere Änderungsrate des Luftdrucks im Höhenintervall [x; z] (in hPa/m)	Änderungsrate des Luftdrucks in der Höhe x (in hPa/m)
Entfernung vom Kanalanfang (in m)	Wassertiefe eines Kanals nach x m (in m)	mittlere Änderungsrate der Wassertiefe im Intervall [x; z] (in m/m)	Änderungsrate der Wassertiefe nach x m (in m/m)

2.15 1)

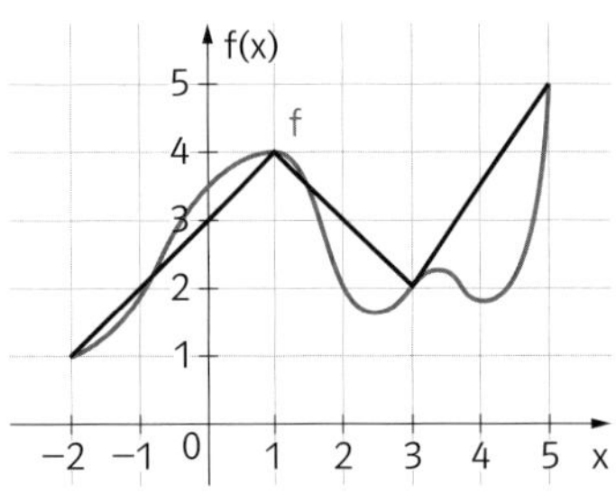

2) in [−2; 1]: k = 1; s(x) = x + 3
in [1; 3]: k = −1; s(x) = −x + 5
in [3; 5]: k = 1,5; s(x) = 1,5x − 2,5

2.16 a) k = 31 b) k = 51 c) k = 435 d) k = 835

2.17 a) z = 2 b) z = 3 c) z > 1

2.18 a) 50 km/h b) zB [0; 2] c) 48 km/h d) zB [180; 240] e) im Zeitintervall [3; 4], 240 km vom Ausgangsort entfernt

2.19
- ☒
- ☐
- ☐
- ☒
- ☒
- ☐

2.20 ZB: $f(x) = x$

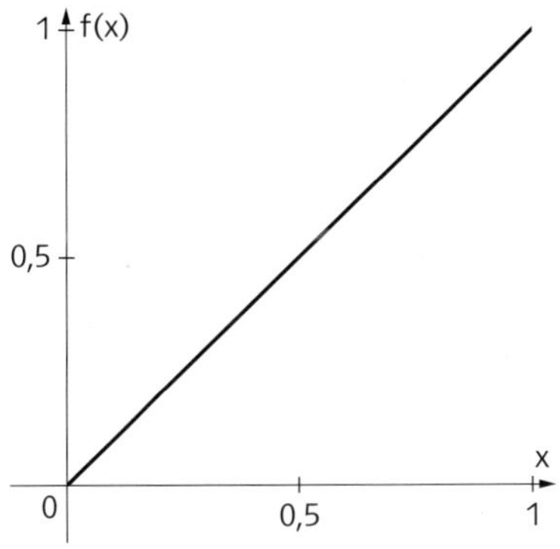

$g(x) = x^2$

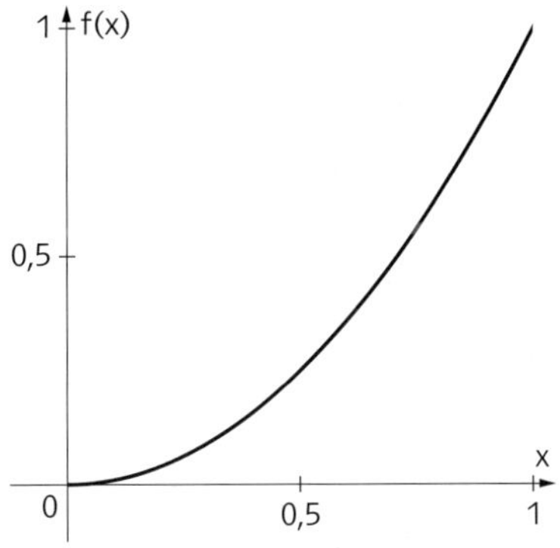

$h(x) = \sqrt{x}$

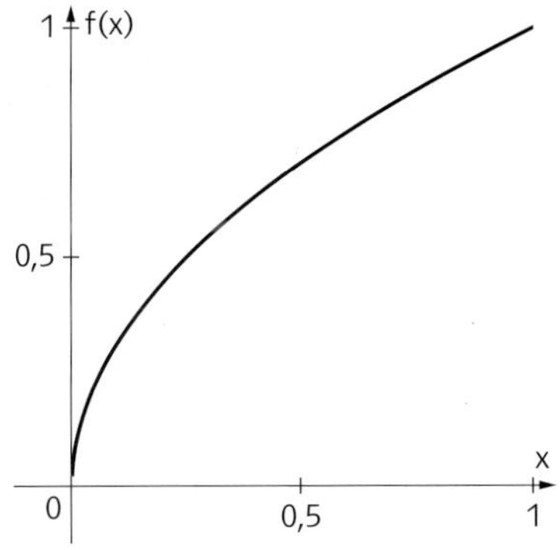

2.21 **a)** ZB: $f(x) = 2x$, $g(x) = x^2$

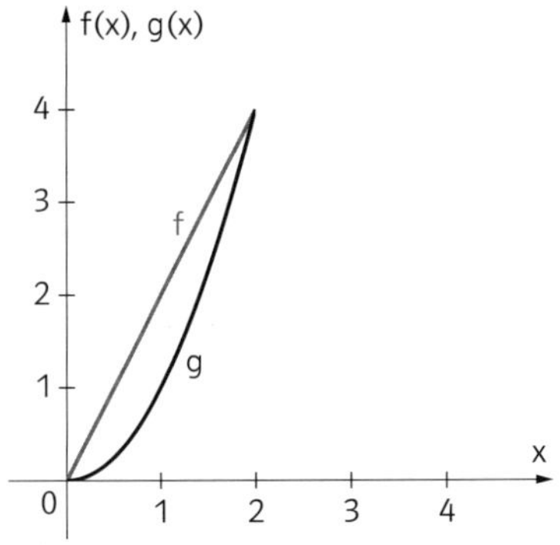

b) ZB: $f(x) = -x$, $g(x) = -\frac{1}{2}x^2$

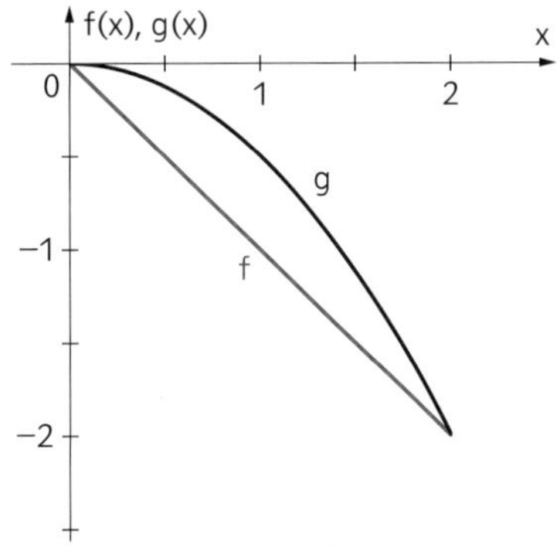

c) ZB: $f(x) = 1$, $g(x) = (x-1)^2$

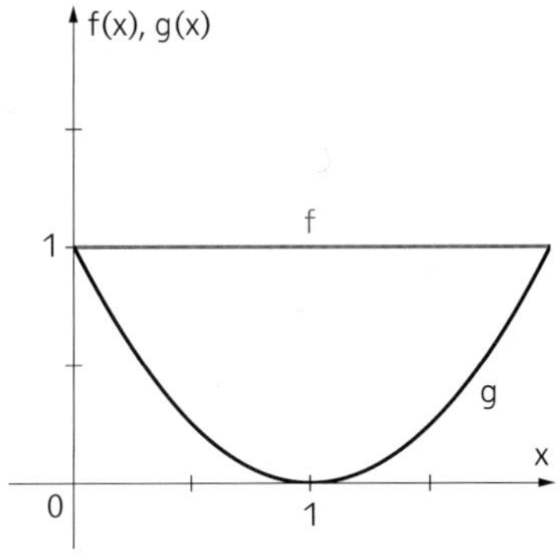

2.22 **a)** ZB: $f(x) = x^2$; $[-1; 2]$ **b)** ZB: $f(x) = x^2$, $[-2; 1]$

2.23 ZB:

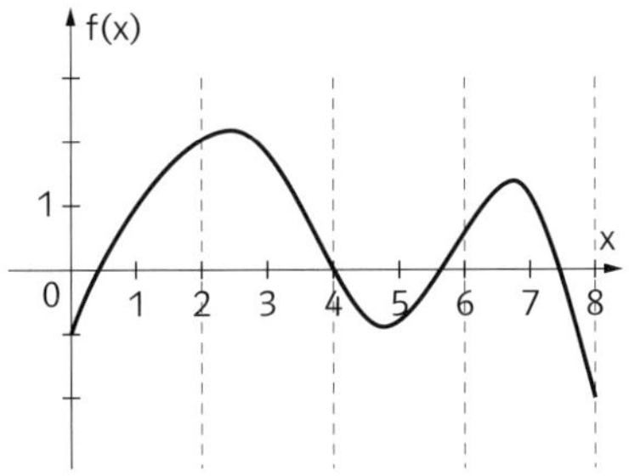

2.24 **a)** 1 : 1 **b)** 10 : 1 **c)** 150 : 1 **d)** $(u + v) : 1$

2.25 **a)** 31 **b)** 36 **c)** 175 **d)** $u^2 + uv + v^2$

2.26 mittlere Volumsänderungsrate im Zeitintervall $[2; 6] = \frac{V(6) - V(2)}{4}$ (cm^3/s)

1. Deutung: Verhältnis der Volumsänderung zur Zeitänderung im Zeitintervall [2; 6]

2. Deutung: mittlere Volumsänderung pro Sekunde im Zeitintervall [2; 6]

2.27 **a)** $\frac{A(10) - A(5)}{10 - 5} = \frac{100\pi - 25\pi}{5} = \frac{75\pi}{5} = 15\pi$ (cm^2/s)

1. Deutung: Das Verhältnis der Flächeninhaltsänderung zur Zeitänderung im Zeitintervall [5; 10] beträgt $15\pi : 1$.

2. Deutung: Im Zeitintervall [5; 10] beträgt die mittlere Flächeninhaltsänderung pro Sekunde 15π.

b) $\frac{A(8) - A(1)}{8 - 1} = \frac{64\pi - \pi}{7} = \frac{63\pi}{7} = 9\pi$ (m^2/m)

1. Deutung: Verhältnis der Flächeninhaltsänderung zur Radiusänderung im Radiusintervall [1; 8]

2. Deutung: mittlere Flächeninhaltsänderung pro Meter im Radiusintervall [1; 8]

2.28 **a)** f in [a; b] streng monoton steigend $\Rightarrow f(a) < f(b) \Rightarrow f(b) - f(a) > 0 \Rightarrow \frac{f(b)-f(a)}{b-a} > 0$
Führe den zweiten Teil des Beweises selbst durch!
b) Seien $x_1, x_2 \in A$ mit $x_1 < x_2$. Da laut Voraussetzung $\frac{f(x_2)-f(x_1)}{x_2-x_1} > 0$, folgt $f(x_2) - f(x_1) > 0$ und somit $f(x_1) < f(x_2)$. Also ist f streng monoton steigend. Führe den zweiten Teil des Beweises selbst durch!

2.29 **1)** [0; 1]: 1; [10; 11]: 21; [100; 101]: 201
2) $\frac{f(b)-f(a)}{b-a} = \frac{b^2-a^2}{b-a} = a + b$
$\frac{f(d)-f(c)}{d-c} = \frac{d^2-c^2}{d-c} = c + d$
Wegen $0 < a < c$ und $0 < b < d$ folgt $a + b < c + d$ und somit $\frac{f(b)-f(a)}{b-a} < \frac{f(d)-f(c)}{d-c}$.

2.30 **1)** $\frac{f(b)-f(a)}{b-a} = k \Rightarrow f(b) - f(a) = k \cdot (b - a)$
2) Folgt aus 1), da $f'(x)$ näherungsweise gleich dem Differenzenquotienten in einem sehr kleinen Intervall um x ist und diese Näherung umso genauer ist, je kleiner dieses Intervall ist.

2.31 **a)** doppelt so stark **b)** 10-mal so stark **c)** 102,3-mal so stark

2.32 **a)** $x = 3$ **b)** $x = -1$ **c)** $x = 0$ **d)** $x = -2$

2.33 **a)** (1), (6), (8), (9) **b)** (1), (3), (4), (6), (10) **c)** (2), (5), (7), (9), (11), (12) **d)** (10), (11)

2.34 **a)** zB: $A = (-3 \mid 1)$ **b)** $B = (0 \mid 0)$ **c)** zB: $C = (2 \mid -2)$ **d)** zB: $D = (-2 \mid 2)$ und $E = (2 \mid -2)$

2.35 **a)** zB: $a = -3$ **b)** zB: $[-4; -3]$ **c)** zB: $[-3; 3]$

2.37 **1)** Neigungswinkel der Tangente in $P = (1 \mid f(1))$: $\alpha_1 \approx 116{,}6°$
Neigungswinkel der Tangente in $Q = (2{,}5 \mid f(2{,}5))$: $\alpha_2 \approx 78{,}7°$
2) … in den Punkten $\left(\frac{1}{2} \middle| \frac{1}{4}\right)$ und $\left(-\frac{1}{2} \middle| \frac{1}{4}\right)$
3) … in allen Punkten $(x \mid f(x))$ mit $x \in \mathbb{R}_0^+$
4) … in allen Punkten $(x \mid f(x))$ mit $x \in \mathbb{R}^-$

2.38 **1)** Geschwindigkeit zum Zeipunkt t
2) betragsmäßig am größten zu den Zeitpunkten 0 und 3, betragsmäßig am kleinsten zum Zeitpunkt 1,5
3) zum Zeitpunkt 1 ca. 5 m/s, zum Zeitpunkt 2 ca. – 5 m/s
4) positiv im Zeitintervall [0; 1,5[, negativ im Zeitintervall]1,5; 3], null zum Zeitpunkt 1,5

2.39 **a)** Die Geschwindigkeit nimmt zuerst zu und dann bis zu null ab (dh. der Zug kommt zum Stillstand).
b) Die Geschwindigkeit nimmt zuerst zu, dann wieder ab, ist dann eine Zeitlang null (dh. der Zug steht), nimmt dann wieder zu, ist eine Zeitlang konstant und nimmt dann bis zu null ab (dh. der Zug kommt zum Stillstand).
c) Der Zug fährt in die Gegenrichtung. Die Geschwindigkeit nimmt dem Betrag nach zuerst zu und dann bis zu null ab (dh. der Zug kommt zum Stillstand).
d) Die Geschwindigkeit nimmt zuerst zu, dann bis zu null ab, wird negativ (dh. der Zug fährt zurück). Beim Zurückfahren nimmt sie dem Betrag nach zuerst zu und dann bis zu null wieder ab. Anschließend wird sie wieder positiv, nimmt weiter zu und nimmt schließlich bis zu null ab (dh. der Zug kommt zum Stillstand).

2.40 **1)** ca. 24 km/h
2) Änderungsrate des Treibstoffverbrauchs bei der Geschwindigkeit v im jeweiligen Gang
3) negativ ca. im Geschwindigkeitsintervall [20; 44[, positiv ca. im Geschwindigkeitsintervall [44; 108[, null bei der Geschwindigkeit 44 km/h.

4) ca. im Geschwindigkeitsintervall [108; 132]
5) Nein.

2.41 1) ca. 23° bzw. ca. 3°
2) zu
3) ab
4) am größten bei 0 Volt, am kleinsten bei 8 Volt

2.42 1) Änderungsrate des Auftriebs bezüglich des Anstellwinkels beim betrachteten Anstellwinkel.
2) Der Auftrieb wird bis zu einem Anstellwinkel von ca. 14,8° größer und nimmt anschließend wieder ab.
3) Sie nimmt ab.
4) Nein. Im ersten Fall ist die Änderung positiv, im zweiten Fall negativ. Bei Erhöhung des Anstellwinkels von 18,1° auf 18,2° nimmt der Antrieb derart rapid ab, dass Absturzgefahr besteht.

2.43 1) Sie wird kleiner.
2) Sie wird größer.
3) 140 km/h

2.44 a) $\frac{dV}{dt} = \lim\limits_{\Delta t \to 0} \frac{\Delta V}{\Delta t}$ b) $\frac{dV}{dr} = \lim\limits_{\Delta r \to 0} \frac{\Delta V}{\Delta r}$ c) $\frac{dA}{dr} = \lim\limits_{\Delta r \to 0} \frac{\Delta A}{\Delta r}$ d) $\frac{dF}{dv} = \lim\limits_{\Delta v \to 0} \frac{\Delta F}{\Delta v}$

2.45 a) $s(t) = \frac{g}{2}t^2 \Rightarrow \frac{ds}{dt} = gt$ b) $A(s) = s^2 \Rightarrow \frac{dA}{ds} = 2s$ c) $O(r) = 4\pi r^2 \Rightarrow \frac{dO}{dr} = 8\pi r$

2.46 a) $\frac{ds}{dt} = \lim\limits_{\Delta t \to 0} \frac{\Delta s}{\Delta t}$ $s'(t) = \lim\limits_{\Delta t \to 0} \frac{s(t+\Delta t) - s(t)}{\Delta t}$ $s'(t) = \lim\limits_{h \to 0} \frac{s(t+h) - s(t)}{h}$

b) $\frac{dg}{dx} = \lim\limits_{\Delta x \to 0} \frac{\Delta g}{\Delta x}$ $g'(x) = \lim\limits_{\Delta x \to 0} \frac{g(x+\Delta x) - g(x)}{\Delta x}$ $g'(x) = \lim\limits_{h \to 0} \frac{g(x+h) - g(x)}{h}$

c) $\frac{df}{du} = \lim\limits_{\Delta u \to 0} \frac{\Delta f}{\Delta u}$ $f'(x) = \lim\limits_{\Delta u \to 0} \frac{f(u+\Delta u) - f(u)}{\Delta u}$ $f'(x) = \lim\limits_{h \to 0} \frac{f(u+h) - f(u)}{h}$

2.47 1) $K(27) - k(25) = 25{,}16$ (€)
2) $K'(25) = 12{,}5$ (€), $K(26) - K(25) = 12{,}52$ (€)
K'(25) stimmt mit dem Kostenzuwachs bei Ausweitung der Produktion um eine Einheit bis auf 0,02 € überein.

2.49 1) $\bar{I}(t, z) := \frac{Q(z) - Q(t)}{z - t} = \frac{\Delta Q}{\Delta t}$
2) $I(t) := Q'(t) = \lim\limits_{z \to t} \frac{Q(z) - Q(t)}{z - t}$ bzw. $I(t) := \frac{dQ}{dt} = \lim\limits_{\Delta t \to 0} \frac{\Delta Q}{\Delta t}$

2.50 1) $\bar{P}(t, z) := \frac{W(z) - W(t)}{z - t} = \frac{\Delta W}{\Delta t}$
2) $P(t) := W'(t) = \lim\limits_{z \to t} \frac{W(z) - W(t)}{z - t}$ bzw. $P(t) := \frac{dW}{dt} = \lim\limits_{\Delta t \to 0} \frac{\Delta W}{\Delta t}$

2.51 1) $\bar{G}(m, z) := \frac{T(z) - T(m)}{z - m} = \frac{\Delta T}{\Delta m}$
2) $G(m) := T'(m) = \lim\limits_{z \to m} \frac{T(z) - T(m)}{z - m}$ bzw. $G(m) := \frac{dT}{dm} = \lim\limits_{\Delta m \to 0} \frac{\Delta T}{\Delta m}$

2.52 a) $f'(x) = 2x$ b) $f'(x) = 3x^2$
Vermutung: $f(x) = x^n \Rightarrow f'(x) = n \cdot x^{n-1}$ für alle $n \in \mathbb{N}^*$

2.53 a) $f'(x) = 0$ c) $f'(x) = 1$ e) $f'(x) = 1$ g) $f'(x) = 2$
b) $f'(x) = 0$ d) $f'(x) = 2$ f) $f'(x) = 1$ h) $f'(x) = -2$

2.54 a) $f'(x) = 2x$ c) $f'(x) = 12x^{11}$ e) $f'(x) = 6x$ g) $f'(x) = 20x^4$
b) $f'(x) = 5x^4$ d) $f'(x) = 150x^{149}$ f) $f'(x) = 16x^7$ h) $f'(x) = -7x^6$

2.55 a) $f'(x) = 6x^5 + 3x^2$ d) $f'(x) = -24x^3 - 6x^2$ g) $f'(x) = 49x^6 + 9x^2 - 1$
b) $f'(x) = 6x^5 + 3x^2 - 1$ e) $f'(x) = 5x^4 - 36x + 6$ h) $f'(x) = 22x^{10} - 130x^9$
c) $f'(x) = 12x^2 - 14x + 3$ f) $f'(x) = 5x^4 + 4x^3 - 2$ i) $f'(x) = 187{,}5x^{24} - 52{,}5x^{14}$

2.56 a) $f'(3) = 5\,096$ c) $f'(3) = 102$ e) $f'(3) = -1$
b) $f'(3) = -297$ d) $f'(3) = -1458$ f) $f'(3) = 5$

2.57 ☒
☒
☐
☒

2.58 ☒ ☐ ☒ ☒
☐ ☒ ☐ ☒

2.59 a) $f'(5) = 109\,365$ c) $f'(-1) = -8$ e) $f'(0{,}5) = -0{,}5625$ g) $f'(4) = 8$
b) $f'(-3) = -1459$ d) $f'(0) = 0$ f) $f'(-2) = -87$ h) $f'(1) = 6$

2.60 a) $f'(-2) = -8;\ \alpha \approx 97{,}1°$ c) $f'(0) = -1;\ \alpha = 135°$
b) $f'(4) = -1;\ \alpha = 135°$ d) $f'(-1) = -7;\ \alpha \approx 98{,}1°$

2.61 a) $x = \frac{1}{2}$ b) $x = -\frac{1}{2} \vee x = \frac{1}{2}$ c) $x = -2 \vee x = 1$

2.62 a) $Q = (2\,|\,-5)$ c) $Q = (-3\,|\,62)$ oder $Q = (3\,|\,-70)$
b) $Q = (3{,}5\,|\,-5{,}75)$ d) $Q = (0\,|\,-1)$ oder $Q = \left(\frac{2}{3}\,\middle|\,-\frac{31}{27}\right)$

2.63 a) $Q = (-1\,|\,1)$ b) $Q = \left(\frac{2}{3}\,\middle|\,\frac{32}{27}\right)$ c) $Q = (1\,|\,-2)$ d) $Q = (-3\,|\,-19)$

2.64 1) $S_1 = (-3\,|\,0)$, Steigung: -2; $S_2 = (-1\,|\,0)$, Steigung: 2; $S_3 = (0\,|\,3)$, Steigung: 4
2) parallel zur ersten Achse in $(-2\,|\,-1)$; parallel zur Geraden in $(-1\,|\,0)$
3) $(-1{,}5\,|\,-0{,}75)$

2.65 a) $t: 9x - 3y = 16$ b) $t: 16x - y = -20$

2.66 a) $t: 9x - y = 16$ b) $t_1: 3x - y = -2;\ t_2: 3x - y = 2$

2.67 $v(2) = 10\,m/s$, $v(4) = -10\,m/s$, $v(6) = -30\,m/s$

2.68 14 m/s; 88 m/s; 222 m/s; 416 m/s; 670 m/s

2.69 1) nach 12 s 2) 35 m/s 3) 10 m/s 4) nach 14 s mit $v = -80\,m/s$

2.70 1) $v(3) = 3$ 2) $t = 4$ 3) ja 4) vom Typ $f(x) = k \cdot x$

2.71 1) 24 m/s
2) 34 m/s; 24 m/s; 14 m/s; 4 m/s; −6 m/s; −16 m/s
Negative Geschwindigkeit bedeutet Abnahme der Höhe mit zunehmender Zeit.

2.72 $F'(200) = 920\,\frac{N}{km/h}$; $F'(400) = 1840\,\frac{N}{km/h}$; $F'(600) = 2760\,\frac{N}{km/h}$; $F'(800) = 3680\,\frac{N}{km/h}$
Die Änderungsrate nimmt mit steigender Geschwindigkeit zu.

2.73 1) nach 13 s 2) ca. 61,0 m/s bzw. ca. −61,0 m/s 3) nach 6,5 s; 211,25 m

2.74 1) [0; 5]: 125 000 Joule; [5; 10]: 375 000 Joule
Im Zeitintervall [5; 10] ist die Zunahme größer.
2) [0; 5]: 25 000 (Joule/s); [5; 10]: 75 000 (Joule/s)
Im Zeitintervall [5; 10] nimmt die Energie im Mittel stärker zu.
3) $E'(t) = 10\,000t$
Zum Zeitpunkt $t = 10$ nimmt $E(t)$ am schnellsten zu.

4) $E'(0) = 0$ (J/s); $E'(5) = 50\,000$ (J/s); $E'(10) = 100\,000$ (J/s)

2.75 Das Seil ist an der Stelle 30 steiler als an der Stelle 20.

2.76 1) $F(v) = 12v^2$ 2) $F'(v) = 24v$ 3) 100 km/h ≈ 27,8 m/s: $F'(27{,}8) \approx 667\,\frac{N}{m/s}$

2.77 1) $E(v) = \frac{mv^2}{2} \Rightarrow E'(v) = \frac{2mv}{2} = m \cdot v$
2) $p(t) = m \cdot v(t) = m \cdot g \cdot t \Rightarrow p'(t) = m \cdot g = G$

2.78 1) $v'(r) = -2C \cdot r$
Das negative Vorzeichen bedeutet, dass die Änderungsrate von v mit zunehmendem r abnimmt.
2) Die Blutgeschwindigkeit nimmt zu. Die Änderungsrate bleibt unverändert.

2.79 a) $\alpha = \beta \approx 82{,}9°$ b) $\alpha = \beta \approx 11{,}3°$

2.80 1) $a < 0 \wedge b > 0 \wedge c = 0$ 2) $f'(0) = b$; $f'\left(-\frac{b}{a}\right) = -b$

2.81 1) $\vec{t} = (1 \mid 11)$ 2) $\alpha \approx 84{,}8°$

2.82 $\alpha \approx 3{,}8°$

2.83 Zeige: Die Steigung der Geraden ist gleich der Steigung der Tangente. Deutung: Die Geschwindigkeit zum Zeitpunkt $\frac{a+b}{2}$ ist gleich der mittleren Geschwindigkeit im Zeitintervall [a; b].

2.84 Zeige: Die Steigung der Geraden ist gleich der Steigung der Tangente an der Stelle $\sqrt{\frac{a^2 + ab + b^2}{3}}$.

2.85 Zeige: $f'(0) = 0$. Für $n = 1$ ist die Tangente die 1. Mediane.

2.86 Zeige: $f'(x) = g'(x)$
Geometrische Deutung: Der Graph von g geht aus dem Graphen von f durch eine Verschiebung um 3 in Richtung der positiven 2. Achse hervor. Dadurch ändern sich die Steigungen an den einzelnen Stellen nicht.

2.87 Hinweis: Beachte die Definition einer konstanten Funktion!

2.88 a) $\frac{dp}{dv} = \varrho v$ b) $\frac{dp}{dq} = 1$ c) $\frac{dp}{d\varrho} = \frac{1}{2}v^2$

2.89 a) $\frac{dE}{dt} = a + b \cdot t$ b) $\frac{dE}{da} = t$ c) $\frac{dE}{db} = \frac{1}{2}t^2$

2.90 a) $\frac{dE}{dh} = m \cdot g$ b) $\frac{dE}{dm} = \frac{v^2}{2} + g \cdot h$ c) $\frac{dE}{dv} = m \cdot v$ d) $\frac{dE}{dg} = m \cdot h$

2.91 a) $h = \frac{E}{mg} - \frac{v^2}{2g}$; $\frac{dh}{dE} = \frac{1}{mg}$
b) $m = \frac{2E}{v^2 + 2gh}$; $\frac{dm}{dE} = \frac{2}{v^2 + 2gh}$
c) $g = \frac{E}{mh} - \frac{v^2}{2h}$; $\frac{dg}{dE} = \frac{1}{mh}$

2.92 a) $\frac{dO}{dr} = 2\pi(2r + h)$ b) $\frac{dO}{dh} = 2r\pi$

2.93 a) $y = C \cdot x^2 \Rightarrow C = \frac{y}{x^2}$; $\frac{dy}{dx} = 2Cx = 2 \cdot \frac{y}{x^2} \cdot x = \frac{2y}{x}$
b) $r = C \cdot \varphi + \varphi^2 \Rightarrow \frac{r}{\varphi} = C + \varphi$; $\frac{dr}{d\varphi} - \frac{r}{\varphi} = C + 2\varphi - (C + \varphi) = \varphi$
c) $a = C \cdot z^2 + 1 \Rightarrow C = \frac{a-1}{z^2}$; $\frac{da}{dz} = 2Cz = 2 \cdot \frac{a-1}{z^2} \cdot z = 2 \cdot \frac{a-1}{z}$
d) $z = \frac{c}{2} \cdot x^2 - \frac{1}{2c}$; $x \cdot \frac{dz}{dx} - 2z = x \cdot cx - \left(cx^2 - \frac{1}{c}\right) = \frac{1}{c}$
e) $u = v^3 + c \cdot v^2$; $u \cdot \left(\frac{3}{v} - \frac{c \cdot v}{u}\right) = \frac{3u}{v} - cv = \frac{3(v^3 + cv^2)}{v} - cv = \frac{3v^3 + 3cv^2 - cv^2}{v} = 3v^2 + 2cv = \frac{du}{dv}$
f) $w = u^3 - 5 \Rightarrow u^3 = w + 5 \Rightarrow u^2 = \frac{w+5}{u}$; $\frac{1}{3} \cdot \frac{dw}{du} = \frac{1}{3} \cdot u^2 = \frac{1}{3} \cdot 3 \cdot \frac{w+5}{u} = \frac{w+5}{u}$

2.94 a) Die mittlere Änderungsrate von N(t) im Zeitintervall [t; t + Δt] ist direkt proportional zu N(t) (mit dem Proportionalitätsfaktor −λ).
b) Die Änderungsrate von N(t) zum Zeitpunkt t ist direkt proportional zu N(t) (mit dem Proportionalitätsfaktor −λ).

2.95
a) $f'(x) = 1$ — $f''(x) = 0$
b) $f'(x) = 3x^2 + x$ — $f''(x) = 6x + 1$
c) $f'(x) = 5x^4 - 4x^3 + 9x^2$ — $f''(x) = 20x^3 - 12x^2 + 18x$
d) $f'(x) = 7x^6 - 2x + 3$ — $f''(x) = 42x^5 - 2$
e) $f'(x) = 3x^2 - 1$ — $f''(x) = 6x$
f) $f'(x) = 3x^2 - 2x + 2$ — $f''(x) = 6x - 2$

2.96
a) $f'(x) = a$ — $f''(x) = 0$
b) $f'(x) = 3ax^2 + 2bx + c$ — $f''(x) = 6ax + 2b$
c) $f'(x) = na_n x^{n-1} + (n-1)a_{n-1} x^{n-2} + \ldots + 2a_2 x + a_1$
$f''(x) = n(n-1)a_n x^{n-2} + (n-1)(n-2)a_{n-1} x^{n-3} + \ldots + 2a_2$

2.97
a) $f'(x) = 15x^2 - 14x + 1$ — $f''(x) = 30x - 14$ — $f'''(x) = 30$
b) $f'(x) = 5ax^4 - 3bx^2$ — $f''(x) = 20ax^3 - 6bx$ — $f'''(x) = 60ax^2 - 6b$
c) $f'(x) = 6ax^5 - 5bx^4 + 2cx$ — $f''(x) = 30ax^4 - 20bx^3 + 2c$ — $f'''(x) = 120ax^3 - 60bx^2$

2.98
a) $f'(0) = 0$; $f''(2) = 36$; $f'''(-6) = -150$
b) $f'(0) = 0$; $f''(2) = 164$; $f'''(-6) = 2160$
c) $f'(0) = -1$; $f''(2) = 2$; $f'''(-6) = 0$

2.99
a) $v(10) = 40$; $a(10) = 4$
b) $v(10) = 900$; $a(10) = 180$
c) $v(10) = 1201$; $a(10) = 240$
d) $v(10) = 7980$; $a(10) = 2398$

2.100 $v(t) = s'(t) = g \cdot t$; $a(t) = v'(t) = s''(t) = g$
g ist die konstante Beschleunigung beim freien Fall auf der Erde.

2.101 a) Siehe Seite 13! b) Siehe Seite 13!

2.102 a) Siehe Seite 15! b) Siehe Seite 15!

2.103 a) mittlere Änderungsrate b) Änderungsrate von f an der Stelle x

2.104 Siehe Seite 19!

2.105 ZB:
- mittlere Geschwindigkeit in einem Zeitintervall bzw. Geschwindigkeit zu einem Zeitpunkt
- mittlere Flächenzunahmegeschwindigkeit einer kreisförmigen Welle in einem Zeitintervall bzw. Flächenzunahmegeschwindigkeit zu einem Zeitpunkt
- mittlere Änderungsrate der Fliehkraft in einem Radiusintervall bzw. Änderungsrate der Fliehkraft bei einem Radius

2.106 a) lineare Funktion, da für f mit $f(x) = k \cdot x + d$ der Differenzenquotient in jedem Intervall [x; z]
$\frac{f(z) - f(x)}{z - x} = \frac{k \cdot z + d - k \cdot x - d}{z - x} = \frac{k \cdot (z - x)}{z - x} = k$ ist.

b) lineare Funktion, da für f mit $f(x) = k \cdot x + d$ der Differentialquotient an jeder Stelle x
$\lim\limits_{z \to x} \frac{f(z) - f(x)}{z - x} = k$ ist.

c) Bei Funktionen, die streng monoton steigend bzw. fallend sind, hat der Differenzenquotient das gleiche Vorzeichen, da er in jedem Intervall gleich der Steigung k bzw. gleich der Steigung der entsprechenden Sekantenfunktion ist.

2.107 a) Ist f eine Funktion in [a; b], so nennt man die lineare Funktion s mit s(a) = f(a) und s(b) = f(b) die Sekantenfunktion von f in [a; b]. Der Differenzenquotient einer Funktion f in [a; b] ist gleich der Steigung der Sekantenfunktion von f in [a; b].

b) Siehe Seite 22!

2.108 a) Siehe Seite 24!

b) Setze $f'(x) = \tan\alpha$ und berechne daraus α!

2.109 a) Siehe Seite 30!

b) $f': x \mapsto 10x^4 + 6x$,

verwendete Regeln: Summenregel, Regel vom konstanten Faktor, Potenzregel für natürliche Exponenten, Ableitung einer konstanten Funktion

2.110 Siehe Seite 36!

$f': x \mapsto 4x^3 - 2x$; $f'': x \mapsto 12x^2 - 2$; $f''': x \mapsto 24x$

2.111 Siehe Seiten 12 – 36!

2.112 ☐ ☒ ☒ ☒

2.113 ☒ ☐ ☐

2.114
☐
☐
☐
☒
☐
☒
☐
☐

2.115
☐
☐
☒
☒
☒
☐
☒
☐

2.116
☐
☐
☐
☒
☒

2.117 1) in [0; 3]: 9 200 €; in [3; 6]: 5 520 €

Der Wertverlust ist im Zeitintervall [0; 3] größer als im Zeitintervall [3; 6].

2) mittlerer Wertverlust in [0; 3]: ≈ 3 066,67 €; mittlerer Wertverlust in [3; 6]: 1840 €

3) $\frac{W(t_1) - W(t_2)}{t_2 - t_1} = -\frac{W(t_2) - W(t_1)}{t_2 - t_1}$

2.118 $f'(2) = 13$; $\frac{f(2{,}01) - f(1{,}99)}{2{,}01 - 1{,}99} = 13{,}0001$ Der Unterschied beträgt 0,0001.

2.119

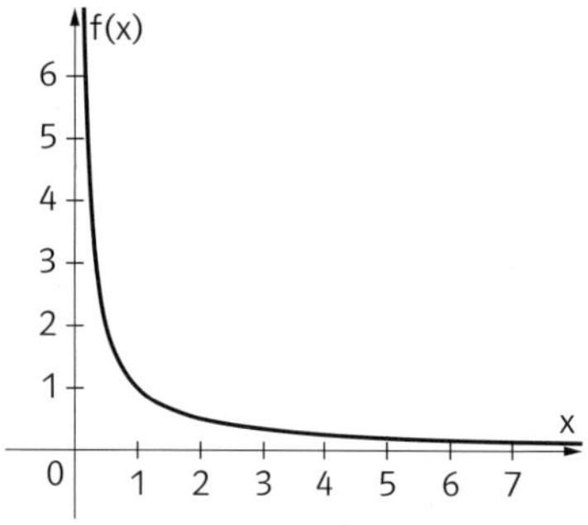

mittlere Änderungsrate in [0,5; 1,5]: ≈ −1,3
mittlere Änderungsrate in [10; 11]: ≈ −0,01
mittlere Änderungsrate in [100; 101]: ≈ −0,0001

2.120 1) von 1 auf 2: $3\pi \approx 9{,}42$ (m²); von 2 auf 3: $5\pi \approx 15{,}71$ (m²); von 3 auf 4: $7\pi \approx 21{,}99$ (m²)

2) $5\pi \approx 15{,}71$ (m²/m) A(r) nimmt im Mittel pro Meter Radius um 5π (m²) zu.

3) $\frac{3\pi + 5\pi + 7\pi}{3} = 5\pi$ (m²/m)

2.121 a) Die mittlere Änderungsrate von p(h) im Höhenintervall [h; h + Δh] ist direkt proportional zu p(h) mit dem Proportionalitätsfaktor −k.

b) Die Änderungsrate von p(h) in der Höhe h ist direkt proportional zu p(h) mit dem Proportionalitätsfaktor −k.

2.122 1) $\bar{v}(t, z) = \frac{s(z) - s(t)}{z - t}$; $v(t) = \lim\limits_{z \to t} \bar{v}(t, z)$ 2) $\bar{a}(t, z) = \frac{v(z) - v(t)}{z - t}$; $a(t) = \lim\limits_{z \to t} \bar{a}(t, z)$

2.123 1) in [0; 1]: 4,8 km/s; in [2; 3]: 11,2 km/s
zum Zeitpunkt 1: $s'(1) = v(1) = 6{,}4$ km/s; zum Zeitpunkt 3: $s'(3) = v(3) = 12{,}8$ (km/s)

2) 2 Sekunden; 9,6 km/s

2.124 1) ca. $75 \frac{\text{km/s}}{\text{Mpc}}$ 2) um ca. 75 km/s

2.125 a) ca. in den Höhen 20 km, 50 km, 90 km

b) positiv in ca.]20; 50[und in ca.]90; 300]
negativ in ca. [0; 20[und ca.]50; 90[
positives Vorzeichen bedeutet: Temperaturzunahme bei Höhenzunahme
negatives Vorzeichen bedeutet: Temperaturabnahme bei Höhenzunahme

c) Ja.

d) Nein.

2.126 1) $\bar{\omega}(t; z) := \frac{a(z) - a(t)}{z - t} = \frac{\Delta a}{\Delta t}$ 2) $\omega(t) := a'(t) = \lim\limits_{z \to t} \frac{a(z) - a(t)}{z - t}$ bzw. $\omega(t) := \frac{da}{dt} = \lim\limits_{\Delta t \to 0} \frac{\Delta a}{\Delta t}$

3 Untersuchen von Polynomfunktionen

3.01

	trifft zu auf f	trifft zu auf g	trifft zu auf h
0 ist eine Nullstelle der Funktion.	☒	☐	☒
−1 und 1 sind globale Extremstellen der Funktion.	☒	☐	☒
2 ist eine lokale Minimumstelle der Funktion.	☐	☒	☒
Die Funktion ist in [−1; 1] streng monoton fallend.	☒	☐	☐
Die Funktion ist in [−1; 1] streng monoton steigend.	☐	☐	☒
Die Funktion wechselt an der Stelle −1 ihr Monotonieverhalten.	☒	☐	☒

3.02 a) 5 b) lokale c) 3 d) Hochpunkt

3.03
☐
☐
☐
☒

3.04 Zum Beispiel:

a)
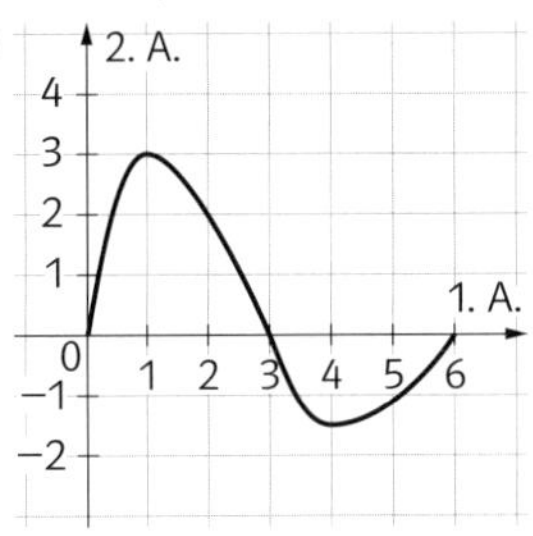

c)
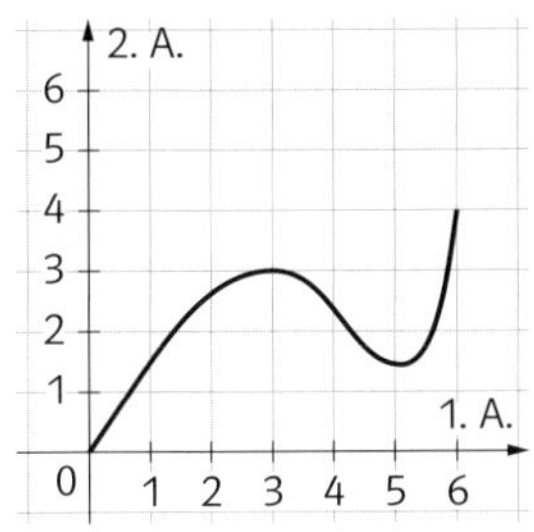

e)
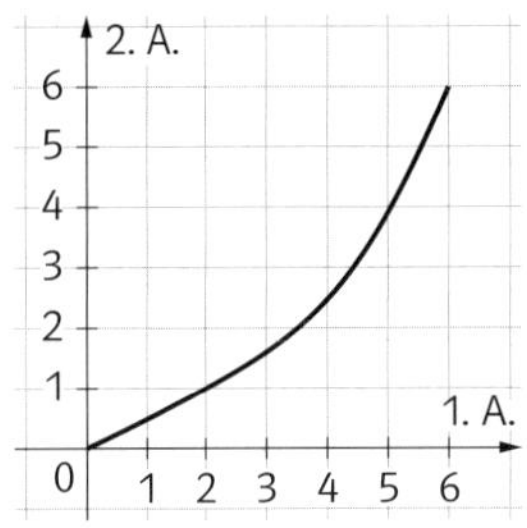

b)
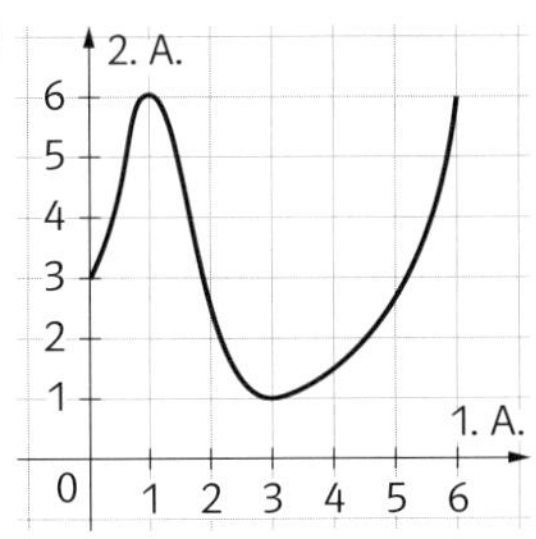

d)
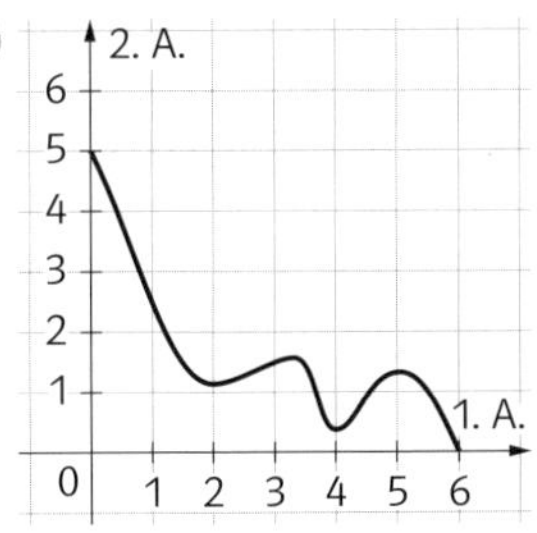

3.05 a) Ist p eine im Inneren von I liegende globale Maximumstelle von f, dann gibt es eine Umgebung U(p), in der p eine Maximumstelle von f ist. Also ist p eine lokale Maximumstelle von f.

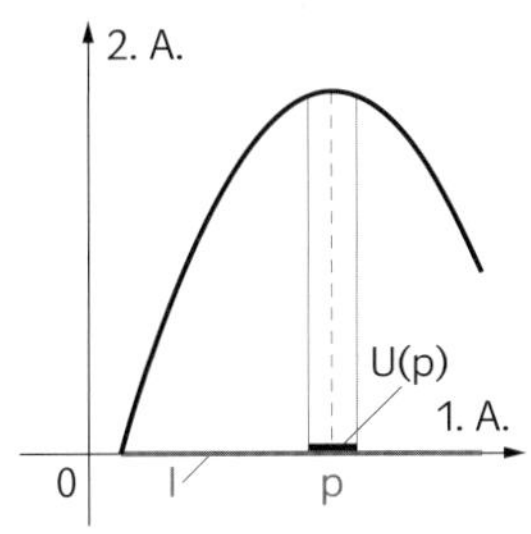

b) Ist p eine am Rand von I liegende globale Maximumstelle von f, dann gibt es keine Umgebung U(p), die ganz in I liegt. Somit kann p keine lokale Maximumstelle von f sein.

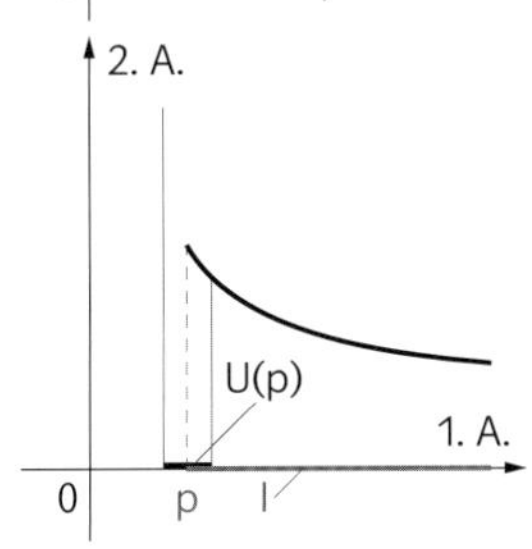

c) Ist p eine lokale Maximumstelle von f, so kann $f(x) \leq f(p)$ für alle $x \in I$ gelten (linke Abbildung), dies muss aber nicht gelten (rechte Abbildung).

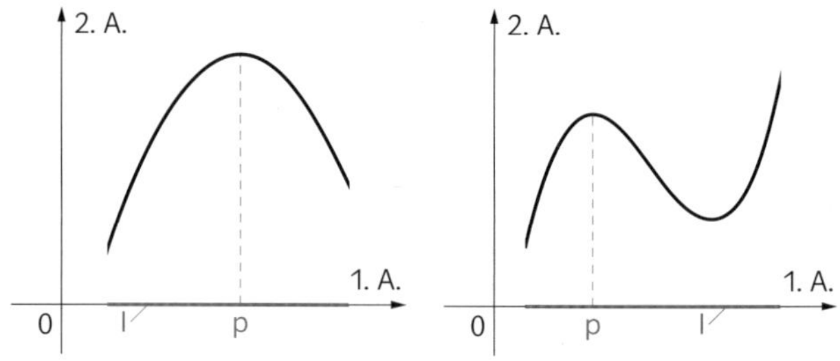

3.07

	(1)	(2)	(3)	(4)	(5)	(6)	(7)	(8)
Funktion in Abb. 3.3 a	☐	☒	☐	☒	☐	☒	☒	☐
Funktion in Abb. 3.3 b	☒	☐	☐	☒	☒	☒	☐	☐
Funktion in Abb. 3.3 c	☐	☐	☒	☐	☐	☐	☒	☐
Funktion in Abb. 3.3 d	☐	☒	☒	☒	☐	☐	☒	☐

3.08

	trifft zu	trifft nicht zu
$f(0) = 0$	☒	☐
$f'(0) = 0$	☐	☒
$f(2) < f(5)$	☒	☐
$f'(2) < f'(5)$	☐	☒
$f'(x) < 0$ für $2 \leq x \leq 3$	☐	☒
$f'(x) > 0$ für $3 \leq x \leq 7$	☐	☒

3.10 **a)** streng monoton steigend in $\left[-\frac{1}{2}; \infty\right[$

streng monoton fallend in $\left]-\infty; -\frac{1}{2}\right]$

lokale Minimumstelle: $-\frac{1}{2}$, $T = \left(-\frac{1}{2}\middle|-\frac{25}{4}\right)$

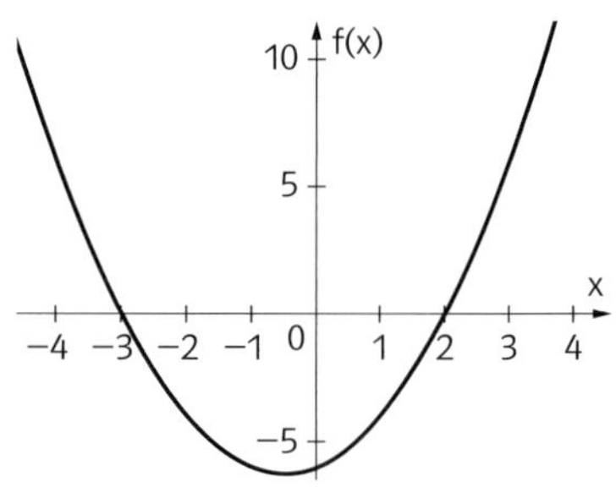

b) streng monoton steigend in [2,5; ∞[
streng monoton fallend in]−∞; 2,5]
lokale Minimumstelle: 2,5, T = (2,5 | −0,25)

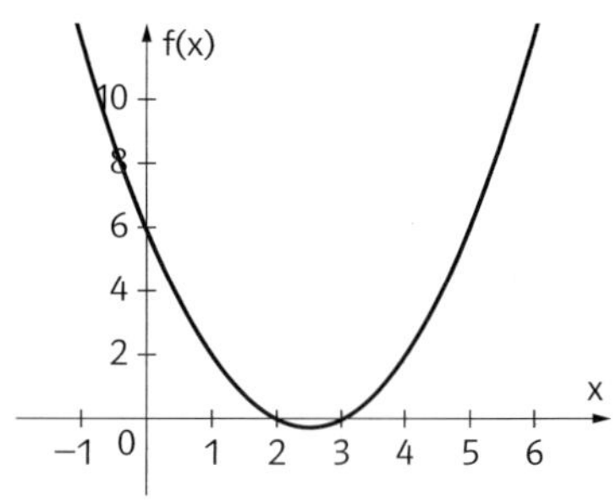

c) streng monoton steigend in $\left]-\infty; -\frac{1}{2}\right]$

streng monoton fallend in $\left[-\frac{1}{2}; \infty\right[$

lokale Maximumstelle: $-\frac{1}{2}$, $H = \left(-\frac{1}{2}\middle|\frac{25}{4}\right)$

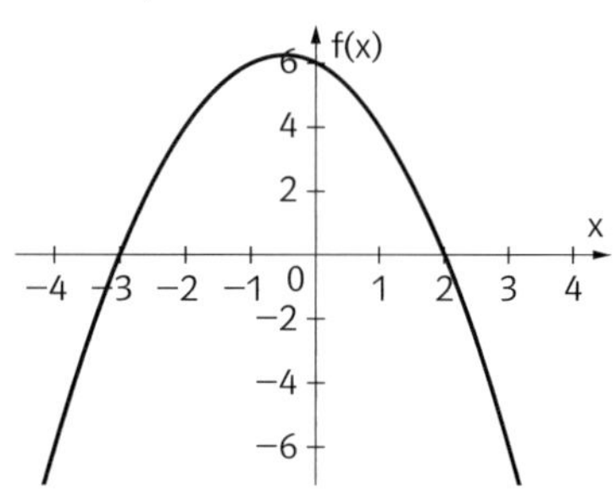

d) streng monoton steigend in $]-\infty; 1]$
streng monoton fallend in $[1; \infty[$
lokale Maximumstelle: 1, $H = (1|1)$

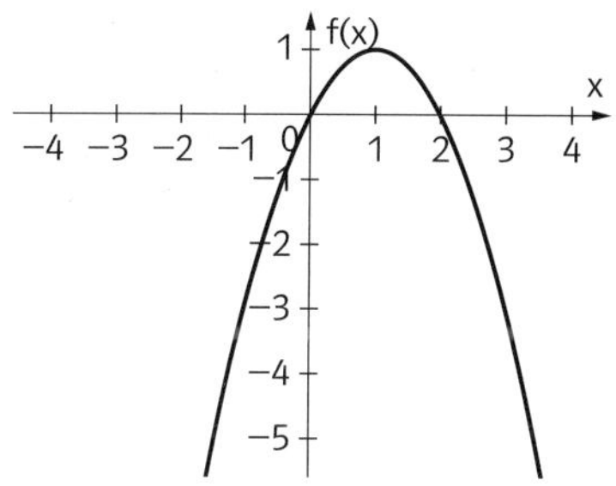

e) streng monoton steigend in $]-\infty; 2]$
streng monoton fallend in $[2; \infty[$
lokale Maximumstelle: 2, $H = (2|4)$

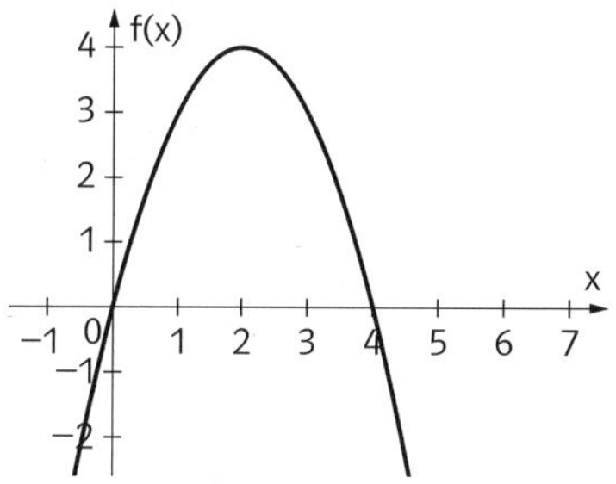

f) streng monoton steigend in $[-2; \infty[$
streng monoton fallend in $]-\infty; -2]$
lokale Minimumstelle: -2, $T = (-2|0)$

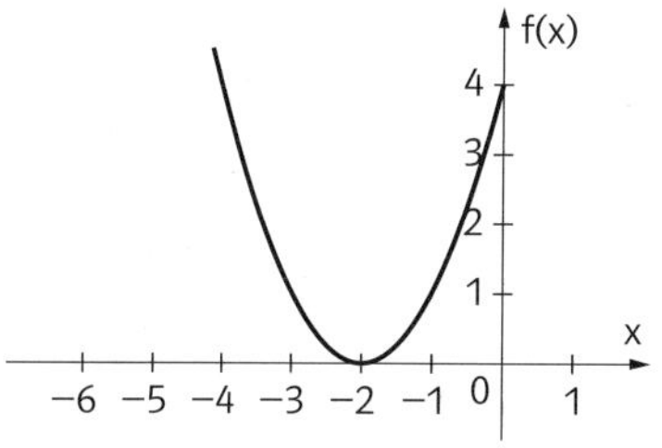

g) streng monoton steigend in $[-1; \infty[$
streng monoton fallend in $]-\infty; -1]$
lokale Minimumstelle: -1, $T = (-1|-9)$

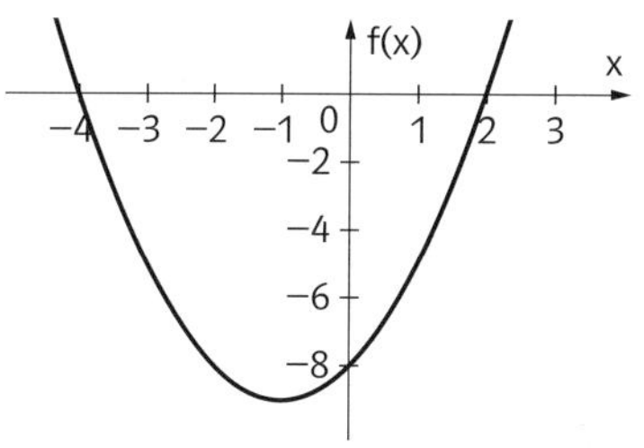

h) streng monoton steigend in $\left[-\frac{5}{2}; \infty\right[$
streng monoton fallend in $\left]-\infty; -\frac{5}{2}\right]$
lokale Minimumstelle: $-\frac{5}{2}$, $T = \left(-\frac{5}{2}\middle|-\frac{9}{4}\right)$

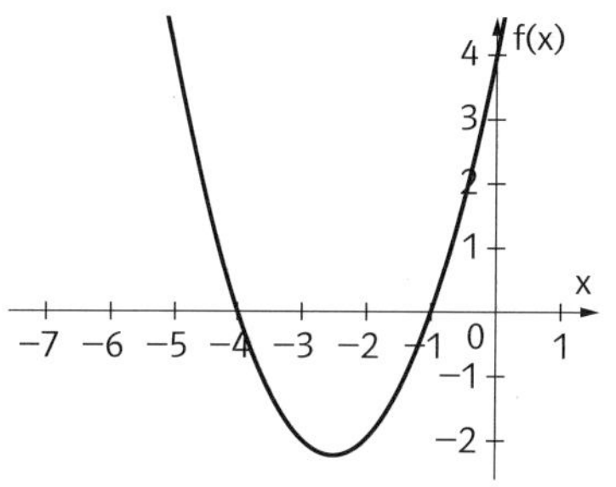

i) streng monoton steigend in $[-4; \infty[$
streng monoton fallend in $]-\infty; -4]$
lokale Minimumstelle: -4, $T = (-4|-9)$

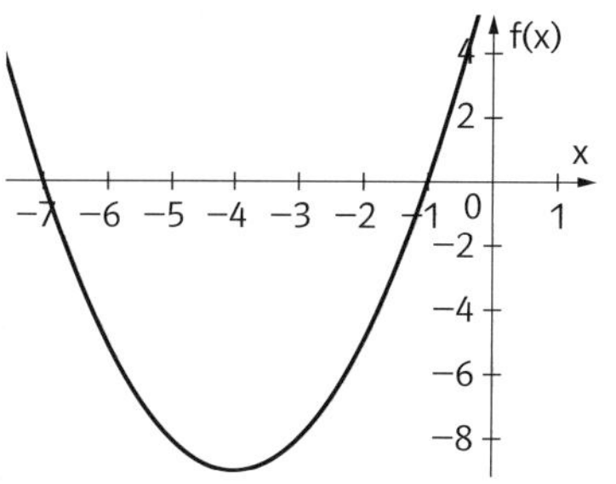

3.11 a) streng monoton steigend in $]-\infty; -1]$ und $[2; \infty[$
streng monoton fallend in $[-1; 2]$
lokale Maximumstelle: -1, $H = (-1 \mid 8)$
lokale Minmumstelle: 2, $T = (2 \mid -19)$

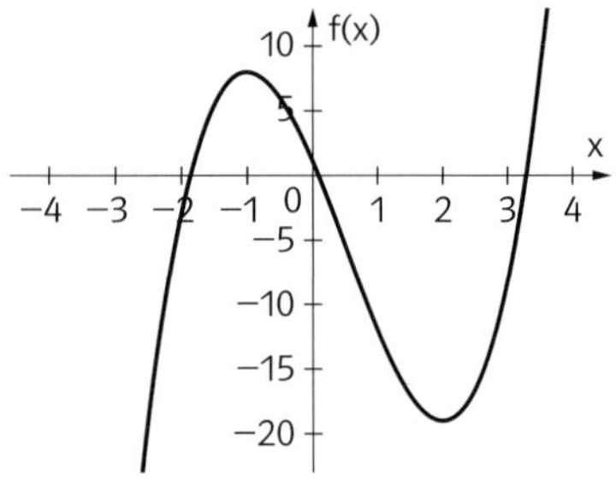

b) streng monoton steigend in $\mathbb{R}$
keine lokale Extremstelle

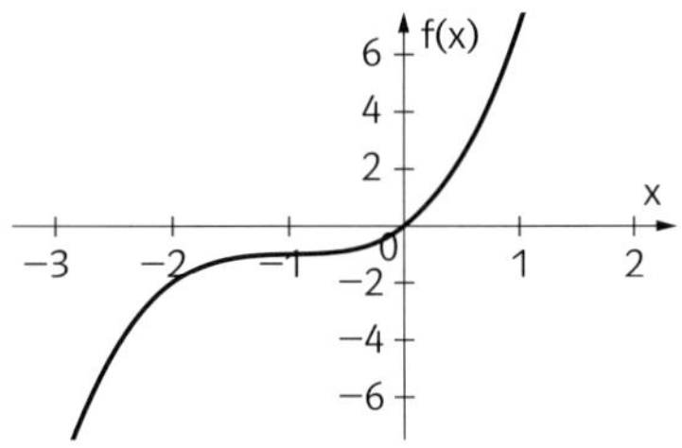

c) streng monoton steigend in $]-\infty; 0]$ und $[2; \infty[$
streng monoton fallend in $[0; 2]$
lokale Maximumstelle: 0, $H = (0 \mid 5)$
lokale Minmumstelle: 2, $T = (2 \mid 1)$

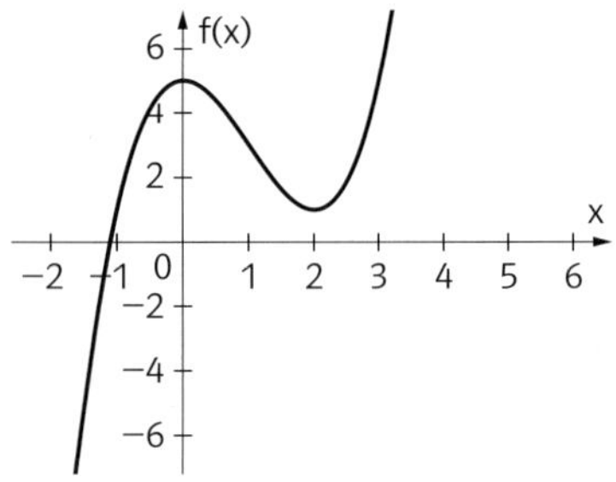

d) streng monoton steigend in $\left]-\frac{\sqrt{3}}{3}; \frac{\sqrt{3}}{3}\right]$
streng monoton fallend in $\left]-\infty; -\frac{\sqrt{3}}{3}\right]$ und $\left[\frac{\sqrt{3}}{3}; \infty\right[$
lokale Maximumstelle: $\frac{\sqrt{3}}{3}$, $H = \left(\frac{\sqrt{3}}{3} \middle| \frac{2}{9}\sqrt{3}\right)$
lokale Minmumstelle: $-\frac{\sqrt{3}}{3}$, $T = \left(-\frac{\sqrt{3}}{3} \middle| -\frac{2}{9}\sqrt{3}\right)$

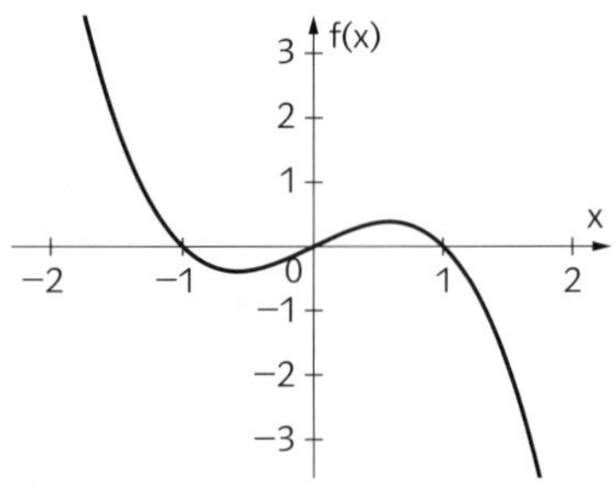

e) streng monoton steigend in $]-\infty; 0]$ und $\left[\frac{2}{3}; \infty\right[$
streng monoton fallend in $\left[0; \frac{2}{3}\right]$
lokale Maximumstelle: 0, $H = (0 \mid 0)$
lokale Minmumstelle: $\frac{2}{3}$, $T = \left(\frac{2}{3} \middle| -\frac{4}{27}\right)$

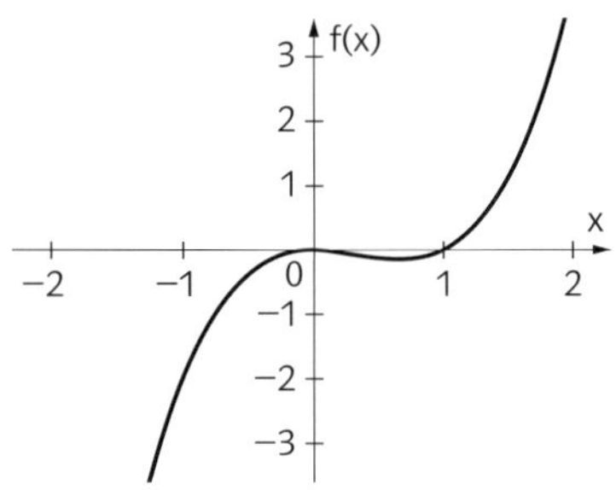

f) streng monoton steigend in $\left]-\frac{2}{3}; 0\right]$
streng monoton fallend in $\left]-\infty; -\frac{2}{3}\right]$ und $[0; \infty[$
lokale Maximumstelle: 0, $H = (0 \mid -1)$
lokale Minmumstelle: $-\frac{2}{3}$, $T = \left(-\frac{2}{3} \middle| -\frac{31}{27}\right)$

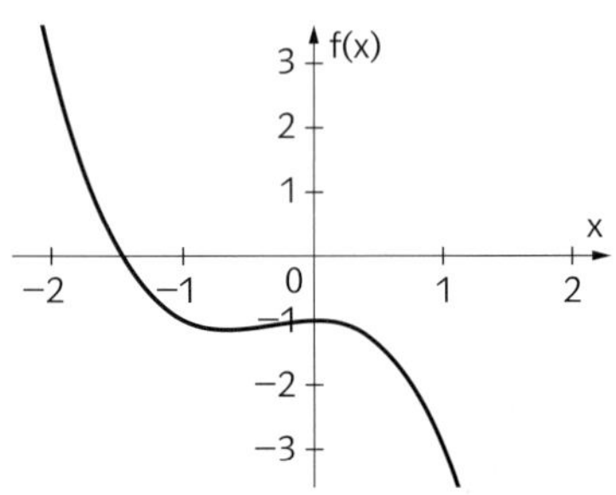

g) streng monoton steigend in $]-\infty; -1]$ und $[1; \infty[$
streng monoton fallend in $[-1; 1]$
lokale Maximumstelle: -1, $H = (-1 | 3)$
lokale Minmumstelle: 1, $T = (1 | -1)$

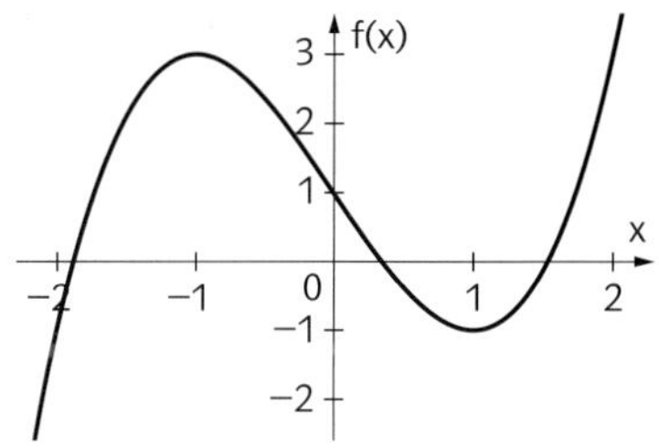

h) streng monoton steigend in $\left]-\infty; -\frac{2}{3}\right]$ und $[0; \infty[$
streng monoton fallend in $\left[-\frac{2}{3}; 0\right]$
lokale Maximumstelle: $-\frac{2}{3}$, $H = \left(-\frac{2}{3} \middle| \frac{4}{27}\right)$
lokale Minmumstelle: 0, $T = (0 | 0)$

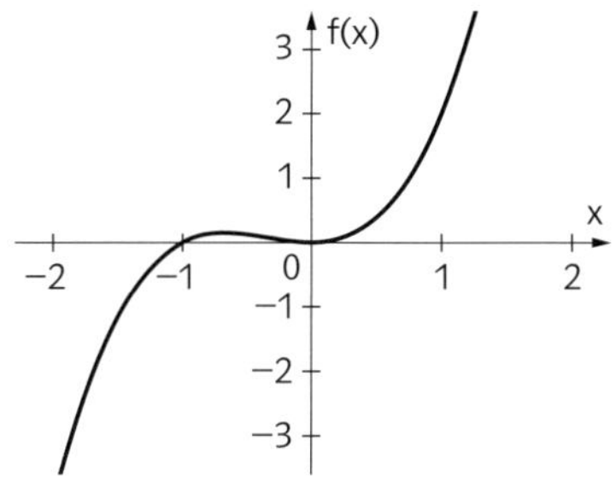

i) streng monoton steigend in $\left]-1; -\frac{1}{3}\right]$
streng monoton fallend in $]-\infty; -1]$ und $\left[-\frac{1}{3}; \infty\right[$
lokale Maximumstelle; $-\frac{1}{3}$, $H = \left(-\frac{1}{3} \middle| \frac{4}{27}\right)$
lokale Minmumstelle: -1, $T = (-1 | 0)$

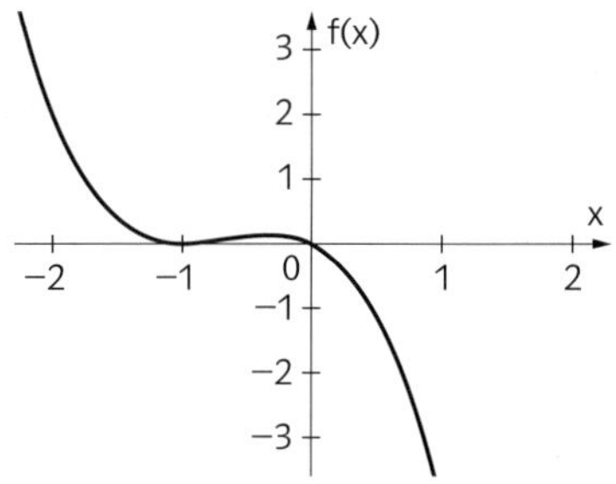

3.12 **a)** streng monoton steigend in $]-\infty; 0]$ und $\left[\frac{4}{5}; \infty\right[$
streng monoton fallend in $\left[0; \frac{4}{5}\right]$

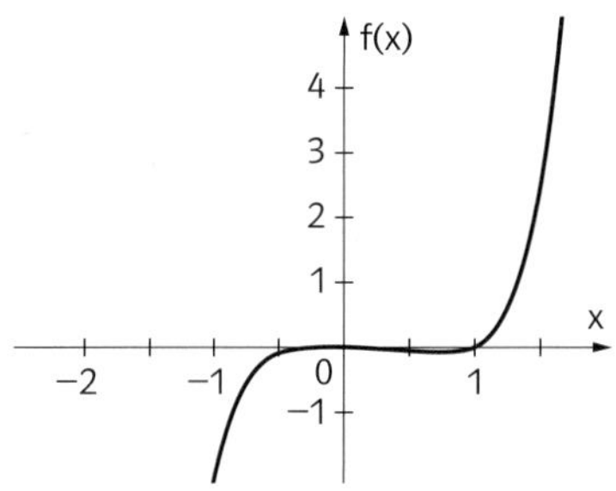

b) streng monoton steigend in $]-\infty; -1]$ und $[1; \infty[$
streng monoton fallend in $[-1; 1]$

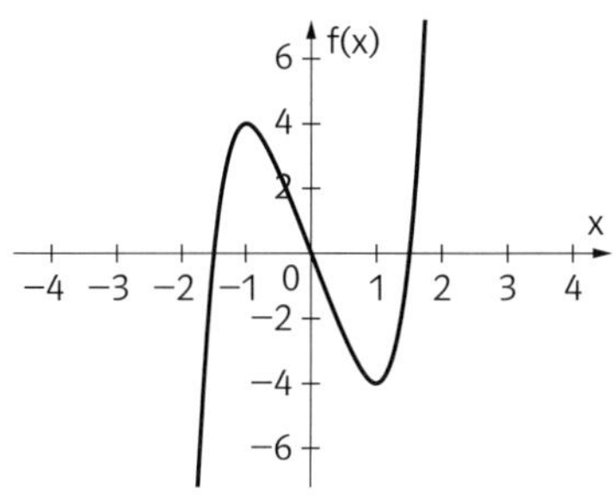

c) streng monoton steigend in $]-\infty; 0]$ und $[2; \infty[$
streng monoton fallend in $[0; 2]$

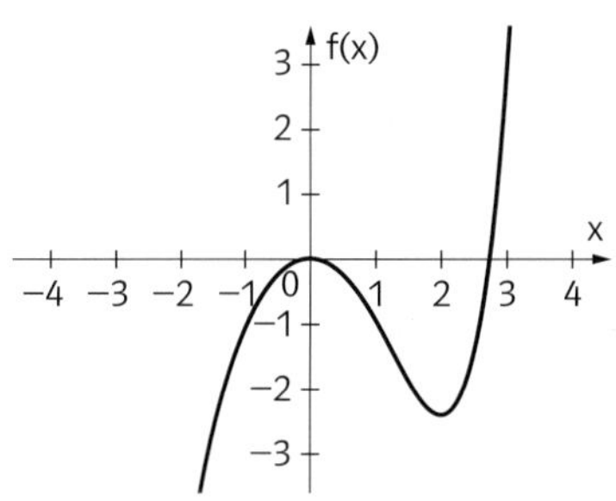

d) streng monoton steigend in $[-2;\ 0]$ und $[2;\ \infty[$
streng monoton fallend in $]-\infty;\ -2]$ und $[0;\ 2]$

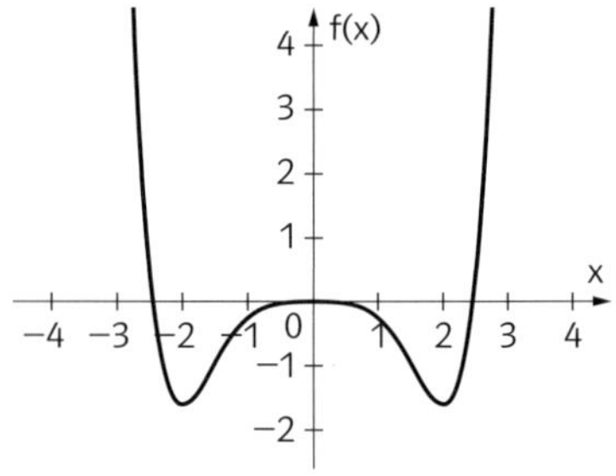

3.14 a) streng monoton fallend in $\mathbb{R}$
keine lokale Extremstelle
Terrassenstelle: 0

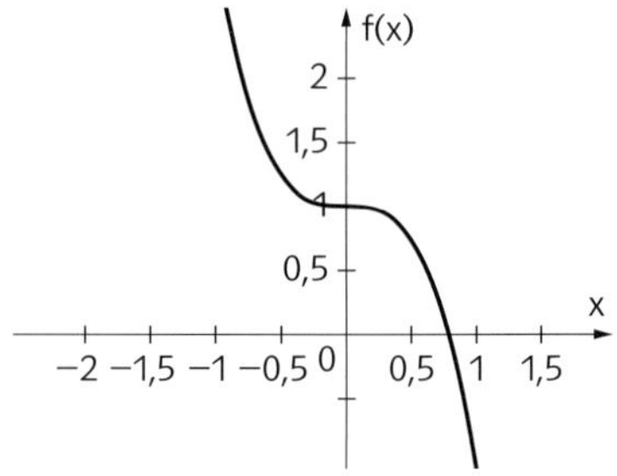

b) streng monoton steigend in $\mathbb{R}$
keine lokale Extremstelle
Terrassenstelle: 3

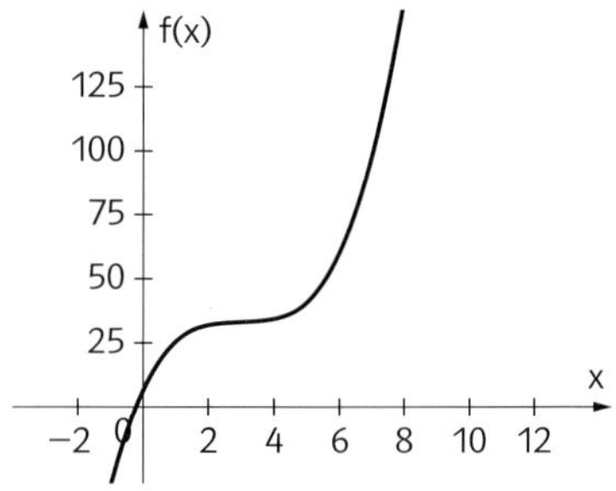

c) streng monoton steigend in $\mathbb{R}$
keine lokale Extremstelle
Terrassenstelle: −1

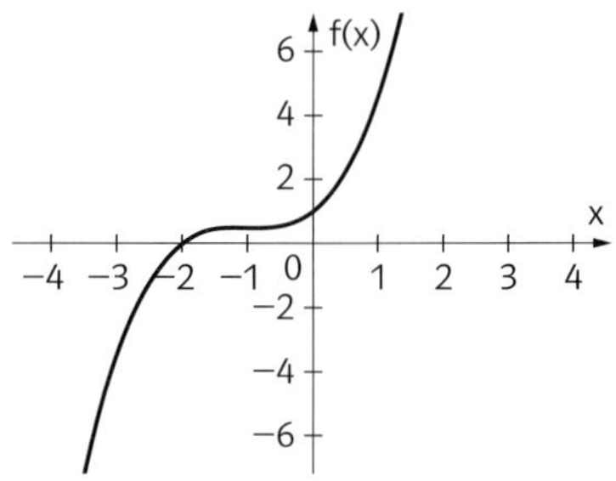

d) streng monoton steigend in $[2;\ \infty[$
streng monoton fallend in $]-\infty;\ 2]$
lokale Minimumstelle: 2
Terrassenstelle: 0

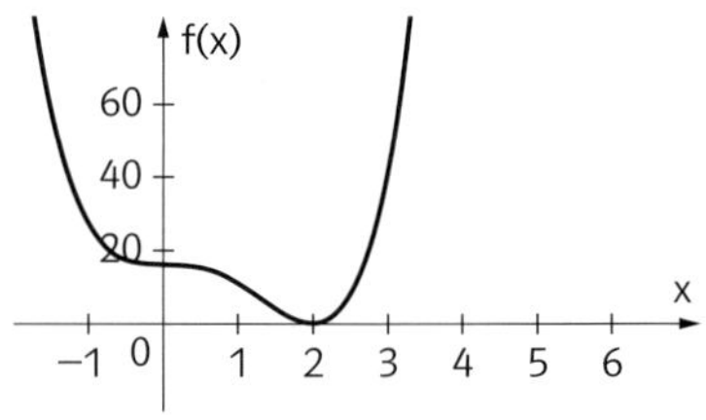

e) streng monoton steigend in $[0;\ \infty[$
streng monoton fallend in $]-\infty;\ 0]$
lokale Minimumstelle: 0
Terrassenstelle: −2

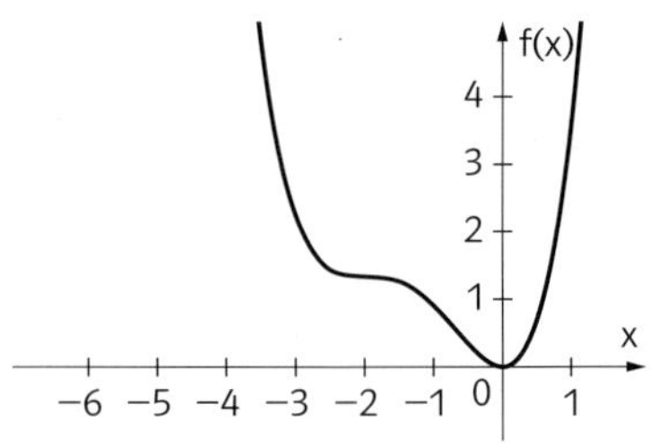

f) streng monoton steigend in $]-\infty; 3]$
streng monoton fallend in $[3; \infty[$
lokale Maximumstelle: 3
Terrassenstelle: 0

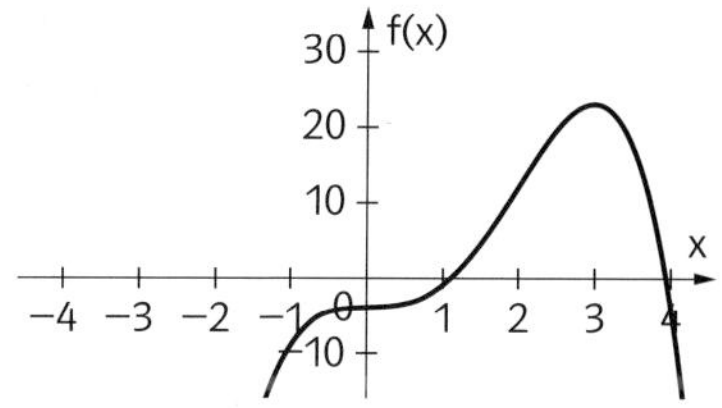

3.15

	trifft zu	trifft nicht zu
0 ist eine lokale Extremstelle.	☒	☐
2 ist ein Terrassenpunkt.	☐	☒
4 ist ein Hochpunkt.	☐	☒
2 ist eine lokale Extremstelle.	☐	☒
1 ist eine Nullstelle	☒	☐
In [0; 2] ist f streng monoton.	☒	☐
In [0; 4] ist f nicht streng monoton.	☐	☒
(2 I 1) ist ein Sattelpunkt.	☒	☐
(0 I −2) ist lokale Minimumstelle.	☐	☒
$f'(0) = f'(2)$	☒	☐

3.17 **a)** streng monoton steigend in $[1; 3]$
streng monoton fallend in $[-1; 1]$
Maximumstellen in $[-1; 3]$: −1 und 3
Minimumstelle in $[-1; 3]$: 1

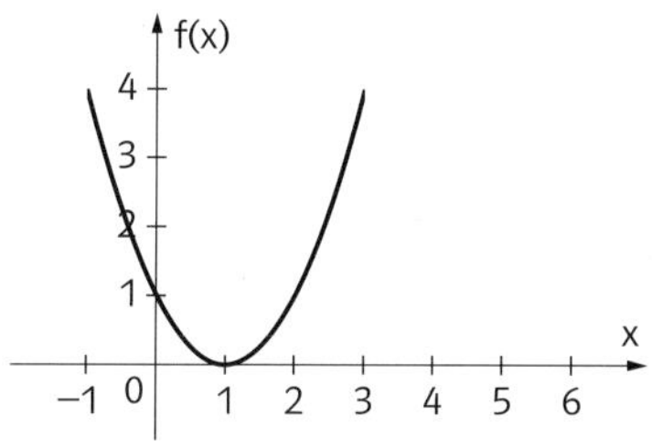

b) streng monoton fallend in $[0; 4]$
Maximumstelle in $[0; 4]$: 0
Minimumstelle in $[0; 4]$: 4

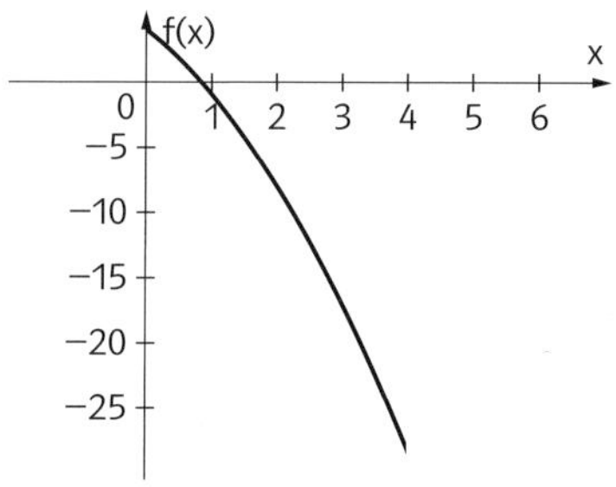

c) streng monoton steigend in $[0; 2]$
streng monoton fallend in $[-2; 0]$
Maximumstellen in $[-2; 2]$: −2 und 2
Minimumstelle in $[-2; 2]$: 0

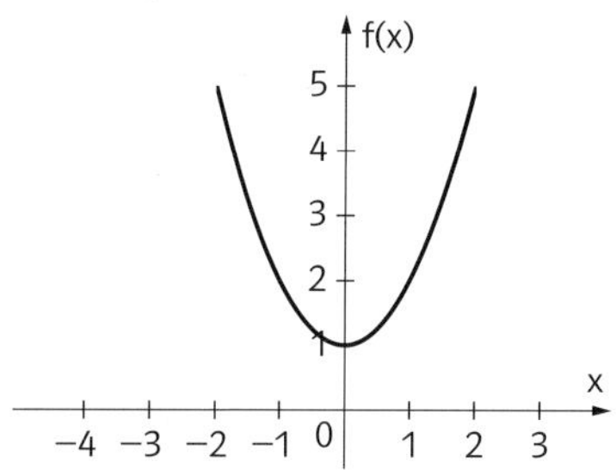

d) streng monoton steigend in $[0; 3]$
Maximumstelle in $[0; 3]$: 3
Minimumstelle in $[0; 3]$: 0

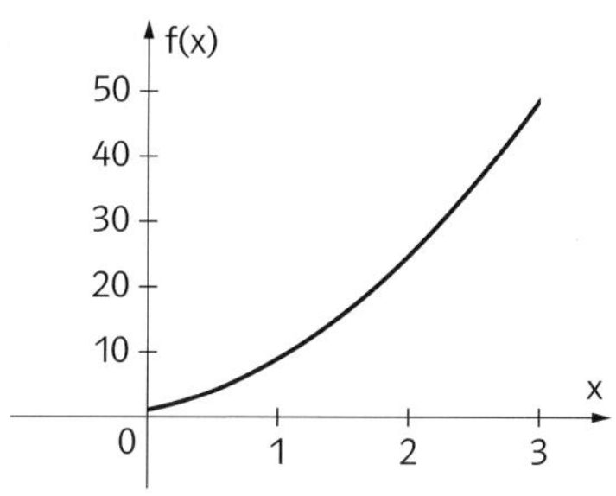

e) streng monoton steigend in [−2; 1]
Maximumstelle in [−2; 1]: 1
Minimumstelle in [−2; 1]: −2

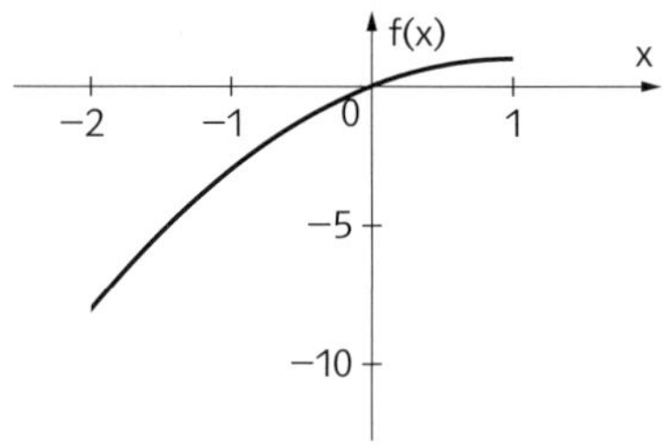

f) streng monoton steigend in [−3; −1]
Maximumstelle in [−3; −1]: −1
Minimumstelle in [−3; −1]: −3

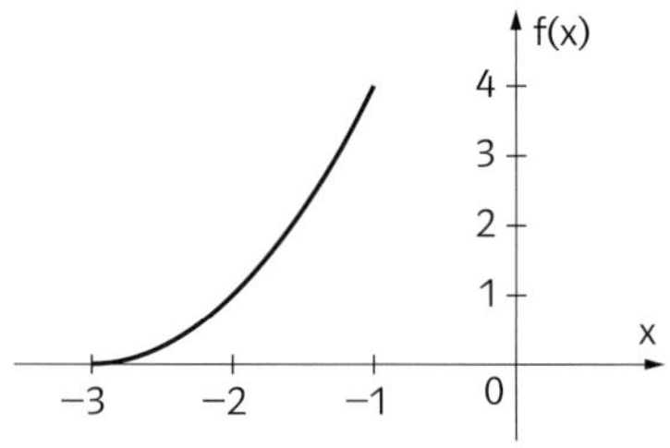

3.18 a) streng monoton steigend in [1; 3] und [5; 6]
streng monoton fallend in [3; 5]
Maximumstellen in [1; 6]: 3 und 6
Minimumstelle in [1; 6]: 1
H = (3 | 1), T = (5 | −3)

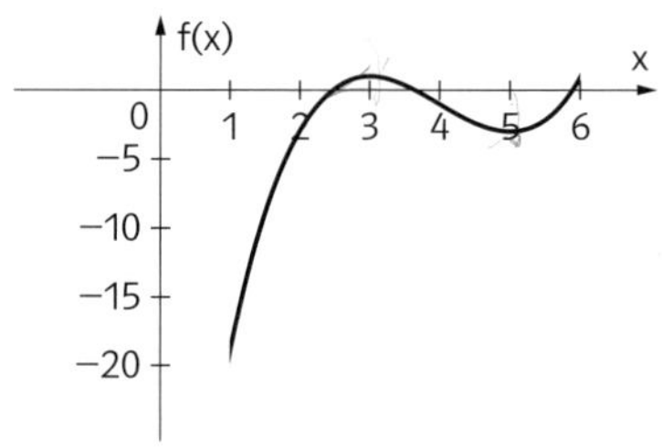

b) streng monoton steigend in [−1; 0] und [2; 3]
streng monoton fallend in [0; 2]
Maximumstellen in [−1; 3]: 0 und 3
Minimumstelle in [−1; 3]: −1 und 2
H = (0 | 0), T = (2 | −4)

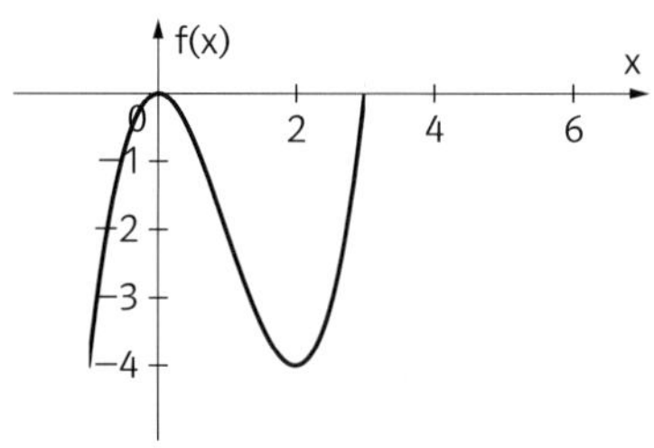

c) streng monoton steigend in [−2; 2]
Maximumstelle in [−2; 2]: 2
Minimumstelle in [−2; 2]: −2

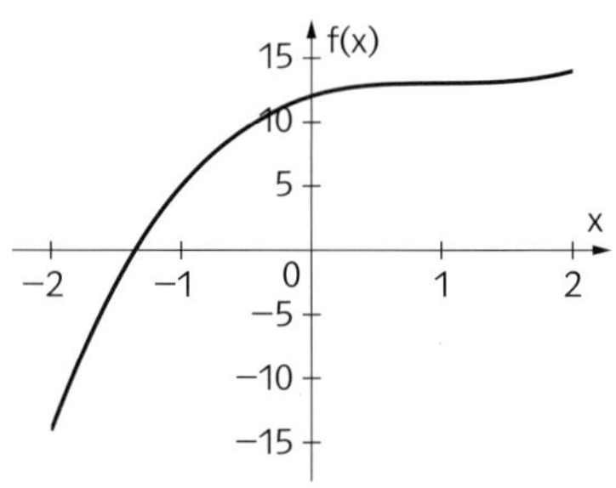

d) streng monoton steigend in [−5; −3] und [1; 3]
streng monoton fallend in [−3; 1]
Maximumstellen in [−5; 3]: −3 und 3
Minimumstellen in [−5; 3]: −5 und 1
H = (−3 | 12,5), T = (1 | −3,5)

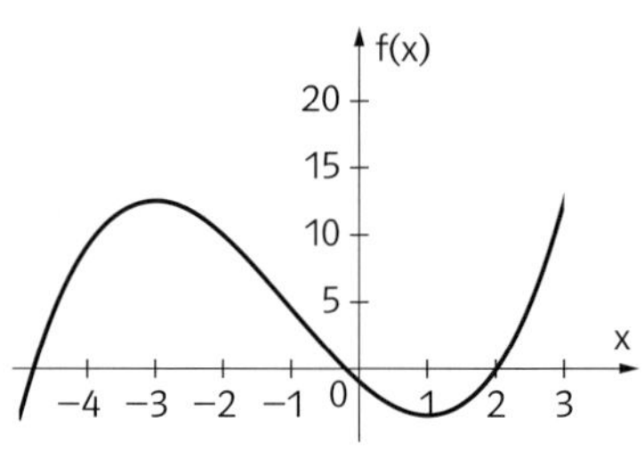

3.19 a) kleinster Wert an der Stelle 7
größter Wert an der Stelle −10

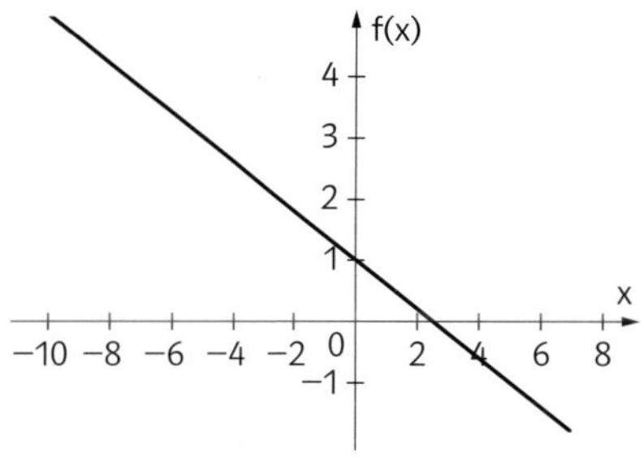

b) kleinster Wert an den Stellen 2 und 8
größter Wert an der Stelle 5

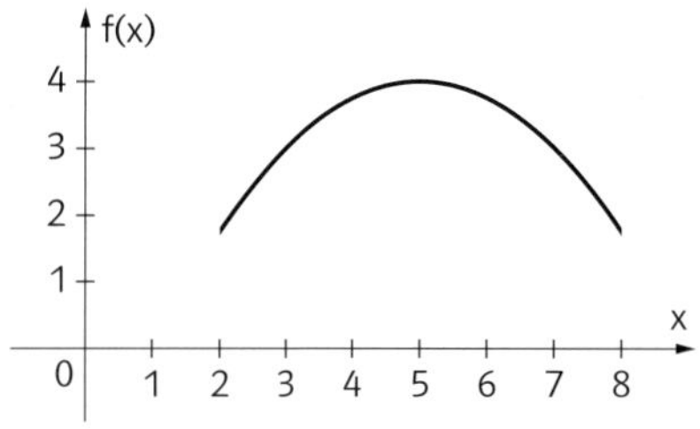

c) kleinster Wert an den Stellen 0 und 3
größter Wert an den Stellen −1 und 2

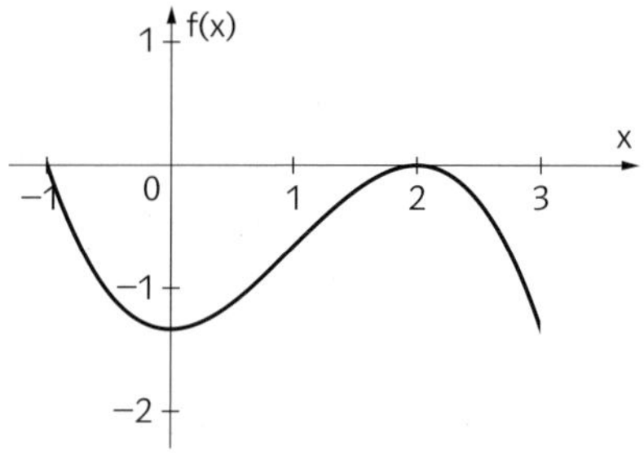

d) kleinster Wert an der Stelle 8
größter Wert an der Stelle 0

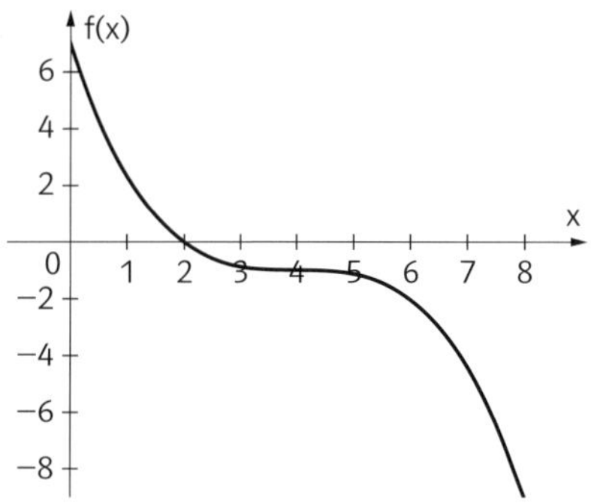

3.20 1)

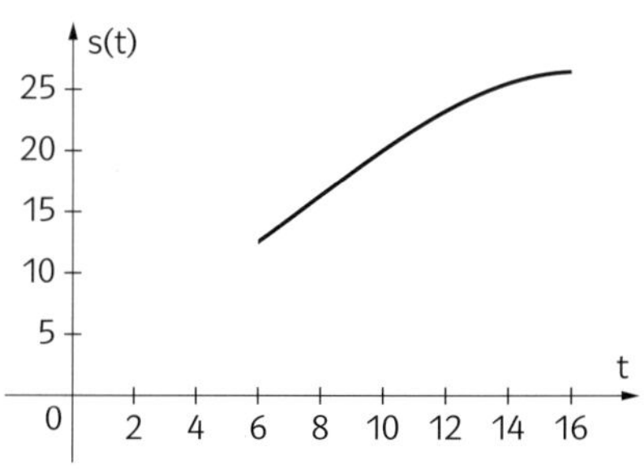

2) zu den Zeitpunkten 6 und 10
3) zu Beginn 1,8 m/min, am Ende 0 m/min
4) am kleinsten für $t = 16$, am größten für $t = 8$ (Wendestelle)
5) Die Geschwindigkeit nimmt in [6; 8] zu und in [8; 16] ab.

3.22 a) $f''(x) = -6 < 0 \Rightarrow$ f ist rechtsgekrümmt.
b) $f''(x) = 2 > 0 \Rightarrow$ f ist linksgekrümmt.
c) $f''(x) = 2 > 0 \Rightarrow$ f ist linksgekrümmt.
d) $f''(x) = 2 > 0 \Rightarrow$ f ist linksgekrümmt.
e) $f''(x) = 4 > 0 \Rightarrow$ f ist linksgekrümmt.
f) $f''(x) = -2 < 0 \Rightarrow$ f ist rechtsgekrümmt.

3.23 a) f ist rechtsgekrümmt in $]-\infty; 0]$ und linksgekrümmt in $[0; \infty[$.
b) f ist rechtsgekrümmt in $]-\infty; 3]$ und linksgekrümmt in $[3; \infty[$.
c) f ist rechtsgekrümmt in $]-\infty; 2]$ und linksgekrümmt in $[2; \infty[$.
d) f ist rechtsgekrümmt in $]-\infty; 3]$ und linksgekrümmt in $[3; \infty[$.
e) f ist rechtsgekrümmt in $]-\infty; 1]$ und linksgekrümmt in $[1; \infty[$.
f) f ist rechtsgekrümmt in $]-\infty; -2]$ und linksgekrümmt in $[-2; \infty[$.

3.24 1) $V(x) = 1 - \frac{x^3}{3}$
2)
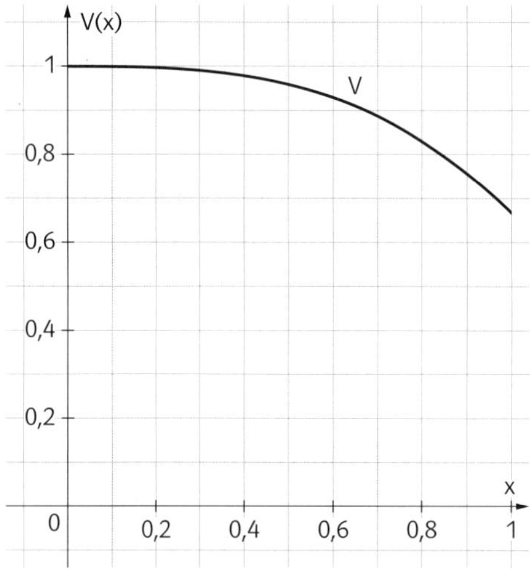

3) V ist rechtsgekrümmt in $[0; 1]$
4) V nimmt mit wachsendem x immer schneller ab.

3.26 a) lokale Minimumstelle von f: 3
b) lokale Maximumstelle von f: 4
c) lokale Minimumstelle von f: 3; lokale Maximumstelle von f: −3
d) lokale Maximumstelle von f: 0, lokale Minimumstellen von f: $-\frac{\sqrt{2}}{2}$ und $\frac{\sqrt{2}}{2}$
e) lokale Maximumstelle von f: −1, lokale Minimumstelle von f: 3
f) lokale Maximumstelle von f: 0, lokale Minimumstellen von f: −1 und 1
g) lokale Minimumstellen von f: 0
h) lokale Maximumstelle von f: −1, lokale Minimumstelle von f: 1
i) lokale Maximumstelle von f: −1, lokale Minimumstelle von f: 1

3.28 a) f ist rechtsgekrümmt in $\left]-\infty; \frac{1}{3}\right]$ und linksgekrümmt in $\left[\frac{1}{3}; \infty\right[$.
Wendestelle: $\frac{1}{3}$, Wendepunkt: $\left(\frac{1}{3} \middle| \frac{52}{27}\right)$, Wendetangente: $9x + 27y = 55$

b) f ist rechtsgekrümmt in $]-\infty; 0]$ und linksgekrümmt in $[0; \infty[$.
Wendestelle: 0, Wendepunkt: $(0 | 4)$, Wendetangente: $4x + y = 4$

c) f ist rechtsgekrümmt in $\left]-\infty; \frac{1}{3}\right]$ und linksgekrümmt in $\left[\frac{1}{3}; \infty\right[$.
Wendestelle: $\frac{1}{3}$, Wendepunkt: $\left(\frac{1}{3} \middle| \frac{34}{27}\right)$, Wendetangente: $-18x + 27y = 28$

d) f ist rechtsgekrümmt in $]-\infty; 2]$ und linksgekrümmt in $[2; \infty[$.
Wendestelle: 2, Wendepunkt: $(2 | 20)$, Wendetangente: $21x + y = 62$

e) f ist linksgekrümmt in $\left]-\infty; \frac{1}{2}\right]$ und rechtssgekrümmt in $\left[\frac{1}{2}; \infty\right]$.
Wendestelle: $\frac{1}{2}$, Wendepunkt: $\left(\frac{1}{2} \middle| \frac{1}{2}\right)$, Wendetangente: $6x - 4y = 1$

f) f ist rechtsgekrümmt in $]-\infty; 0]$ und linksgekrümmt in $[0; \infty[$.

Wendestelle: 0, Wendepunkt: $(0 \mid 1)$, Wendetangente: $x + y = 1$

g) f ist rechtsgekrümmt in $\left]-\infty; \frac{5}{3}\right]$ und linksgekrümmt in $\left[\frac{5}{3}; \infty\right[$.

Wendestelle: $\frac{5}{3}$, Wendepunkt: $\left(\frac{5}{3} \middle| \frac{308}{27}\right)$, Wendetangente: $279x + 27y = 773$

h) f ist rechtsgekrümmt in $\left[-\frac{1}{2}; 0\right]$, linksgekrümmt in $\left]-\infty; -\frac{1}{2}\right]$ und $[0; \infty[$.

Wendestellen: $-\frac{1}{2}$ und 0, Wendepunkte: $W_1 = \left(-\frac{1}{2} \middle| -\frac{1}{16}\right)$, $W_2 = (0 \mid 0)$

Wendetangenten: t_1: $4x - 16y = -1$, t_2: $y = 0$

i) f ist rechtsgekrümmt in $]-\infty; 1]$ und linksgekrümmt in $[1; \infty[$.

Wendestelle: 1, Wendepunkt: $(1 \mid -5)$, Wendetangente: $7x + y = 2$

j) f ist rechtsgekrümmt in $]-\infty; 2]$ und linksgekrümmt in $[2; \infty[$.

Wendestelle: 2, Wendepunkt: $(2 \mid 7)$, Wendetangente: $4x + y = 15$

k) f ist rechtsgekrümmt in $[-3; 1]$, linksgekrümmt in $]-\infty; -3]$ und $[1; \infty[$.

Wendestellen: -3 und 1, Wendepunkte: $W_1 = (-3 \mid -225)$, $W_2 = (1 \mid -1)$

Wendetangenten: t_1: $120x - y = -135$, t_2: $8x + y = 7$

l) f ist rechtsgekrümmt in $\left[-1; -\frac{1}{2}\right]$, linksgekrümmt in $]-\infty; -1]$ und $\left[-\frac{1}{2}; \infty\right[$.

Wendestellen: -1 und $-\frac{1}{2}$, Wendepunkte: $W_1 = (-1 \mid -3)$, $W_2 = \left(-\frac{1}{2} \middle| -\frac{65}{16}\right)$

Wendetangenten: t_1: $2x + y = -5$, t_2: $36x + 16y = -83$

3.30 Für gerades $k \in \mathbb{N}$ bleibt jede Potenz $a_k \cdot x^k$ unverändert, wenn man x durch $-x$ ersetzt. Somit gilt $f(x) = f(-x)$ und daher ist der Graph von f symmetrisch bezüglich der 2. Achse.

3.31 $f(x) = ax^3 + bx^2 + cx + d$, $f'(x) = 3ax^2 + 2bx + c$, $f''(x) = 6ax + 2b$
Da $f(0) = 0$ ist, gilt $d = 0$.
Da 0 eine Wendestelle von f ist, gilt $f''(0) = 0$, also $b = 0$.
Somit verbleibt: $f(x) = ax^3 + cx$

3.32 a) Der Punkt $(p \mid f(p))$ ist ein Hochpunkt oder ein Tiefpunkt des Graphen von f.
b) Der Punkt $(p \mid f(p))$ ist ein Wendepunkt des Graphen von f.

3.34 $f(x) = ax^4 + bx^3 + cx^2 + dx + e = x^4 \cdot \left(a + \frac{b}{x} + \frac{c}{x^2} + \frac{d}{x^3} + \frac{e}{x^4}\right)$

(1) Ist $x > 0$ und wächst x weiterhin unbeschränkt, dann wächst x^4 unbeschränkt und der Klammerausdruck nähert sich unbegrenzt der positiven Zahl a. Somit überschreitet f(x) jede noch so große Schranke. Daraus folgt $\lim\limits_{x \to \infty} f(x) = \infty$.

Ist $x < 0$ und fällt x weiterhin unbeschränkt, dann wächst x^4 unbeschränkt und der Klammerausdruck nähert sich unbegrenzt der positiven Zahl a. Somit überschreitet f(x) jede noch so große Schranke. Daraus folgt $\lim\limits_{x \to -\infty} f(x) = \infty$.

(2) Ist $x > 0$ und wächst x weiterhin unbeschränkt, dann wächst x^4 unbeschränkt und der Klammerausdruck nähert sich unbegrenzt der negativen Zahl a. Somit unterschreitet f(x) jede noch so kleine Schranke. Daraus folgt $\lim\limits_{x \to \infty} f(x) = -\infty$.

Ist $x < 0$ und fällt x weiterhin unbeschränkt, dann wächst x^4 unbeschränkt und der Klammerausdruck nähert sich unbegrenzt der negativen Zahl a. Somit unterschreitet f(x) jede noch so kleine Schranke. Daraus folgt $\lim\limits_{x \to -\infty} f(x) = -\infty$.

3.36 a) Nullstellen: 4 und 5
streng monoton steigend in $\left]-\infty; \frac{9}{2}\right]$
streng monoton fallend in $\left[\frac{9}{2}; \infty\right[$
rechtsgekrümmt in $\mathbb{R}$
$H = \left(\frac{9}{2} \middle| \frac{1}{4}\right)$

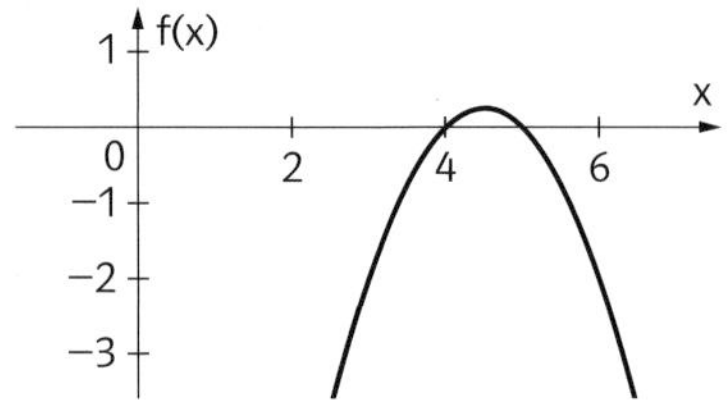

b) Nullstellen: 0 und 2
streng monoton steigend in $[1; \infty[$
streng monoton fallend in $]-\infty; 1]$
linksgekrümmt in $\mathbb{R}$
$T = (1 | -3)$

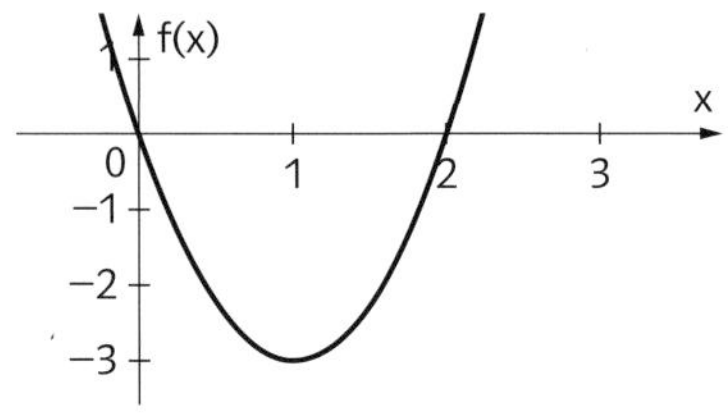

c) Nullstelle: 1
streng monoton steigend in $[1; \infty[$
streng monoton fallend in $]-\infty; 1]$
linksgekrümmt in $\mathbb{R}$
$T = (1 | 0)$

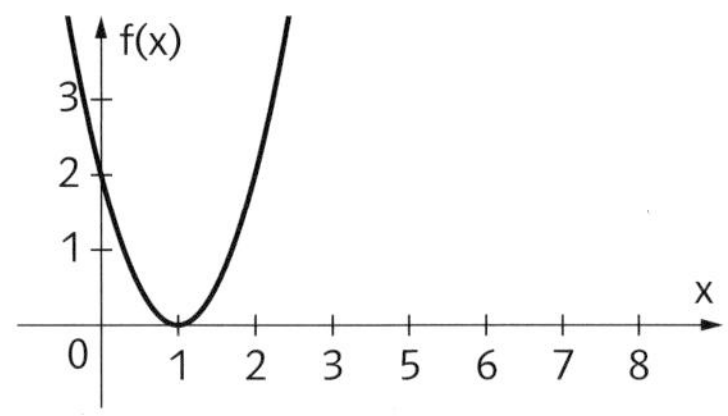

d) Nullstelle: 2
streng monoton steigend in $[2; \infty[$
streng monoton fallend in $]-\infty; 2]$
linksgekrümmt in $\mathbb{R}$
$T = (2 | 0)$

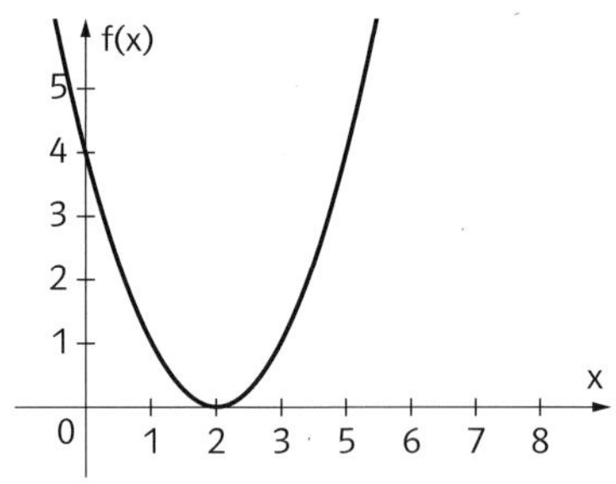

3.37 a) streng monoton steigend in $\mathbb{R}$
rechtsgekrümmt in $[-\infty; 0]$
linksgekrümmt in $[0; \infty[$
$W = (0 | 0)$

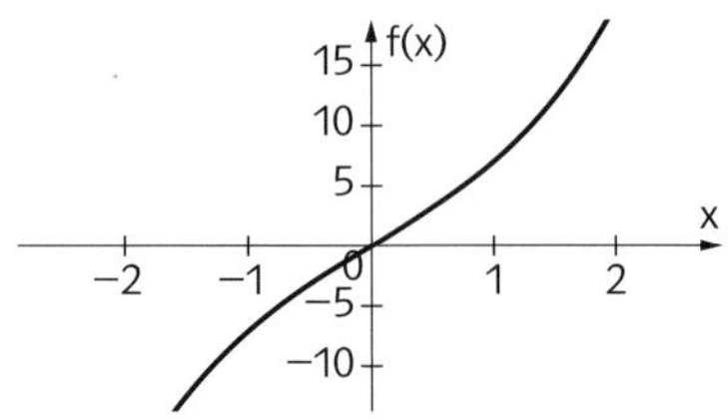

b) streng monoton steigend in $]-\infty; -2]$ und $[2; \infty[$
streng monoton fallend in $[-2; 2]$
rechtsgekrümmt in $]-\infty; 0]$
linksgekrümmt in $[0; \infty[$
$H = (-2 | 24), T = (2 | -8), W = (0 | 8)$

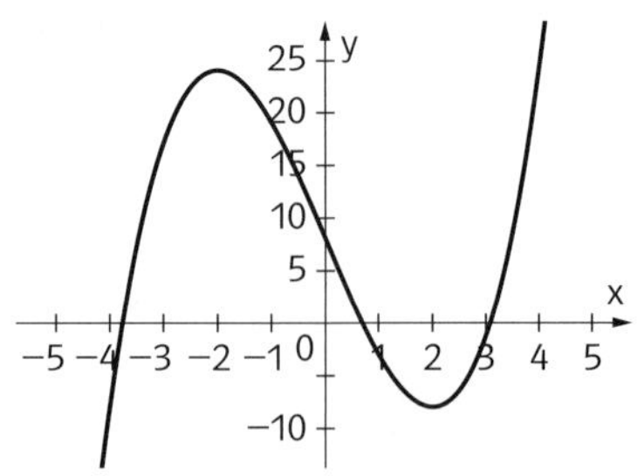

c) streng monoton fallend in $\mathbb{R}$
rechtsgekrümmt in $[1; \infty[$
linksgekrümmt in $]-\infty; 1]$
Terrassenpunkt $= (1 | -1)$

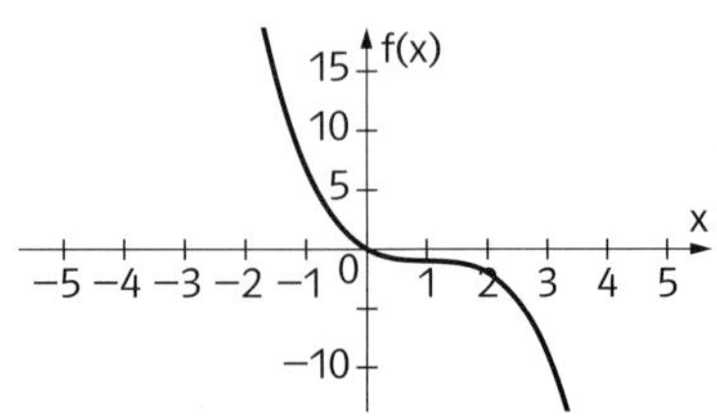

d) streng monoton steigend in $]-\infty; -2]$ und $[0; \infty[$
streng monoton fallend in $[-2; 0]$
rechtsgekrümmt in $]-\infty; -1]$
linksgekrümmt in $[-1; \infty[$
$H = (-2|25)$, $T = (0|5)$, $W = (-1|15)$

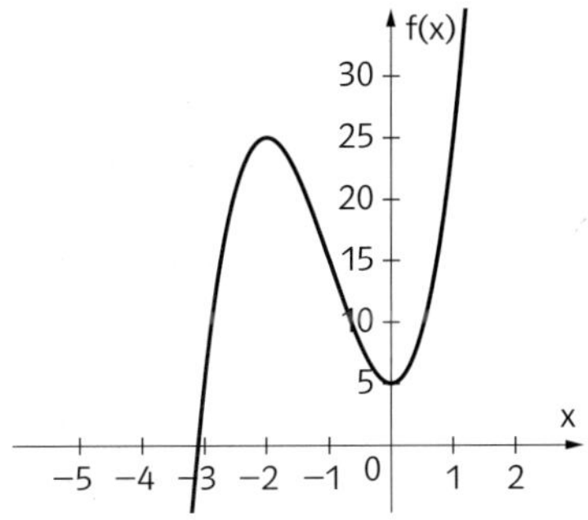

e) streng monoton steigend in $\mathbb{R}$
rechtsgekrümmt in $]-\infty; 1]$
linksgekrümmt in $[1; \infty[$
Terrassenpunkt $= (1|3)$

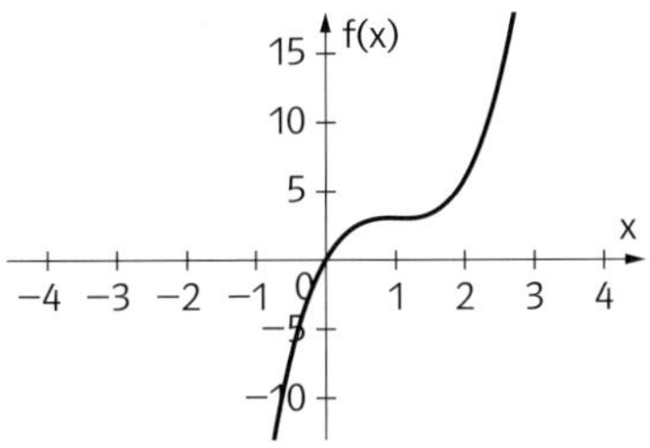

f) streng monoton fallend in $\mathbb{R}$
rechtsgekrümmt in $[1; \infty[$
linksgekrümmt in $]-\infty; 1]$
Terrassenpunkt $= (1|0)$

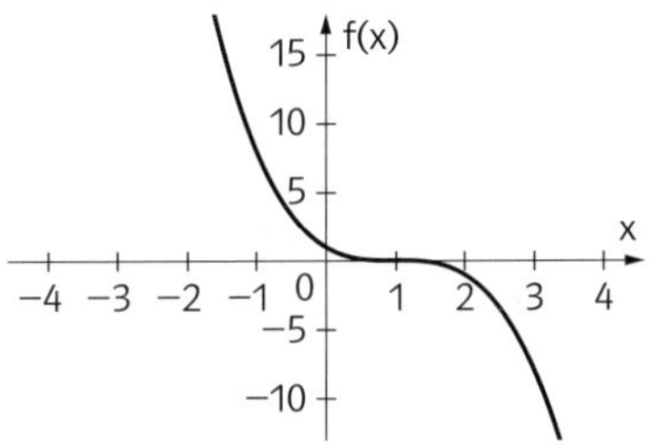

3.38 **a)** streng monoton steigend in $]-\infty; 0]$ und $[2; \infty[$
streng monoton fallend in $[0; 2]$
rechtsgekrümmt in $]-\infty; 1]$
linksgekrümmt in $[1; \infty[$
$H = (0|3)$, $T = (2|1)$, $W = (1|2)$

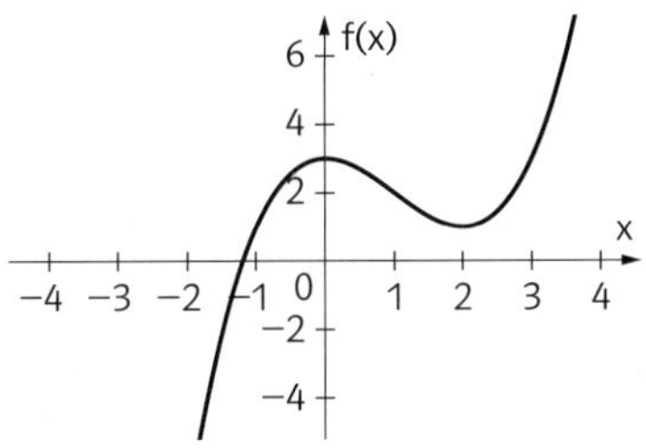

b) streng monoton steigend in $]-\infty; -1]$ und $[5; \infty[$
streng monoton fallend in $[-1; 5]$
rechtsgekrümmt in $]-\infty; 2]$
linksgekrümmt in $[2; \infty[$
$H = (-1|4)$, $T = (5|-2)$, $W = (2|1)$

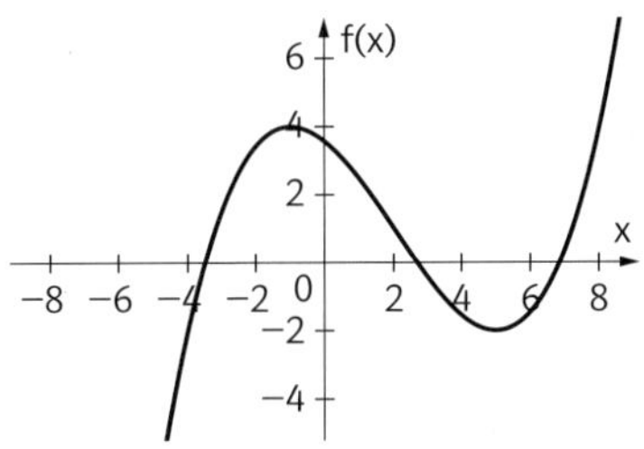

c) streng monoton steigend in $]-3; 3]$
streng monoton fallend in $]-\infty; -3]$ und $[3; \infty[$
rechtsgekrümmt in $[0; \infty[$
linksgekrümmt in $]-\infty; 0]$
$H = (3|6)$, $T = (-3|-2)$, $W = (0|2)$

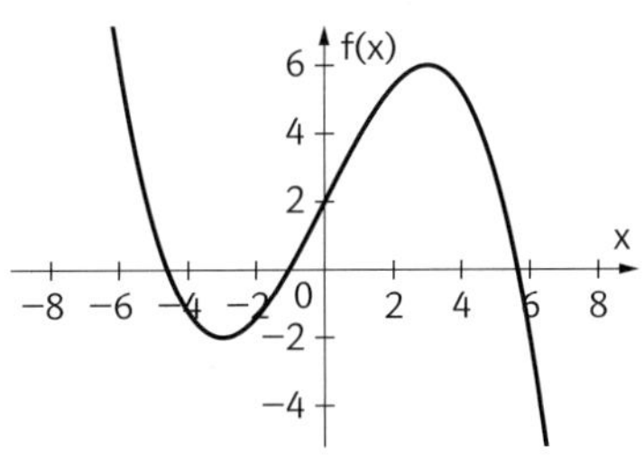

d) streng monoton steigend in $]-4; 2]$
streng monoton fallend in $]-\infty; -4]$ und $[2; \infty[$
rechtsgekrümmt in $[-1; \infty[$
linksgekrümmt in $]-\infty; -1]$
$H = (2|3)$, $T = (-4|-1)$, $W = (-1|1)$

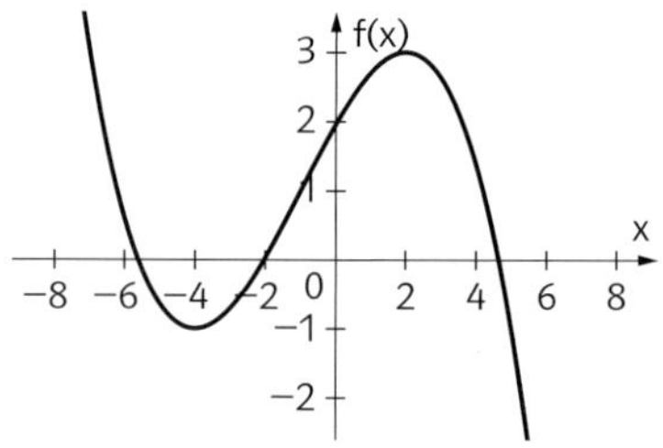

3.39 a) streng monoton steigend in $\left[-4; -\frac{1}{3}\right]$ und $[1; 2]$

streng monoton fallend in $\left[-\frac{1}{3}, 1\right]$

rechtsgekrümmt in $\left[-4; \frac{1}{3}\right]$

linksgekrümmt in $\left[\frac{1}{3}; 2\right]$

lokale Maximumstelle: $-\frac{1}{3}$; lokale Minimumstelle: 1

globale Maximumstelle: 2; globale Minimumstelle: −4

Wendestelle: $\frac{1}{3}$

$H = \left(-\frac{1}{3}\middle|\frac{5}{81}\right)$, $T = \left(1\middle|-\frac{1}{3}\right)$, $W = \left(\frac{1}{3}\middle|-\frac{11}{81}\right)$

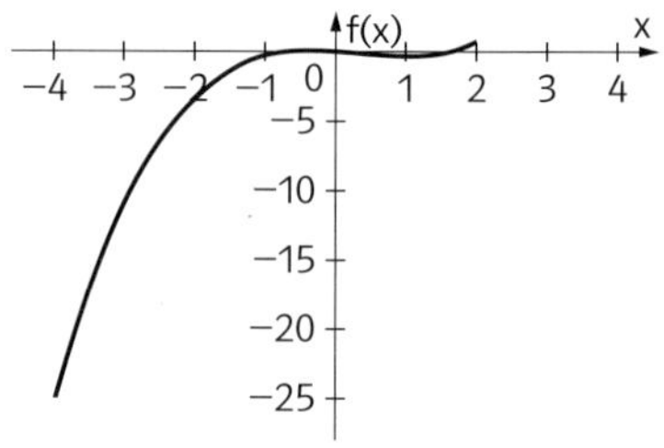

b) streng monoton steigend in $[1; 4]$

streng monoton fallend in $[0; 1]$ und $[4; 5[$

rechtsgekrümmt in $\left[\frac{5}{2}; 5\right]$

linksgekrümmt in $\left[0; \frac{5}{2}\right]$

lokale Maximumstelle: 4; lokale Minimumstelle: 1

globale Maximumstelle 4; globale Minimumstelle: 1

Wendestelle: $\frac{5}{2}$

$H = (4|2)$, $T = (1|-4)$, $W = \left(\frac{5}{2}\middle|-1\right)$

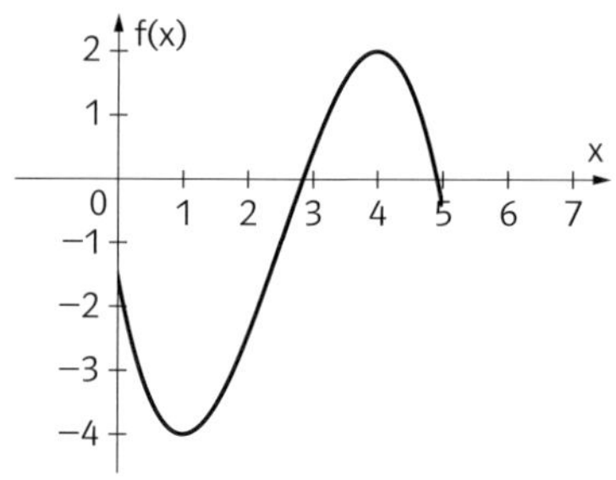

c) streng monoton steigend in $[-5; 5]$
rechtsgekrümmt in $[0; 5]$
linksgekrümmt in $[-5; 0]$
globale Maximumstelle 5; globale Minimumstelle: −5
Wendestelle: 0
$W = (0|0)$

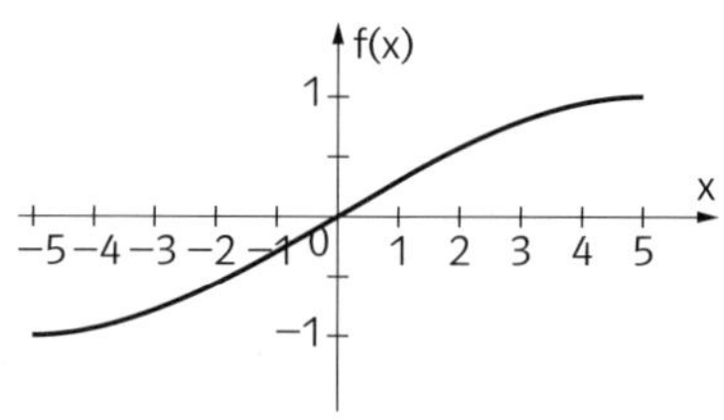

d) streng monoton steigend in $[0; 1]$
streng monoton fallend in $[1; 4]$
rechtsgekrümmt in $[0; 3]$
linksgekrümmt in $[3; 4]$
lokale Maximumstelle: 1
globale Maximumstelle: 1
globale Minimumstelle: 4
Wendestelle: 3

$H = (1|0)$, $W = \left(3\middle|-\frac{16}{3}\right)$

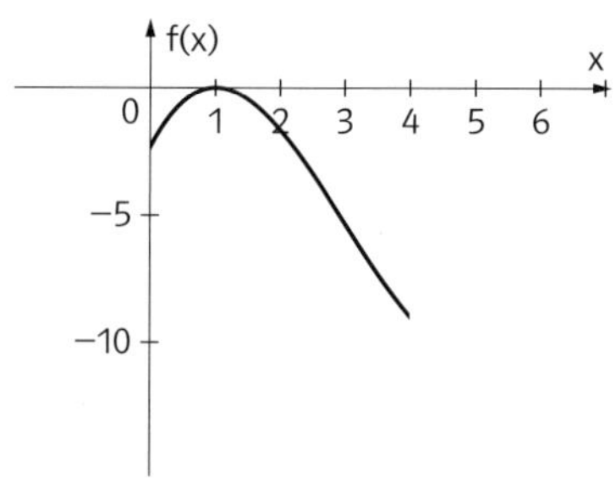

e) streng monoton steigend in $[-2; 1]$ und $[0; 1]$
streng monoton fallend in $[-1; 0]$ und $[1; 2]$

rechtsgekrümmt in $\left[-2; -\frac{1}{3}\sqrt{3}\right]$ und $\left[\frac{1}{3}\sqrt{3}; 2\right]$

linksgekrümmt in $\left[-\frac{1}{3}\sqrt{3}; \frac{1}{3}\sqrt{3}\right]$

lokale Maximumstellen: -1 und 1
lokale Minimumstelle: 0
globale Maximumstellen: -1 und 1
globale Minimumstellen: -2 und 2

Wendestellen: $-\frac{1}{3}\sqrt{3}$ und $\frac{1}{3}\sqrt{3}$

$H_1 = (-1 \mid 4)$, $H_2 = (1 \mid 4)$, $W_1 = \left(-\frac{1}{3}\sqrt{3} \,\middle|\, \frac{32}{9}\right)$, $W_2 = \left(\frac{1}{3}\sqrt{3} \,\middle|\, \frac{32}{9}\right)$

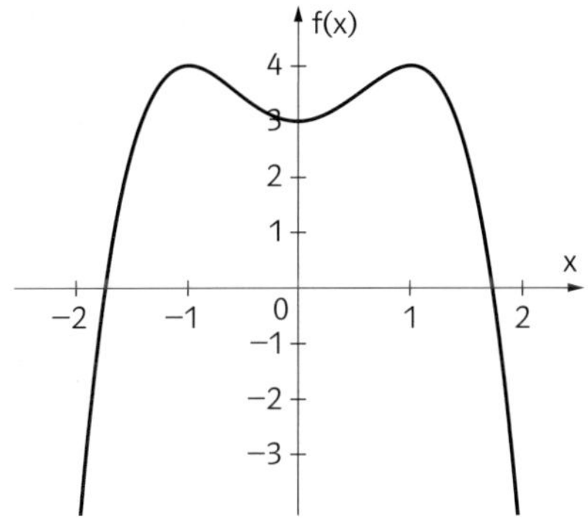

f) streng monoton steigend in $[-1; 0]$
streng monoton fallend in $[0; 1]$
rechtsgekrümmt in $[-1; 1]$
lokale Maximumstelle: 0
globale Maximumstelle: 0
globale Minimumstellen: -1 und 1
$H = (0 \mid 1)$

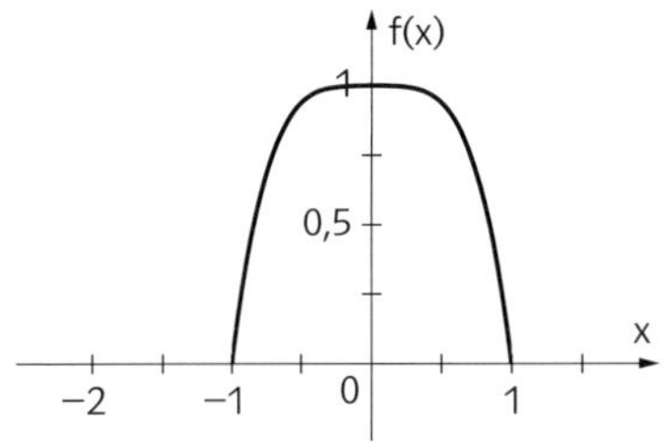

3.40 **a)** symmetrisch bezüglich der 2. Achse

streng monoton steigend in $\mathbb{R}_0^+$
streng monoton fallend in $\mathbb{R}_0^-$
linksgekrümmt in $\mathbb{R}$
$T = (0 \mid 0)$

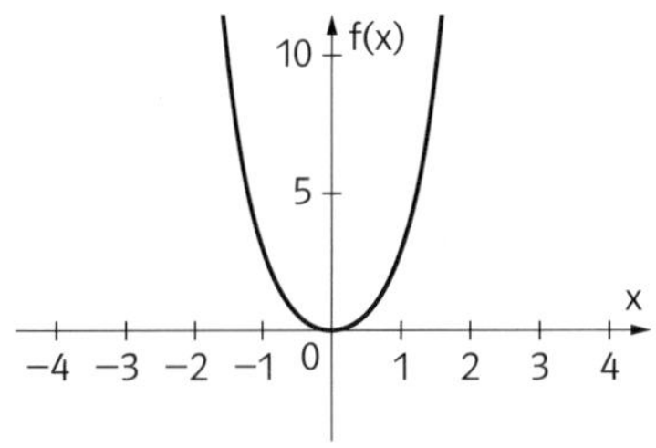

b) nicht symmetrisch bezüglich der 2. Achse

streng monoton steigend in $\left[\frac{1}{2}; \infty\right[$

streng monoton fallend in $\left]-\infty; \frac{1}{2}\right]$

linksgekrümmt in $\mathbb{R}$

$T = \left(\frac{1}{2} \,\middle|\, -\frac{3}{8}\right)$

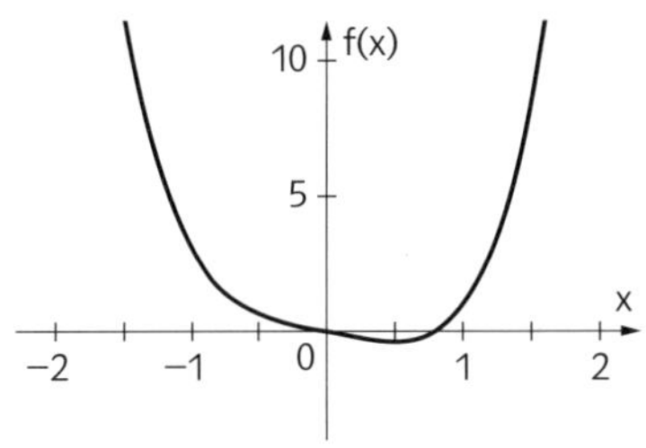

c) symmetrisch bezüglich der 2. Achse
streng monoton steigend in $[-3; 0]$ und $[3; \infty[$
streng monoton fallend in $]-\infty; -3]$ und $[0; 3]$
rechtsgekrümmt in $[-\sqrt{3}; \sqrt{3}]$
linksgekrümmt in $]-\infty; -3]$ und $[\sqrt{3}; \infty[$
$H = (0 \mid 0)$, $T_1 = (-3 \mid -9)$, $T_2 = (3 \mid -9)$,
$W_1 = (-\sqrt{3} \mid -5)$, $W_2 = (\sqrt{3} \mid -5)$

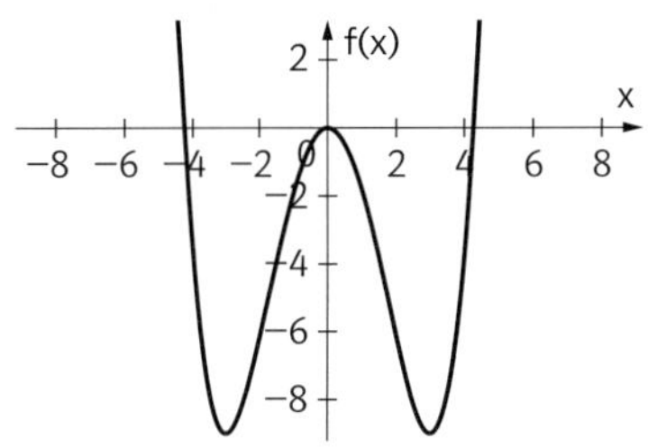

d) symmetrisch bezüglich der 2. Achse
streng monoton steigend in $]-\infty; -\sqrt{3}]$ und $[0; \sqrt{3}]$
streng monoton fallend in $[-\sqrt{3}; 0]$ und $[\sqrt{3}; \infty[$
rechtsgekrümmt in $]-\infty; -1]$ und $[1; \infty[$
linksgekrümmt in $[-1; 1]$

$H_1 = \left(-\sqrt{3} \,\middle|\, \frac{3}{2}\right)$, $H_2 = \left(\sqrt{3} \,\middle|\, \frac{3}{2}\right)$, $T = (0 \mid 0)$, $W_1 = \left(-1 \,\middle|\, \frac{5}{6}\right)$, $W_2 = \left(1 \,\middle|\, \frac{5}{6}\right)$

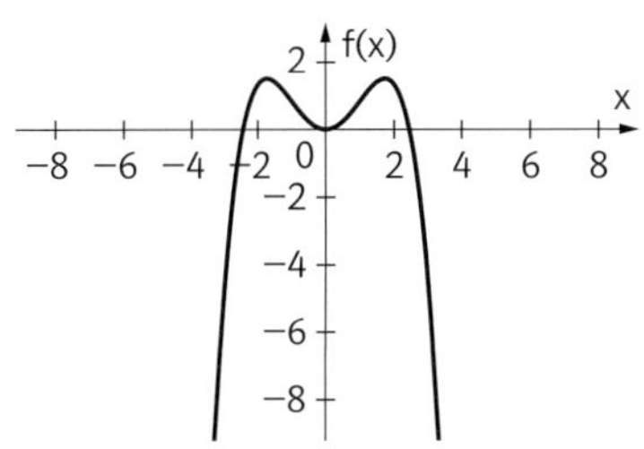

e) nicht symmetrisch bezüglich der 2. Achse
streng monoton steigend in [−1; ∞[
streng monoton fallend in]−∞ ;−1]
rechtsgekrümmt in $\left[-\frac{2}{3}; 0\right]$
linksgekrümmt in $\left]-\infty; -\frac{2}{3}\right]$ und [0; ∞[
$T = (-1|-3)$, $W_1 = \left(-\frac{2}{3}\middle|-\frac{16}{9}\right)$, W_2 = Terrassenpunkt = (0|0)

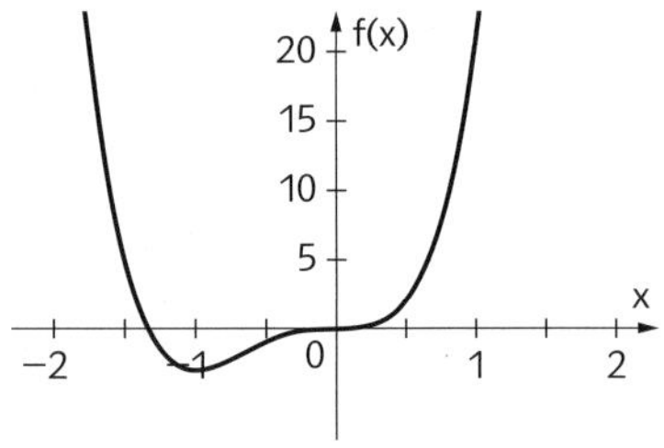

f) nicht symmetrisch bezüglich der 2. Achse
streng monoton steigend in [−6; ∞[
streng monoton fallend in]−∞; −6]
rechtsgekrümmt in [−4; 0]
linksgekrümmt in]−∞; −4] und [0; ∞[
$T = (-6|-6{,}75)$, $W_1 = (-4|-4)$, W_2 = Terrassenpunkt = (0|0)

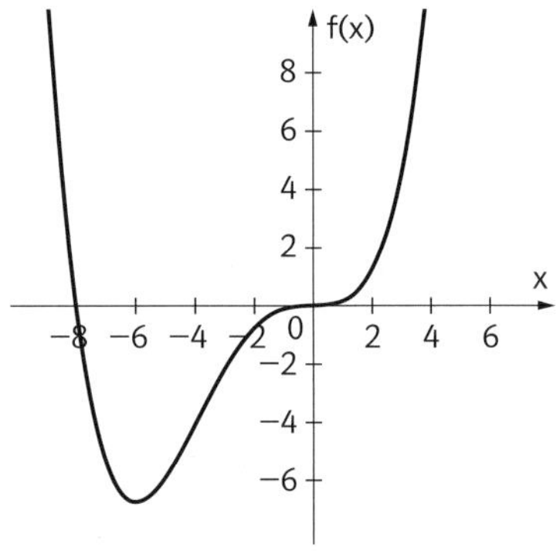

3.41 a) Nullstellen: −3; 0; 2
$\lim_{x\to\infty} f(x) = \infty$, $\lim_{x\to-\infty} f(x) = -\infty$

b) Nullstelle: 0
$\lim_{x\to\infty} f(x) = -\infty$, $\lim_{x\to-\infty} f(x) = \infty$

c) Nullstellen: −3; 0; 4
$\lim_{x\to\infty} f(x) = -\infty$, $\lim_{x\to-\infty} f(x) = -\infty$

3.42 1) Nullstellen: 0 und 3
lokale Minimumstelle: 0
lokale Maximumstelle: 2

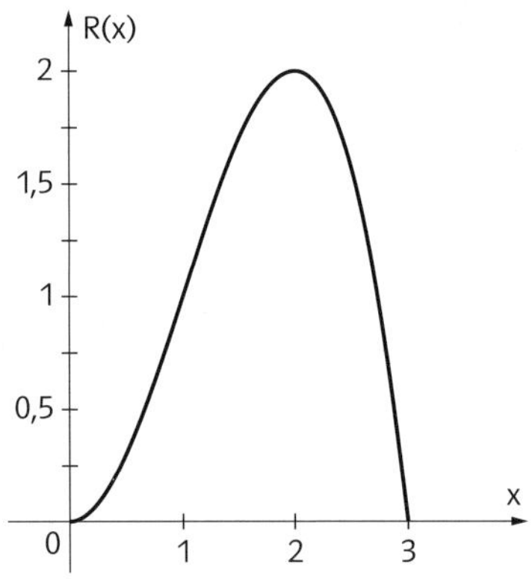

2) Nullstellen: 0 und 2
lokale Maximumstelle: 1

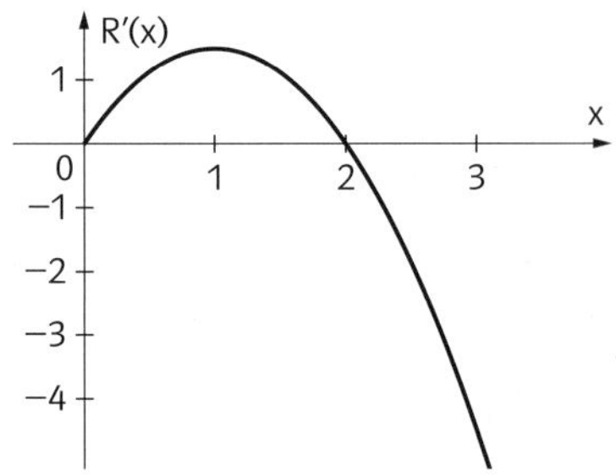

3) für x = 2
4) für x = 1

3.43 [3] [4] [4] [2]
[3] [4] [2] [3]

3.44 1) Die Sauerstoffproduktion wird nach einem zögerlichen Beginn bis ca. 10 Uhr immer schneller, verläuft dann bis ca. 14 Uhr annähernd linear und wird anschließend immer langsamer.
2) ungefähr um 12.40 Uhr
3) ca. 593 l
4) ca. 133 l/h

3.45 1) 2000 m
2) nach 4 Sekunden
3) $v(t) = s'(t) \approx 10t$
4) nach 4,5 Sekunden
5)

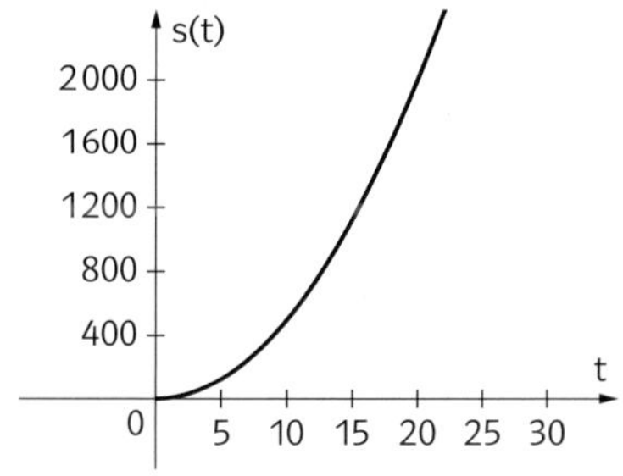

Der Graph von s ist linksgekrümmt, dh. der Körper fällt immer schneller.

3.46

	$f(0) = 0$	$f(0) \neq 0$	$f'(0) = 0$	$f'(0) \neq 0$	$f''(0) = 0$	$f''(0) \neq 0$
0 ist lokale Extremstelle von f.	☐	☐	☒	☐	☐	☐
0 ist globale Extremstelle von f.	☐	☐	☐	☐	☐	☐
0 ist Sattelstelle von f.	☐	☐	☒	☐	☒	☐
0 ist Wendestelle von f.	☐	☐	☐	☐	☒	☐
0 ist Nullstelle von f.	☒	☐	☐	☐	☐	☐
(0 | 5) ist Wendepunkt.	☐	☒	☐	☐	☒	☐
(0 | −1) ist Sattelpunkt.	☐	☒	☒	☐	☒	☐
(0 | 0) ist Tiefpunkt.	☒	☐	☒	☐	☐	☐
f ist symmetrisch bezüglich der 2. Achse.	☐	☐	☒	☐	☐	☐

3.47 1)

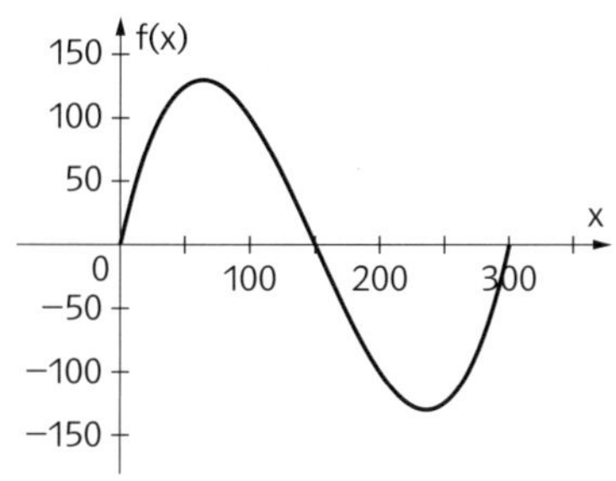

2) In [0; 150] muss sie das Lenkrad nach rechts, in [150; 300] nach links einschlagen.
3) in beiden Fällen um ca. 143,5°

3.48 Die Nullstellen sind α_1, α_2 und α_3. Setze $f''(x) = 0$ und zeige, dass sich daraus $x = \frac{\alpha_1 + \alpha_2 + \alpha_3}{3}$ ergibt! Zeige auch, dass $f'''\left(\frac{\alpha_1 + \alpha_2 + \alpha_3}{3}\right) \neq 0$ ist!

3.49 1) Zeige: $-\frac{b}{3a}$ ist die einzige Wendestelle.
2) $b^2 = 3ac$

3.50 1) $3b^2 > 8ac$ 2) $3b^2 = 8ac$ 3) $3b^2 < 8ac$

3.51 Zeige: f besitzt die Wendestellen 0, $-2\sqrt{2}$ und $2\sqrt{2}$.

3.52 $W_1 = (-1 \mid 14)$, $W_2 = (0 \mid 7)$, $W_3 = (1 \mid 0)$. Zeige: $\overrightarrow{W_1W_3} \parallel \overrightarrow{W_1W_2}$

3.53 1) $S_1 = (0 \mid 0)$, $S_2 = (-1 \mid 2)$
2) Für $k = \frac{1}{2}(\sqrt{21} - 3)$ und $k = -\frac{1}{2}(\sqrt{21} + 3)$ hat f_k' genau eine Nullstelle. Diese ist eine Sattelstelle.

3.54 Zeige, dass f_t' die verschiedenen Nullstellen $\frac{t + \sqrt{t^2 + 3t + 3}}{3}$ und $\frac{t - \sqrt{t^2 + 3t + 3}}{3}$ besitzt, weil $t^2 + 3t + 3 > 0$ ist! Zeige weiters, dass eine dieser Nullstellen eine lokale Maximumstelle und die andere eine lokale Minimumstelle von f_t ist!

3.55 1) Sportler B. Das Minimum der Laktatkonzentration tritt erst bei einer höheren Laufgeschwindigkeit ein als beim Sportler A.
2) Sportler A: nach Mader ca. 13 km/h, nach Simon: ca. 13 km/h
Sportler B: nach Mader ca. 14,6 km/h, nach Simon: ca. 14 km/h
Die Ergebnisse unterscheiden sich bei den beiden Methoden nicht sehr.
3) Sportler A: $v \approx 12{,}7$ km/h, Sportler B: $v \approx 14$ km/h

3.56 1) $G(x) = -0{,}005x^3 + 0{,}0825x^2 + 21{,}49625x - 150$
2)
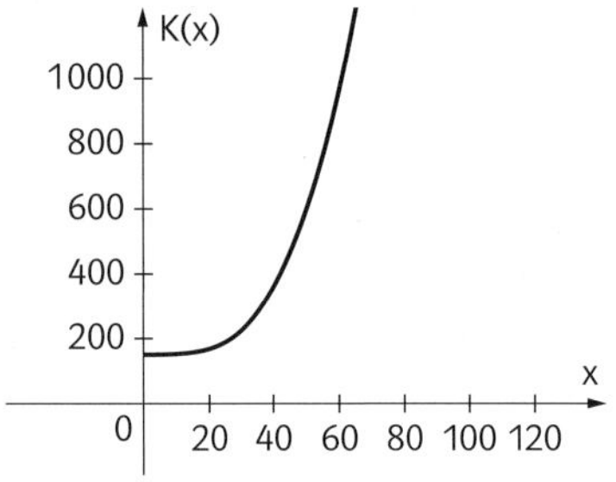

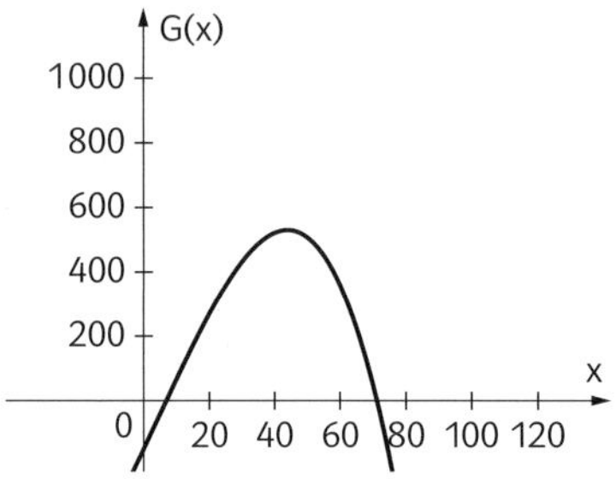

3) ungefähr im Intervall [7; 71]
4) bei ca. $x = 44$
5) Kostenkehre: $x = 5{,}5$
6) Die Kostenkehre ist eine Wendestelle von K. An dieser Stelle erreichen die Grenzkosten ein Minimum.

3.58 $f(x) = \frac{3}{4}x^2 - 3x + 1$

3.59 $f(x) = -x^2 + 2x + 1$

3.60 $f(x) = 3x^2 - 2x + 1$

3.61 $f(x) = 5x^2 + 9x + 1$

3.62 $f(x) = x^3 - 6x^2 + 2$, $W = (2 \mid -14)$

3.63 $f(x) = x^3 - 3x^2 + 3$, $T = (2 \mid -1)$
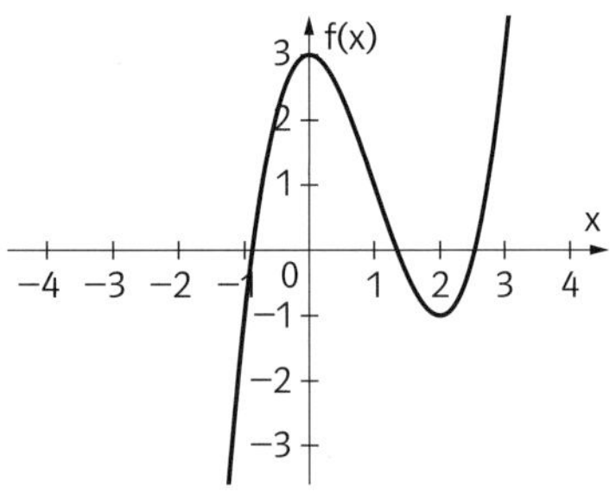

3.64 $f(x) = -26x^3 + 27x^2$
lokale Minimumstelle: 0, lokale Maximumstelle: $\frac{9}{13}$

3.65 $f(x) = 2x^3 - x$

3.66 $f(x) = 3x^3 + 3x^2 - x$

3.67 $f(x) = \frac{1}{4}(x^3 - 9x^2 + 15x - 7)$

3.68 $f(x) = x^3 - 2x^2 + x - 2$

3.69 $f(x) = 12x^3 - 9x$

3.70 $f(x) = x^3 - 3x^2 - 24x - 20$

3.71 $f(x) = x^3 - 3x^2 - 9x + 8$

3.72 $f(x) = 3x^3 + 9x^2 - 5x - 7$

3.73 a) $f(x) = \frac{1}{2}(x^3 - 6x^2 + 9x)$ b) $f(x) = -x^3 + 2x^2$ c) $f(x) = \frac{1}{2}x^3 - \frac{3}{2}x + 1$

3.74 $f(x) = 2x^3 - 12x^2 + 18x - 4$

3.75 $f(x) = 2x^4 - 4x^2 + 2$

3.76 $f(x) = x^4 + 4x$

3.77 $f(x) = \frac{1}{4}x^4 - \frac{3}{4}x^3 + x$

3.78 $f(x) = 2x^4 - x + 1$

3.79 $f(x) = -3x^4 + 8x^3 - 6x^2$

3.80 $f(x) = x^4 - 2x^3 - 12x^2 - 14x$

3.81 a) $f(x) = x^4 - 2x^2 + 1$ b) $f(x) = -\frac{3}{10}x^4 + 2x^3 - \frac{18}{5}x^2 + 4$

3.82 $\alpha \approx 31°$, $d = 8\,m$

3.83 1) Steigung in $A = -\frac{5}{9}$, Steigung in $B = \frac{5}{9}$ 2) $\alpha \approx 29{,}1°$ 3) $Z \approx 514{,}8\,N$

3.84 1) $f(x) = 0{,}005x^2 - 0{,}25x$ 3) ab $x = 50$
2) an der Stelle $x = 25$; $3{,}125\,m$ unter A 4) $\beta \approx 36{,}9°$

3.85 1) $b^2 < 3ac$ 2) $b^2 = 3ac$ 3) $b^2 > 3ac$

3.86 $a = 8$; $f(x) < 0$ für $x < 0 \lor x > 8$

3.87 1) für $p < 0$ und q beliebig 2) für $p = 0$ und q beliebig 3) für $p > 0$ und q beliebig

3.88 1) $b^2 > 3ac$ 2) $b^2 = 3ac$ 3) $b^2 < 3ac$

3.89 $a > 0 \land b < 0$

3.91 a) Diskriminante von $x^2 + 2x + 2 = 0$: $D = -1 \Rightarrow$ keine Nullstelle
b) Diskriminante von $x^2 + 3x + 4 = 0$: $D = -1{,}75 \Rightarrow$ keine Nullstelle
c) Diskriminante von $x^2 + 2x + \frac{5}{4} = 0$: $D = -0{,}25 \Rightarrow$ keine Nullstelle
d) Diskriminante von $x^2 - 2x + 2 = 0$: $D = -1 \Rightarrow$ keine Nullstelle

3.92 a) Zeige: Für $f(x) = x^3 + x + 10$ ist $f'(x) = 3x^2 + 1 > 0$ für alle $x \in \mathbb{R}$. Somit ist f streng monoton steigend in $\mathbb{R}$ und hat daher höchstens eine Nullstelle.
b) Zeige: Für $f(x) = x^3 + ax + b$ ist $f'(x) = 3x^2 + a > 0$ für alle $x \in \mathbb{R}$. Somit ist f streng monoton steigend in $\mathbb{R}$ und hat daher höchstens eine Nullstelle.
c) Zeige: Für $f(x) = x^3 + ax^2 + b$ ist $T = (0 \mid b)$ ein Tiefpunkt und $H = \left(-\frac{2a}{3} \middle| b + \frac{4a^3}{27}\right)$ ein Hochpunkt.
In $\left]-\infty; -\frac{2a}{3}\right]$ und $\left[b + \frac{4a^3}{27}; \infty\right[$ ist f streng monoton steigend. Somit besitzt f höchstens eine Nullstelle in $\left]-\infty; -\frac{2a}{3}\right]$.
d) Zeige: Für $f(x) = -x^3 + 3x^2 - 9x + 26$ ist $f'(x) \neq 0$ für alle $x \in \mathbb{R}$. Somit ist f streng monoton in $\mathbb{R}$ und hat daher höchstens eine Nullstelle.

3.93 a) Zeige: Für $f(x) = 2x^3 - 3x^2 - 12x + 24$ ist $T = (2 \mid 4)$ ein Tiefpunkt und $H = (-1 \mid 31)$ ein Hochpunkt. In $]-\infty; -1]$ und $[2; \infty[$ ist f streng monoton steigend. Somit besitzt f höchstens eine Nullstelle in $]-\infty; -1]$.
b) Zeige: Die Funktion f mit $f(x) = x^3 - x^2 + x + 5$ ist streng monoton in $\mathbb{R}$ und besitzt somit höchstens eine Nullstelle. Somit besitzt auch die gegebene Gleichung höchstens eine Lösung.

c) Zeige: Die Funktion f mit $f(x) = x^3 + 6x^2 + 12x + 8$ ist streng monoton steigend in $\mathbb{R}$ und besitzt somit höchstens eine Nullstelle.
Somit besitzt auch die gegebene Gleichung höchstens eine Lösung.

d) Zeige: Die Funktion f mit $f(x) = x^3 - 3x^2 + 3x - 2$ ist streng monoton steigend in $\mathbb{R}$ und besitzt somit höchstens eine Nullstelle. Somit besitzt auch die gegebene Gleichung höchstens eine Lösung.

3.94 a) Zeige: Für $f(x) = x^4 - x^3 + 1$ ist $T = \left(\frac{3}{4} \middle| \frac{229}{256}\right)$ ein Tiefpunkt. Also ist $f(x) \geqslant \frac{229}{256}$ für alle $x \in \mathbb{R}$.
Daher besitzt f keine Nullstelle. Somit besitzt auch die gegebene Gleichung keine Lösung.

b) Zeige: Für $f(x) = 3x^4 - 4x^3 + 6x^2 - 12x + 19$ ist $T = (1 | 12)$ ein Tiefpunkt. Also ist $f(x) \geqslant 12$ für alle $x \in \mathbb{R}$. Daher besitzt f keine Nullstelle. Somit besitzt auch die gegebene Gleichung keine Lösung.

c) Zeige: Für $f(x) = x^6 - 2x^3 + 2$ ist $T = (1 | 1)$ ein Tiefpunkt. Also ist $f(x) \geqslant 1$ für alle $x \in \mathbb{R}$.
Daher besitzt f keine Nullstelle. Somit besitzt auch die gegebene Gleichung keine Lösung.

d) Zeige: Für $f(x) = x^{10} - 2x^5 + 2$ ist $T = (1 | 1)$ ein Tiefpunkt. Also ist $f(x) \geqslant 1$ für alle $x \in \mathbb{R}$.
Daher besitzt f keine Nullstelle. Somit besitzt auch die gegebene Gleichung keine Lösung.

3.95 a) Zeige: Für $f(x) = x^4 + 4x + a$ ist $T = (-1 | a - 3)$ ein Tiefpunkt. Für $a > 3$ ist also $f(x) > 0$ für alle $x \in \mathbb{R}$.
Daher besitzt f für $a > 3$ keine Nullstelle und somit die gegebene Gleichung keine Lösung.

b) Zeige: Für $f(x) = x^4 - 4x + a$ ist $T = (1 | a - 3)$ ein Tiefpunkt. Für $a > 3$ ist also $f(x) > 0$ für alle $x \in \mathbb{R}$.
Daher besitzt f für $a > 3$ keine Nullstelle und somit die gegebene Gleichung keine Lösung.

3.96 a) 1 Lösung $\Leftrightarrow c < 4 \vee c > 8$
2 Lösungen $\Leftrightarrow c = 4 \vee c = 8$
3 Lösungen $\Leftrightarrow 4 < c < 8$

b) 1 Lösung $\Leftrightarrow c < -12 \vee c > 20$
2 Lösungen $\Leftrightarrow c = -12 \vee c = 20$
3 Lösungen $\Leftrightarrow -12 < c < 20$

3.97 Wenn Radius und Höhe um x verlängert werden, muss gelten: $\frac{\pi}{3} \cdot (3 + x)^2 \cdot (5 + x) = 10 \cdot \frac{\pi}{3} \cdot 9 \cdot 5$
Diese Gleichung lässt sich vereinfachen zu: $x^3 + 11x^2 + 39x - 405$. Untersuche die Funktion f mit $f(x) = x^3 + 11x^2 + 39x - 405$ und zeige, dass diese Funktion genau eine Nullstelle hat!

3.98 Es muss gelten: $a^2 \cdot h = 8$ und $2a^2 + 4ah = 26$. Durch Elimination von h aus diesen beiden Gleichungen ergibt sich nach entsprechender Vereinfachung: $a^3 - 13a + 16 = 0$. Untersuche die Funktion f mit $f(a) = a^3 - 13a + 16$ und zeige, dass diese Funktion genau zwei positive Nullstellen hat!

3.100 a) Untersuche die Funktion f mit $f(x) = x^4 - x^2 + 1$ und zeige, dass $f(x) > 0$ für alle $x \in \mathbb{R}$.

b) Untersuche die Funktion f mit $f(x) = x^6 - 2x^3 + 1$ und zeige, dass $f(x) \geqslant 0$ für alle $x \in \mathbb{R}$.

c) Untersuche die Funktion f mit $f(x) = x^4 - 8x^2 + 16$ und zeige, dass $f(x) \geqslant 0$ für alle $x \in \mathbb{R}$.

d) Untersuche die Funktion f mit $f(x) = x^2(x^2 - 1) + \frac{1}{4}$ und zeige, dass $f(x) \geqslant 0$ für alle $x \in \mathbb{R}$.

e) Untersuche die Funktion f mit $f(x) = x^4 - 4x + 3$ und zeige, dass $f(x) \geqslant 0$ für alle $x \in \mathbb{R}$.

3.101 a) Untersuche die Funktion f mit $f(x) = 3x(x^2 - 3) + 6$ und zeige, dass $f(x) \geqslant 0$ für alle $x \in \mathbb{R}_0^+$.

b) Untersuche die Funktion f mit $f(x) = 3x(x^2 - 3) - 6$ und zeige, dass $f(x) \leqslant 0$ für alle $x \in \mathbb{R}_0^-$.

3.102 a) Untersuche die Funktion f mit $f(x) = 4x(x + a) + a^2$ und zeige, dass $f(x) \geqslant 0$ für alle $x \in \mathbb{R}$ und alle $a \in \mathbb{R}^+$.

b) Untersuche die Funktion f mit $f(x) = 4x(x - a) + a^2$ und zeige, dass $f(x) \geqslant 0$ für alle $x \in \mathbb{R}$ und alle $a \in \mathbb{R}^+$.

c) Untersuche die Funktion f mit $f(x) = x^4 + 4a^3x + 3a^4$ und zeige, dass $f(x) \geqslant 0$ für alle $x \in \mathbb{R}$ und alle $a \in \mathbb{R}^+$.

d) Untersuche die Funktion f mit $f(x) = x^4 - 4a^3x + 3a^4$ und zeige, dass $f(x) \geqslant 0$ für alle $x \in \mathbb{R}$ und alle $a \in \mathbb{R}^+$.

3.103 a) Untersuche die Funktion f mit $f(x) = 4n^2x^2 - 4nx + 1$ und zeige, dass $f(x) \geqslant 0$ für alle $x \in \mathbb{R}_0^+$ und alle $n \in \mathbb{N}^*$.

b) Untersuche die Funktion f mit $f(x) = x^n - nx + n - 1$ und zeige, dass $f(x) \geqslant 0$ für alle $x \in \mathbb{R}_0^+$ und alle $n \in \mathbb{N}^*$.

Unterscheide drei Fälle:
1. Fall: $n = 1$. Es ergibt sich die wahre Aussage $0 \geq 0$.
2. Fall: n gerade. Untersuche die Funktion f mit $f(x) = x^n - nx + n - 1$ und zeige, dass $f(x) \geq 0$ für alle $x \in \mathbb{R}_0^+$ und alle $n \in \mathbb{N}^*$.
3. Fall: n ungerade und $n \geq 3$. Untersuche die Funktion f mit $f(x) = x^n - nx + n - 1$ und zeige, dass $f(x) \geq 0$ für alle $x \in \mathbb{R}_0^+$ und alle $n \in \mathbb{N}^*$.

3.105 a) für $x \leq 2$ b) für $x \geq -2$ c) für $-2 \leq x \leq 2$

3.106 a) für $x \geq -1$ b) für $x \leq 3$ c) für $-1 \leq x \leq 3$

3.107 a) für $c \leq -2$ oder $c > 2$ b) für $c \leq 20$ oder $c > 24$

3.108 a) für $c < 1$ oder $c \geq 5$ b) für $c < 1$ oder $c \geq 5$

3.110 $x = 31$, $y = 62$

3.111 Die Strecke ist zu halbieren.

3.112 Die Strecke ist zu halbieren.

3.113 Das Quadrat mit der Seitenlänge $\frac{u}{4}$.

3.114 a) 16 b) 31

3.115 Beide Katheten müssen die Länge $\frac{a}{2}$ haben.

3.116 $x = 10\,\text{cm}$

3.117 Nein. $x = 10\,\text{m}$, $y = 5\,\text{m}$

3.118 $x = y = 20\,\text{m}$

3.119 Schenkellänge $= a$, Grundkantenlänge $= a\sqrt{2}$

3.120 Das Rechteck muss ein Quadrat mit der Seitenlänge $\frac{a}{2}\sqrt{2}$ sein.

3.121 Würfel mit der Kantenlänge 6 cm

3.122 $x = 3\,\text{cm}$; $432\,\text{cm}^3$

3.123 Die Länge der Seite, um die gedreht wird, beträgt $\frac{1}{3}$, die Länge der anderen Seite beträgt $\frac{2}{3}$.

3.124 a) $r = \frac{u}{8}$, $h = \frac{u}{4}$ b) $r = \frac{u}{6}$, $h = \frac{u}{6}$

3.127 Bei $x = -\frac{r}{2}\sqrt{2}$ und $x = \frac{r}{2}\sqrt{2}$

3.129 Grundlinienlänge $= \frac{4s}{5}$, Höhe $= \frac{s}{5}\sqrt{5}$

3.130 $\sqrt{\frac{25}{3}}\,\text{m} \approx 2{,}89\,\text{m}$

3.131 $V_{Kugel} : V_{Zylinder} = \sqrt{3} : 1$

3.132 $r = \frac{s}{3}\sqrt{6}$, $h = \frac{s}{3}\sqrt{3}$

3.133 $r = \frac{2R}{3}\sqrt{2}$, $h = \frac{4R}{3}$

3.134 $r = \frac{R}{3}\sqrt{6}$, $h = \frac{R}{3}\sqrt{3}$

3.136 $x = 9\,\text{cm}$, $y = 12\,\text{cm}$

3.137 $\frac{a}{2}$ und $\frac{b}{2}$

3.138 $\frac{h}{2}$

3.139 Höhe des eingeschriebenen Dreiecks $= \frac{h}{2}$

3.140 Die auf der Grundlinie des Dreiecks liegende Rechtecksseite muss die Länge $\frac{c}{2}$ haben, die andere Rechtecksseite die Länge $\frac{h}{2}$.

3.141 $r = \frac{R}{2}$, $h = \frac{H}{2}$

3.142 $V = 64\pi \approx 201{,}1\,\text{cm}^3$

3.143 $r = \frac{2R}{3}$, $h = \frac{H}{3}$, $V = \frac{4\pi}{81} R^2 H$

3.146 Quadrat mit der Seitenlänge $\frac{u}{4}$

3.147 gleichschenkelig-rechtwinkeliges Dreieck mit den Kathetenlängen $\frac{c}{2}\sqrt{2}$

3.148 gleichseitiges Dreieck mit der Seitenlänge $\frac{a}{3}$

3.149 $A = \frac{a^2}{2}$

3.150 $6\sqrt{2}\,\text{cm} \approx 8{,}49\,\text{cm}$

3.151 gleichseitiges Dreieck mit der Seitenlänge $r\sqrt{3}$

3.152 Seitenlängen: $6\sqrt{2}$ und $3\sqrt{2}$

3.153 gleichschenkeliges Dreieck mit der Grundlinienlänge $s\sqrt{2}$

3.155 $x = 100\,\text{cm}$, $y = 80\,\text{cm}$, Abfall $= 1750\,\text{cm}^2$

3.156 a) $x = 4$, $y = 2$ b) $x = 6$, $y = 3$

3.157
a) kleinster Abstand: $(0 \mid 0)$; größter Abstand: $(4 \mid 0)$
b) kleinster Abstand: ca. $(3{,}78 \mid 0{,}43)$; größter Abstand: ca. $(0{,}89 \mid 2{,}93)$
c) kleinster Abstand: $(4 \mid 0)$; größter Abstand: ca. $(1{,}17 \mid 3{,}06)$
d) kleinster Abstand: $(4 \mid 0)$; größter Abstand: ca. $(0{,}67 \mid 2{,}72)$

3.159 a)

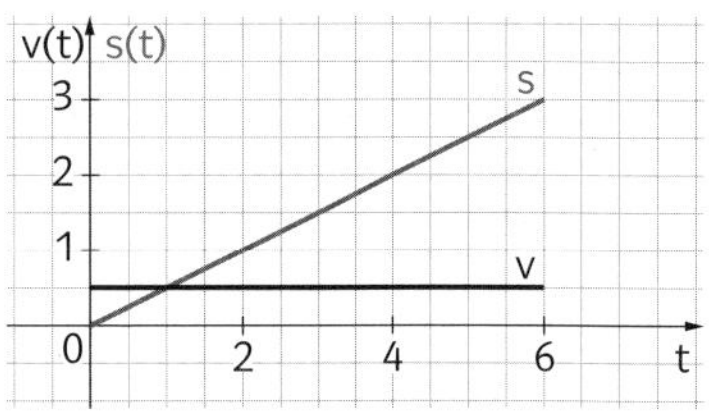

b)

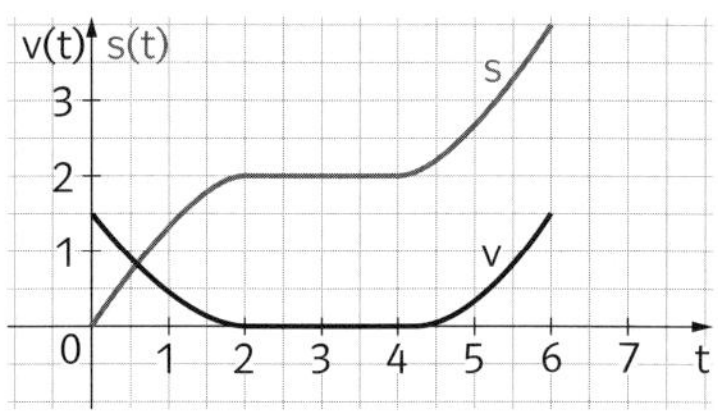

c)

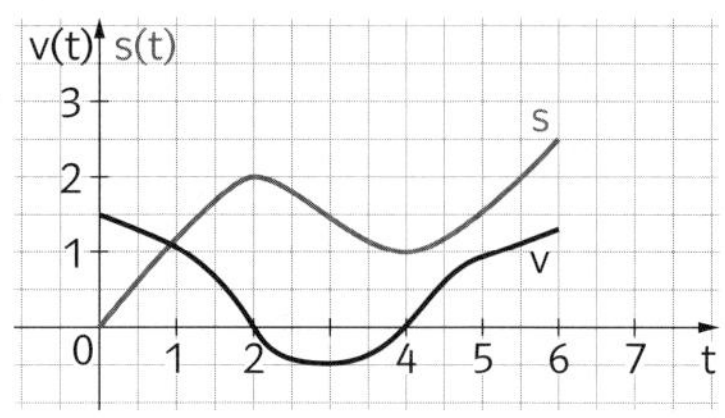

3.160 Die Funktion in Abb. 3.10 a.
Die Funktion in Abb. 3.10 b kommt ua. deshalb nicht in Frage, weil f′ in $[0; 1[$ negativ sein müsste.
Die Funktion in Abb. 3.10 c kommt ua. deshalb nicht in Frage, weil f′ in $]5; 6]$ negativ sein müsste.

3.161
1) -2, 0 und 2
2) positiv in $]-\infty; -2[$ und $]2; \infty[$, negativ in $]-2; 0[$ und $]0; 2[$
3)

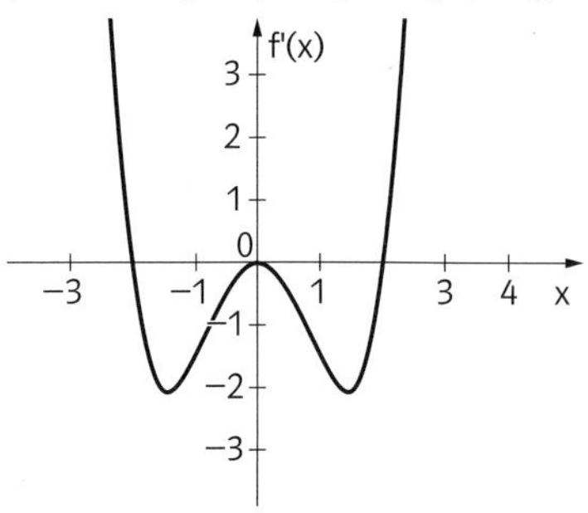

3.162 **a)**

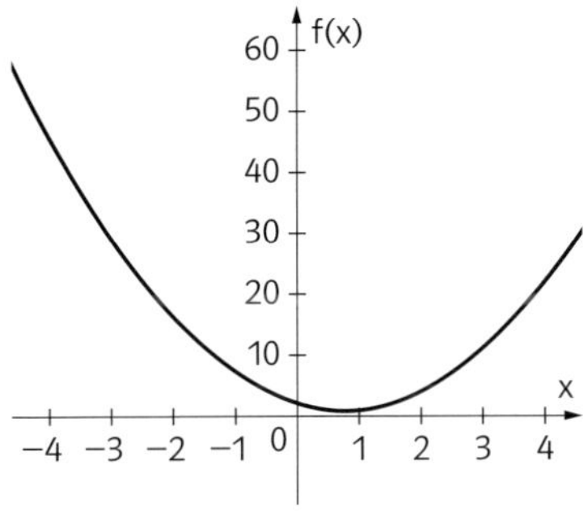

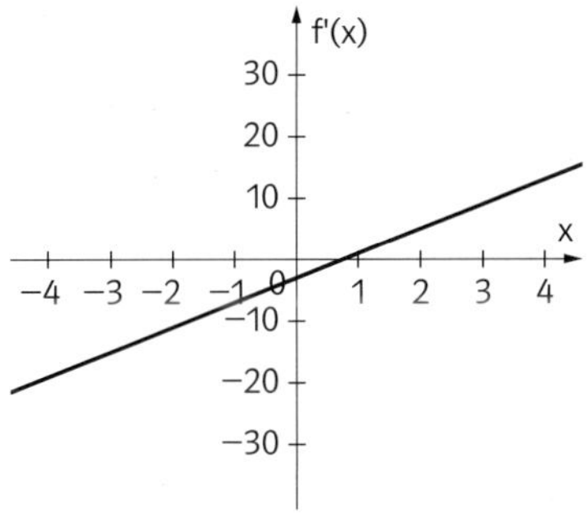

b)

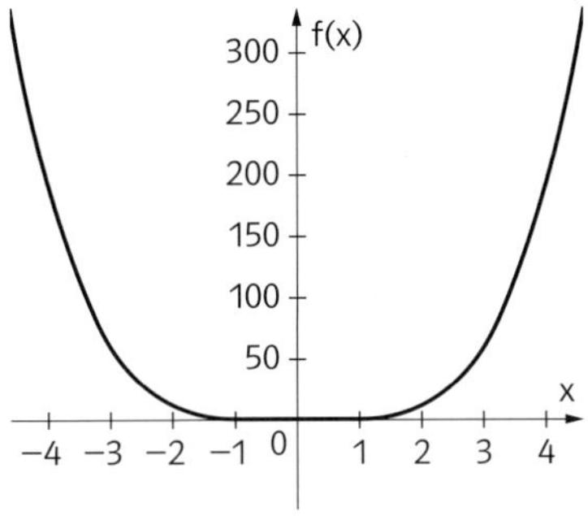

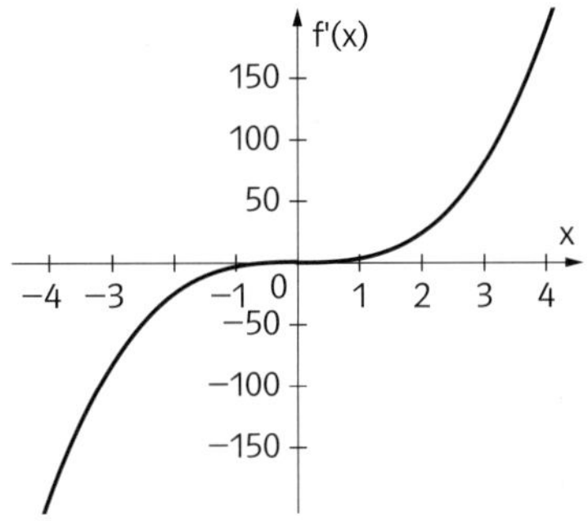

3.163

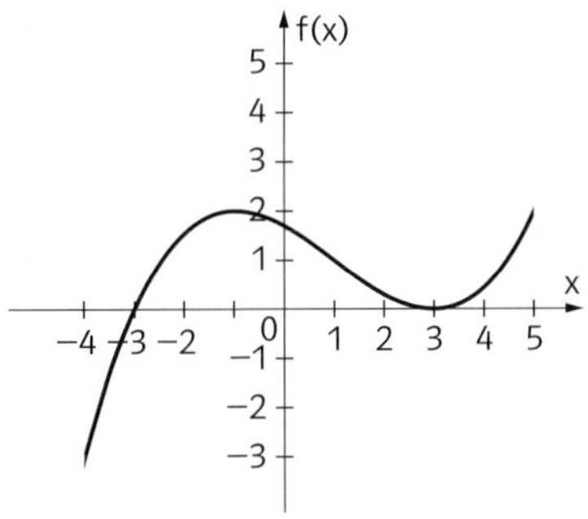

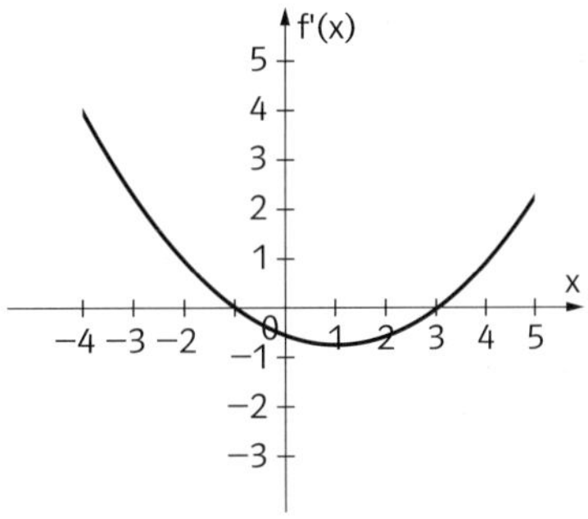

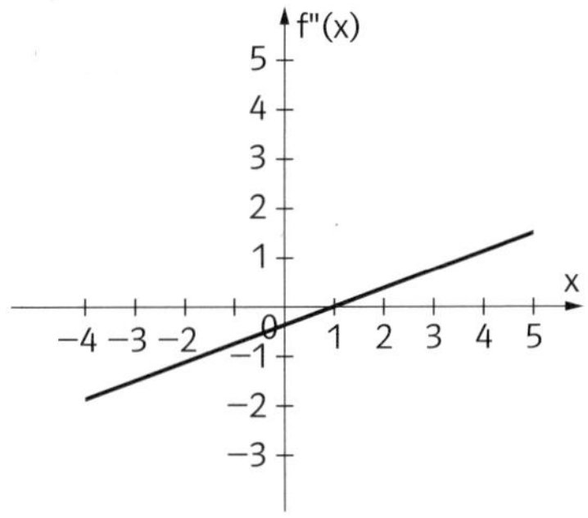

Der Graph der ersten Ableitungsfunktion hat dort Nullstellen, wo der Graph von f lokale Extremstellen besitzt, dh. an diesen Stellen ändert sich das Monotonieverhalten von f. Der Graph der ersten Ableitungsfunktion hat dort eine lokale Extremstelle, wo der Graph von f eine Wendestelle besitzt. Der Graph der zweiten Ableitungsfunktion hat dort eine Nullstelle, wo der Graph von f eine Wendestelle besitzt. An dieser Stelle ändert sich das Krümmungsverhalten von f.

3.165 ☐ ☒ ☐

Die erste Funktion kommt ua. deshalb nicht in Frage, weil f′ nicht an jeder Stelle positiv ist.
Die dritte Funktion kommt ua. deshalb nicht in Frage, weil $f'(2) \neq 0$ ist.

3.166 **a)** streng monoton steigend in $]-\infty; 0]$ und $[2; \infty[$, streng monoton fallend in $[0; 2]$

b) −4, 0 und 2

c)

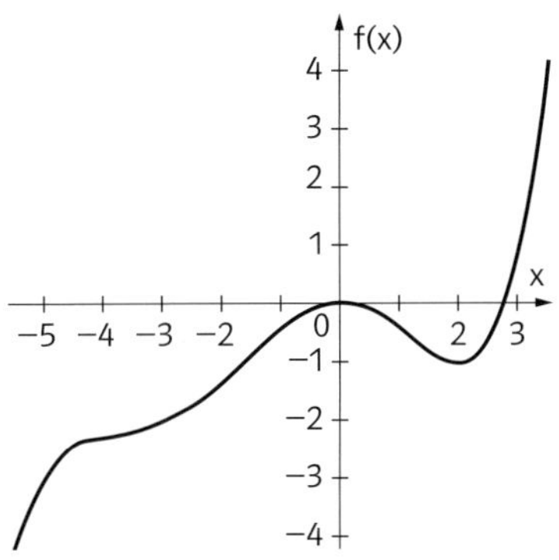

3.167 a)

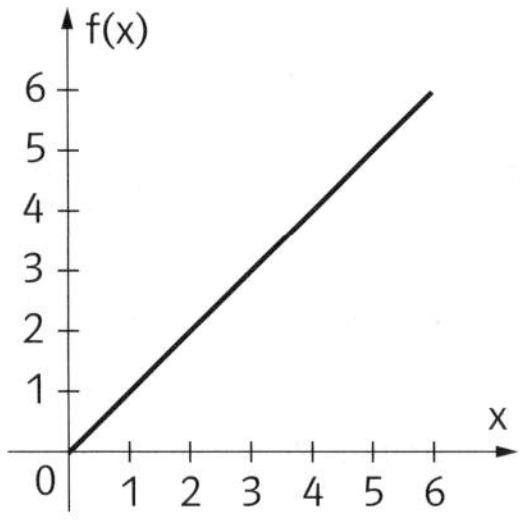

b)

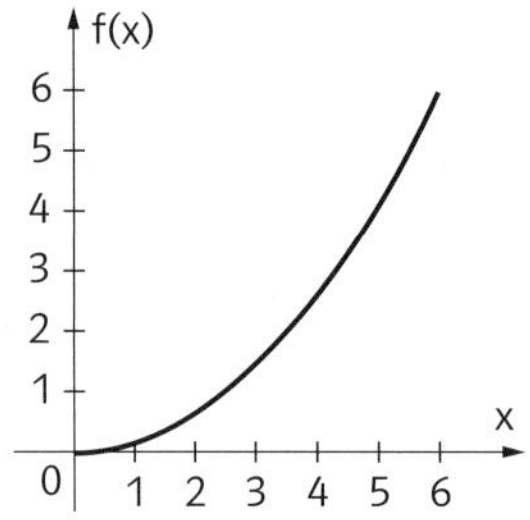

c)

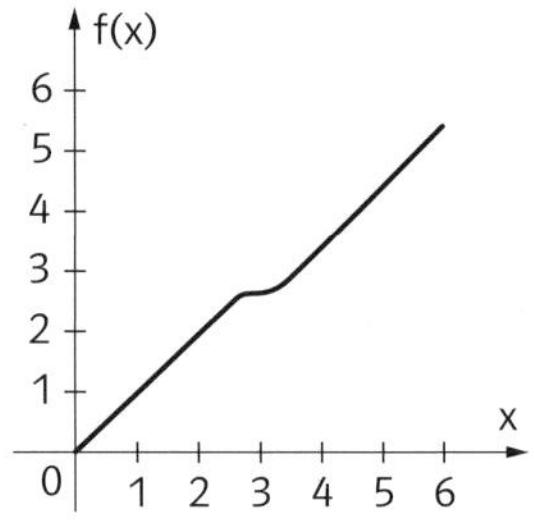

d)

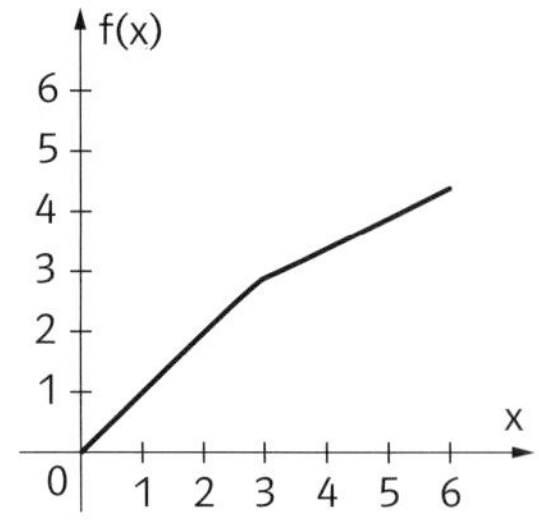

3.168 a)

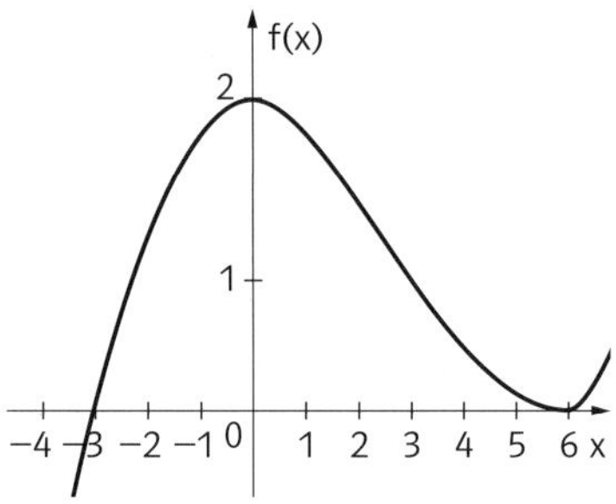

b)

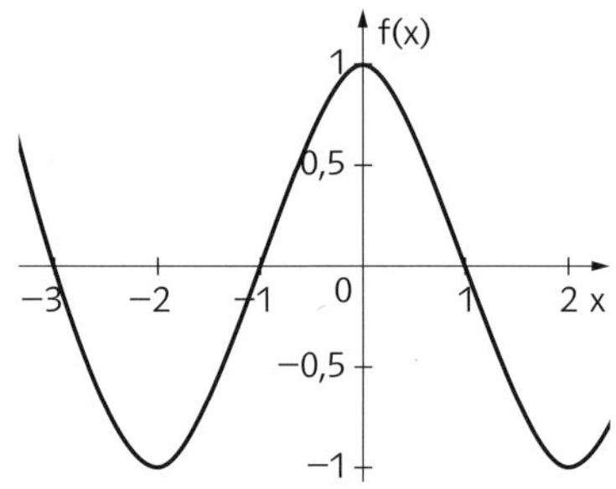

3.169 a)

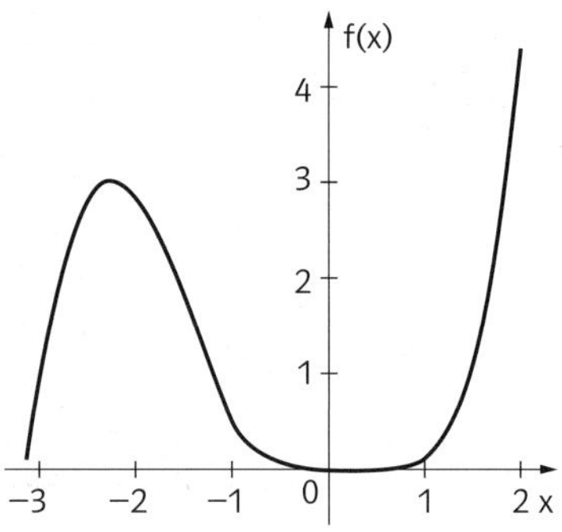

b)

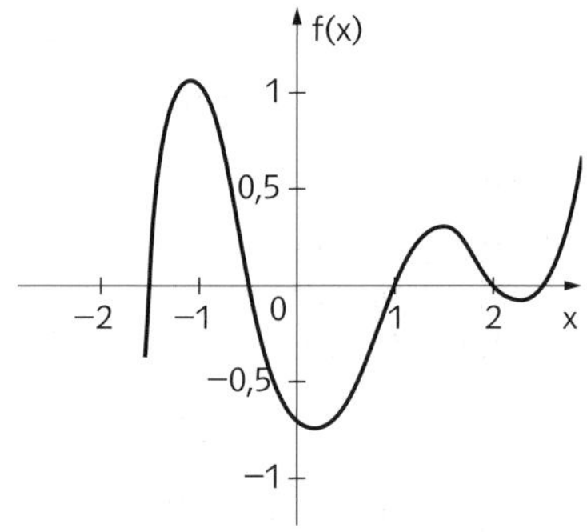

3.170 1) Siehe Seite 40! 2) Siehe Seiten 43 und 46!

3.171 1) Siehe Seite 41! 2) Siehe Seiten 43 und 46!

3.172 1) Siehe Seite 49!
2) Siehe Seiten 49 und 50!
3) Siehe Seiten 52 und 53!

3.173 Siehe Seiten 66 und 67!

3.174 1) Man muss die Tangentensteigung von f abschätzen und als Funktionswert von f′ auftragen. Hilfreich ist die Tatsache, dass bei lokalen Extremstellen die Tangentensteigung immer 0 ist.
2) Aus den Funktionswerten von f′ erkennt man, in welchen Intervallen f streng monoton fallend oder steigend ist. Nullstellen von f′ sind lokale Extremstellen von f. Eindeutig kann f aus f′ nicht bestimmt werden.

3.176 1) Nullstellen: –1 und 3
lokale Maximumstelle: 2
Wendestellen: –1 und 1
2) f ist streng monoton steigend in $]-\infty; 2]$ und streng monoton fallend in $[2; \infty[$.
3) Sattelstelle: –1
4) f ist rechtsgekrümmt in $]-\infty; -1]$ und $[1; \infty[$.
f ist linksgekrümmt in $[-1; 1]$.

3.177 **1)** Zu zeigen ist: Für alle $x_1, x_2 \in [a; c]$ mit $x_1 < x_2$ gilt: $f(x_1) < f(x_2)$.
Wir unterscheiden drei Fälle:

1. Fall: $x_1, x_2 \in [a; b]$
In diesem Fall gilt $f(x_1) < f(x_2)$, da f in [a; b] streng monoton steigend ist.

2. Fall: $x_1, x_2 \in [b; c]$
In diesem Fall gilt $f(x_1) < f(x_2)$, da f in [b; c] streng monoton steigend ist.

3. Fall: $x_1 \in [a; b[$ und $x_2 \in]b; c]$
In diesem Fall gilt $f(x_1) < f(b) < f(x_2)$, da f in [a; b] streng monoton steigend und in [b; c] streng monoton steigend ist.

2) Die Behauptung gilt nicht. Gegenbeispiel:

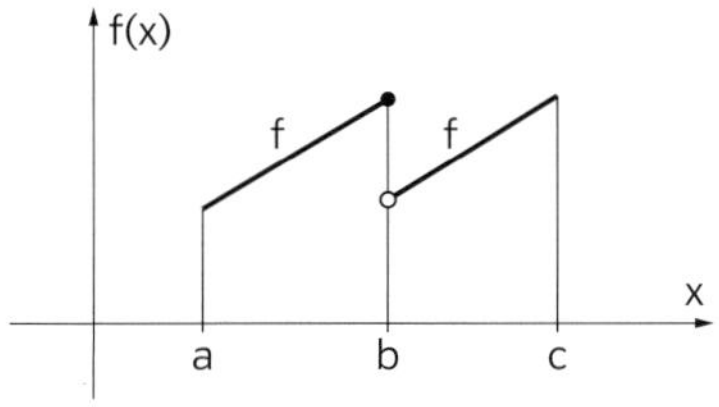

3.178 12 an der Stelle −1.

3.179

	x = −4	x = −3	x = −2	x = −1	x = 0	x = 1	x = 2
$f(x) < 0, f'(x) < 0, f''(x) < 0$	☐	☐	☐	☐	☐	☒	☐
$f(x) > 0, f'(x) = 0, f''(x) = 0$	☐	☒	☐	☐	☐	☐	☐
$f(x) = 0, f'(x) = 0, f''(x) < 0$	☐	☐	☐	☐	☒	☐	☐
$f(x) < 0, f'(x) = 0, f''(x) > 0$	☐	☐	☐	☒	☐	☐	☒
$f(x) > 0, f'(x) < 0, f''(x) > 0$	☒	☐	☐	☐	☐	☐	☐
$f(x) > 0, f'(x) < 0, f''(x) < 0$	☐	☐	☒	☐	☐	☐	☐

3.180

	A	B	C	D	E	F	G	H	I
$f(x) > 0, f'(x) > 0, f''(x) = 0$	☐	☐	☐	☐	☐	☐	☐	☐	☒
$f(x) = 0, f'(x) > 0, f''(x) > 0$	☐	☐	☐	☐	☐	☐	☐	☒	☐
$f(x) < 0, f'(x) > 0, f''(x) > 0$	☒	☐	☐	☐	☐	☐	☐	☐	☐
$f(x) > 0, f'(x) = 0, f''(x) < 0$	☐	☐	☒	☐	☐	☐	☐	☐	☐
$f(x) < 0, f'(x) < 0, f''(x) > 0$	☐	☐	☐	☐	☐	☒	☐	☐	☐
$f(x) = 0, f'(x) > 0, f''(x) = 0$	☐	☒	☐	☐	☐	☐	☐	☐	☐
$f(x) < 0, f'(x) = 0, f''(x) > 0$	☐	☐	☐	☐	☐	☐	☒	☐	☐
$f(x) = 0, f'(x) < 0, f''(x) = 0$	☐	☐	☐	☐	☒	☐	☐	☐	☐
$f(x) > 0, f'(x) < 0, f''(x) < 0$	☐	☐	☐	☒	☐	☐	☐	☐	☐

3.181 **a)** f ist streng monoton steigend in [−3; 1]
f ist streng monoton fallend in]−∞; −3] und [1; ∞[

b) f ist streng monoton steigend in [3; ∞[
f ist streng monoton fallend in]−∞; 3]

3.182 **a)** f ist rechtsgekrümmt in $\left]-\infty; \frac{2}{3}\right]$

f ist linksgekrümmt in $\left[\frac{2}{3}; \infty\right[$

b) f ist rechtsgekrümmt in [0,2; 1]
f ist linksgekrümmt in]– ∞; 0,2] und [1; ∞[

c) f ist rechtsgekrümmt in]– ∞; 0,5]
f ist linksgekrümmt in [0,5; ∞[

3.183 $f(x) = x^3 - 3x^2 - 9x + 11$

3.184 **1)** $f(x) = \frac{1}{16}x^3 - \frac{3}{8}x^2 + 2$
2) im Punkt (2|1)
3) Nein. f′(2) = – 0,75 = –75 %. Das größte Gefälle beträgt daher 75 %.

3.185 ☐ ☒ ☐
An den lokalen Extremstellen von f ist f′(x) = 0.
In den Bereichen, in denen f streng monoton steigend ist, ist f′(x) ⩾ 0.
Im Bereich, in dem f streng monoton fallend ist, ist f′(x) ⩽ 0.

3.186 ☒ ☐ ☒
x = 1 ist Nullstelle der Ableitungsfunktion und somit lokale Extremstelle der beiden Funktionen. Bei beiden Funktionen ist die Steigung fur x < 1 negativ und für x > 1 positiv, was auch mit der Ableitungsfunktion übereinstimmt.

3.187 **a)** In den Bereichen, in denen f′ positiv (negativ) ist, ist f streng monoton steigend (fallend).
In den Bereichen, in denen f″ positiv (negativ) ist, ist f′ streng monoton steigend (fallend) und f linksgekrümmt (rechtsgekrümmt).
Die Nullstelle von f″ ist eine lokale Extremstelle von f′ und eine Wendestelle von f.

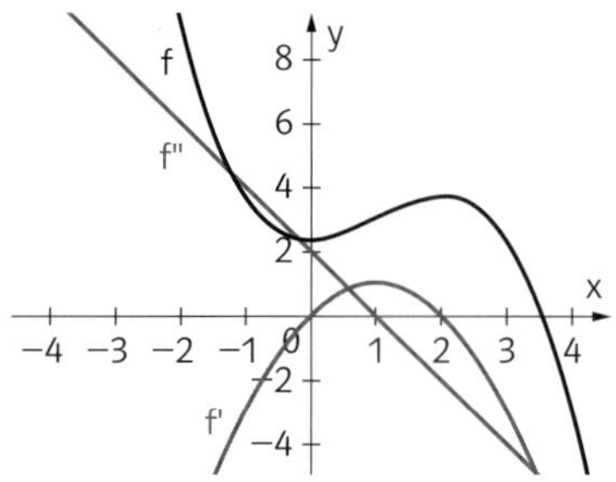

b) Zusammenhänge zwischen f, f′ und f″ wie in **a)**!

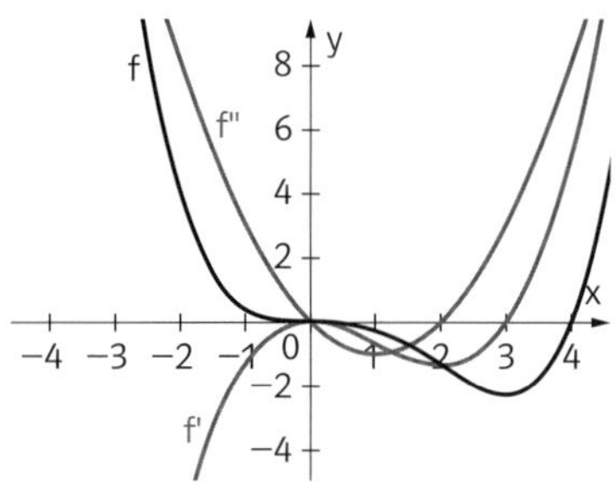

3.188 **a)** f besitzt den Hochpunkt H = (– 3|5) und den Tiefpunkt T = (2|1).
f ist streng monoton steigend in]– ∞; – 3] und [2; ∞[.
f ist streng monoton fallend in [– 3; 2]

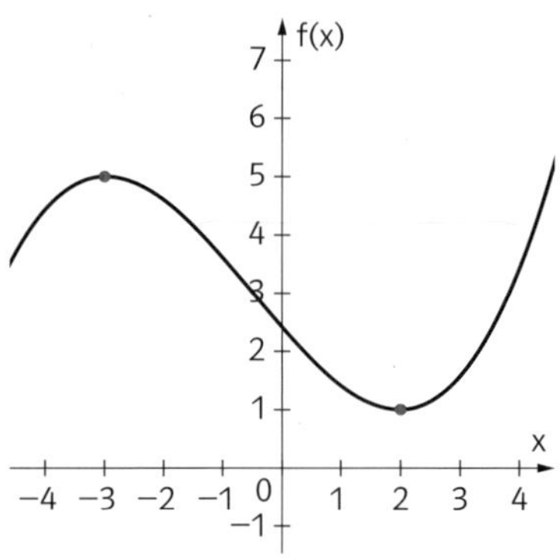

b) f besitzt den Hochpunkt H = (5 | 2) und den Tiefpunkt T = (−1 | −3).
f ist streng monoton steigend in [−1; 5].
f ist streng monoton fallend in]−∞; −1] und [5; ∞[.

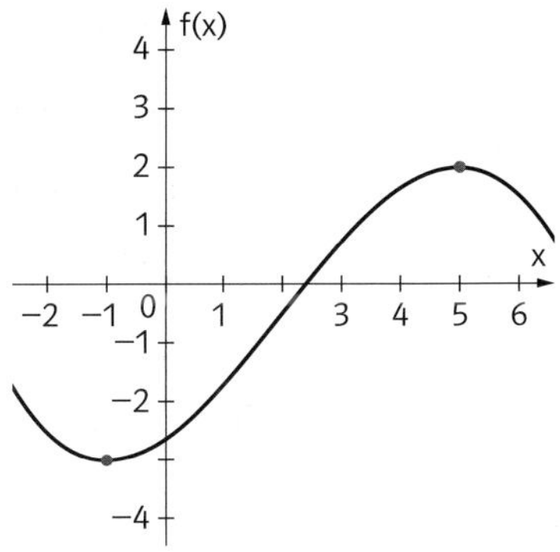

3.189 **a)**

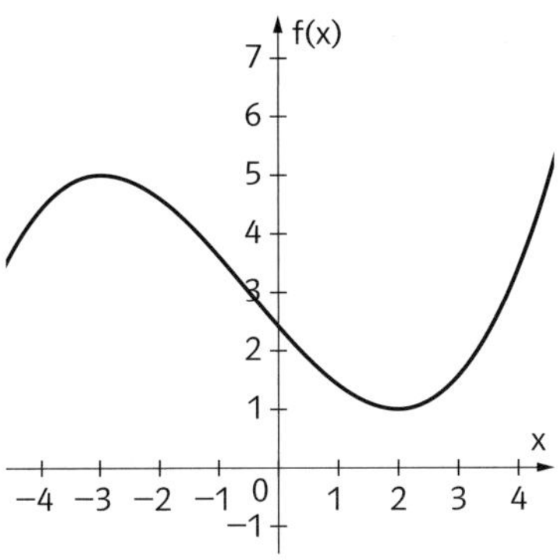

b)

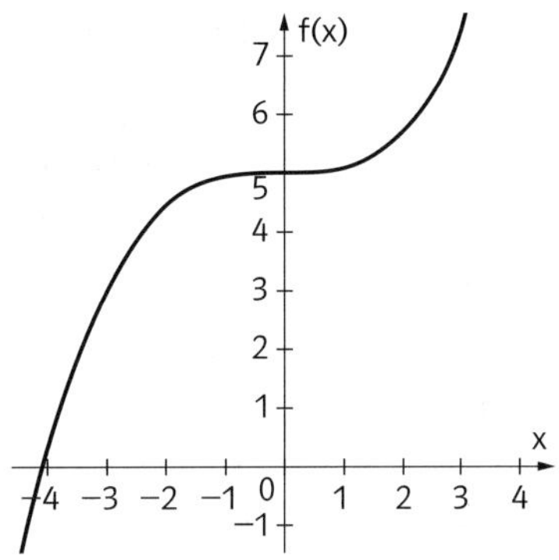

3.190

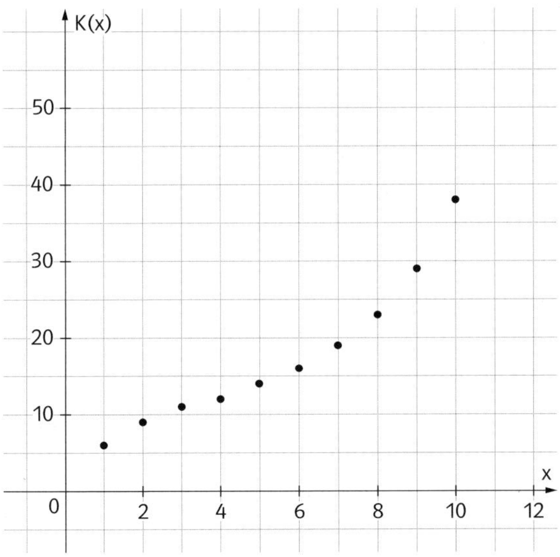

Die Funktion K ist vermutlich vom Grad 3.

3.191 **a)** $f(x) = (x + 1)^2 + 1 = x^2 + 2x + 2$; $g(x) = -(x - 1)^2 - 1 = -x^2 + 2x - 2$

b)

x_1	x_2
−1	1
0	0
−2	2

3.192 **1)** Der Stein erreicht seinen höchsten Punkt an der Stelle $\frac{v_1 \cdot v_2}{g}$. Seine Höhe über dem Abschusspunkt beträgt dort $\frac{v_2^2}{2g}$.

2) an der Stelle $\frac{2 \cdot v_1 \cdot v_2}{g}$

3.193 a)

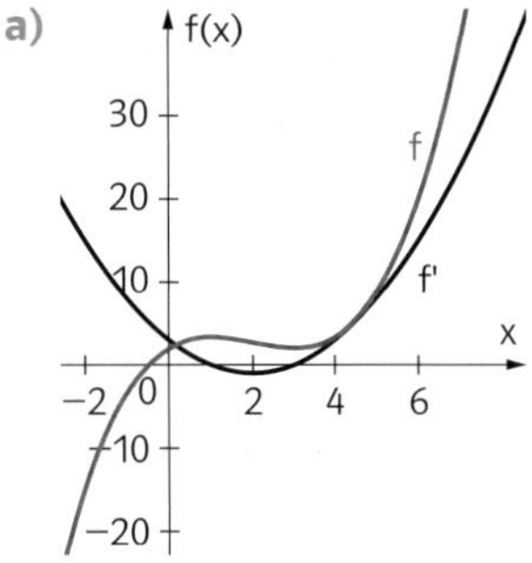

b)

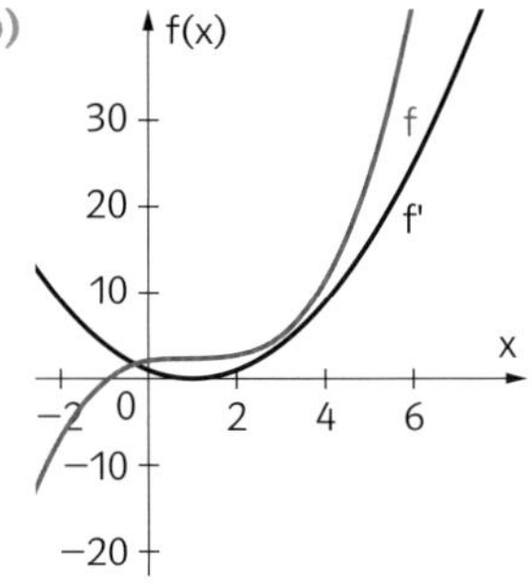

3.194 a)

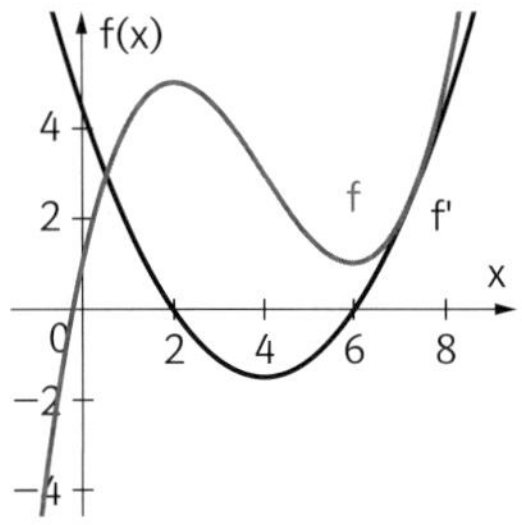

c)

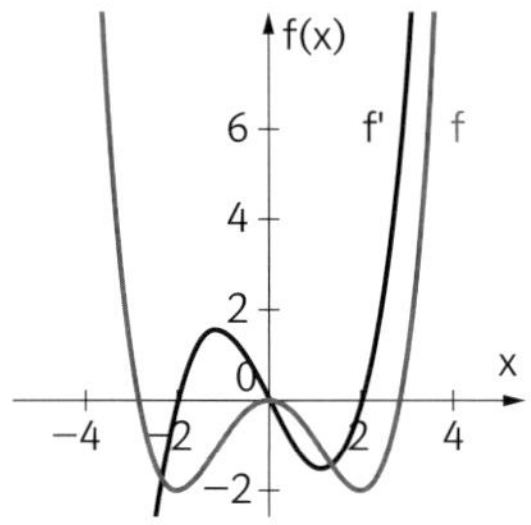

e)

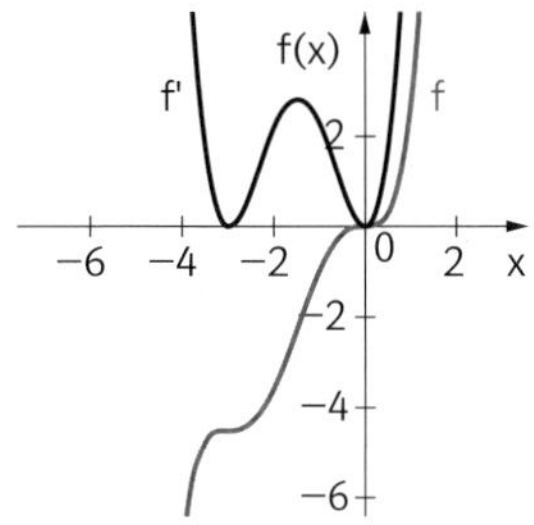

b)

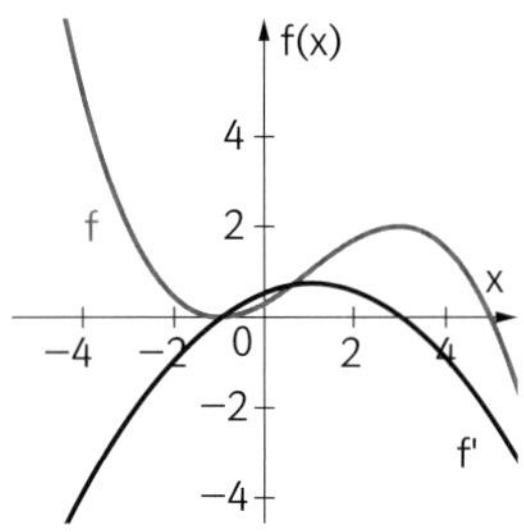

d)

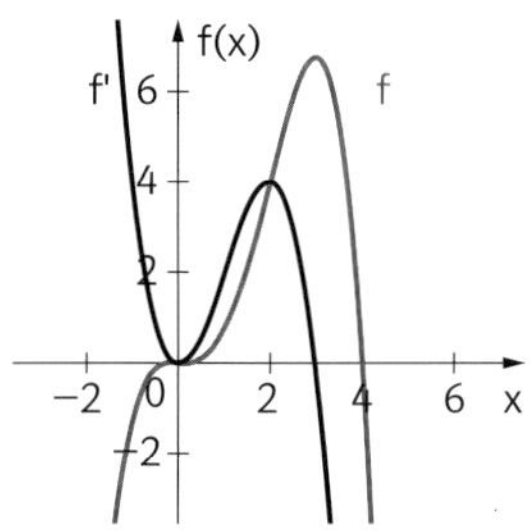

f)

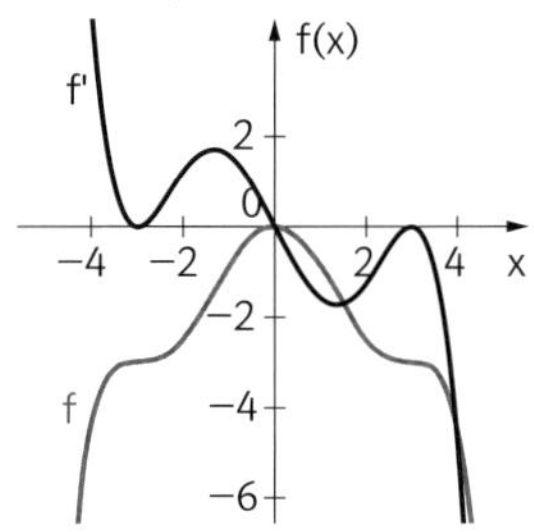

3.195 a)

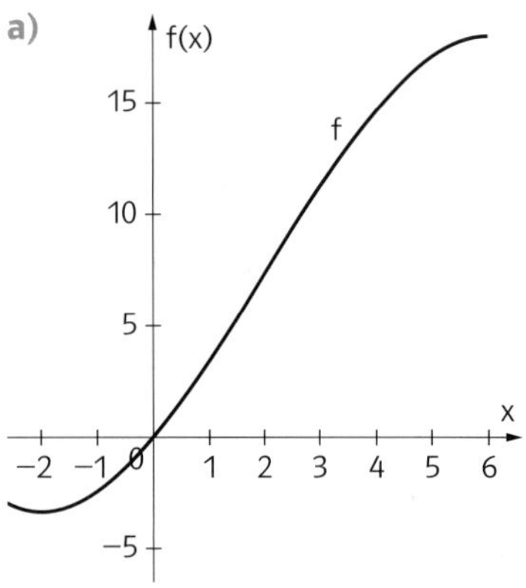

c)

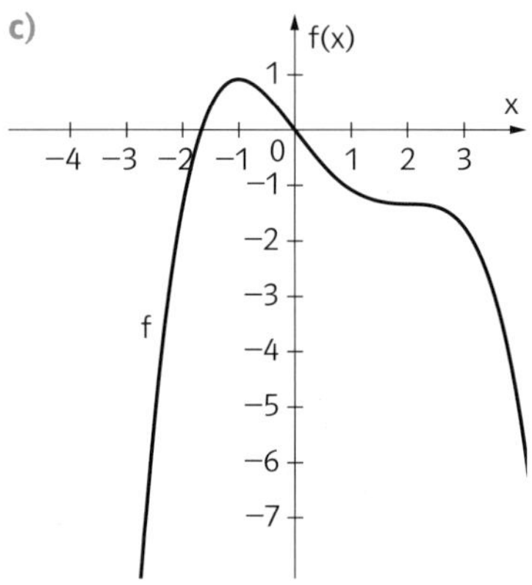

e)

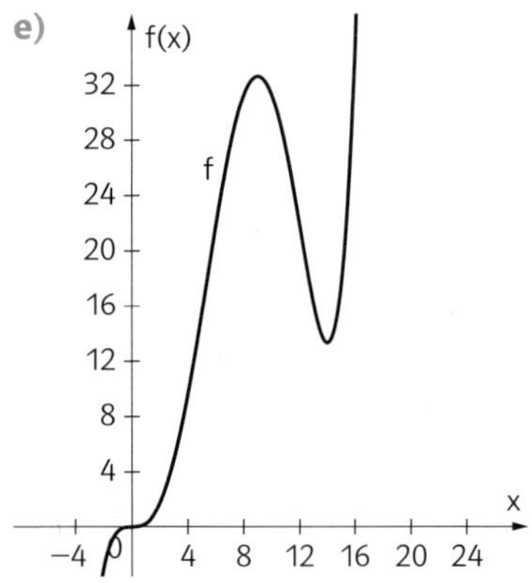

b)

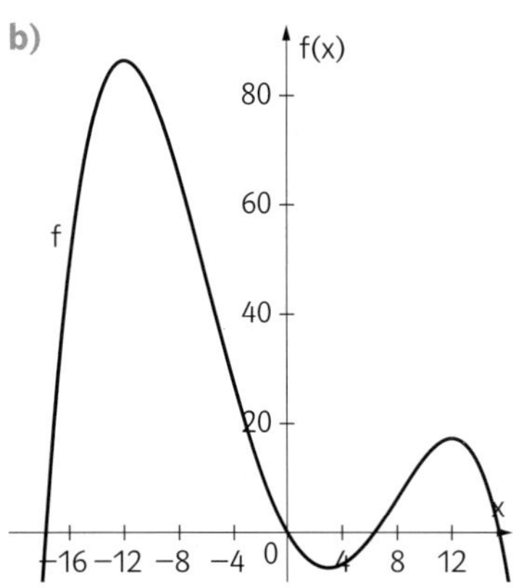

d)

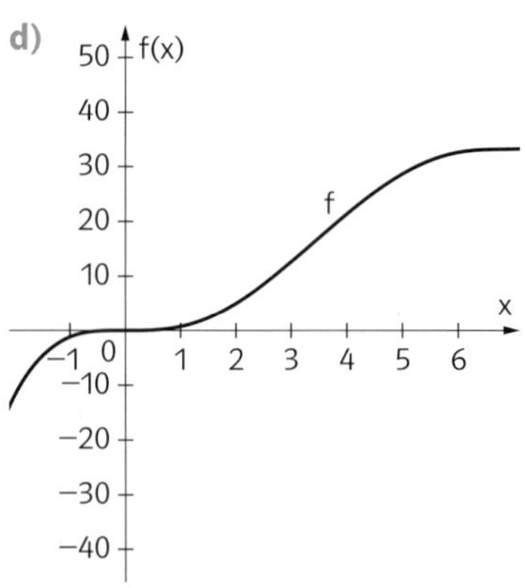

f)

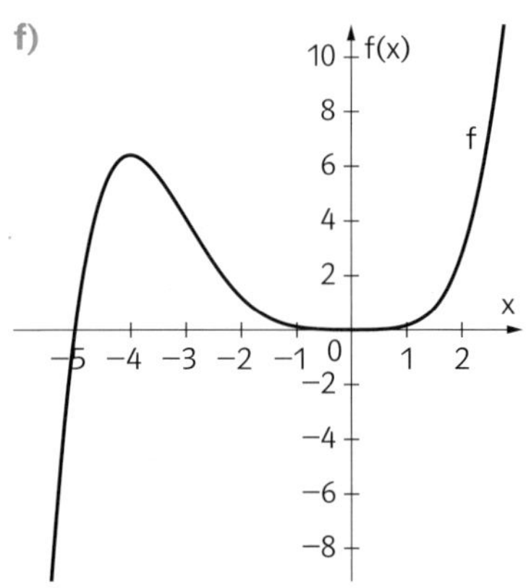

4 Untersuchen weiterer Funktionen

4.02 a) 1. Art: $f(x) = x(x+1) \Rightarrow f'(x) = 1 \cdot (x+1) + x \cdot 1 = 2x + 1$
2. Art: $f(x) = x^2 + x \Rightarrow f'(x) = 2x + 1$

b) 1. Art: $f(x) = (x^2 + x + 1)(x^3 - x) \Rightarrow f'(x) = (2x+1)(x^3 - x) + (x^2 + x + 1)(3x^2 - 1) = 5x^4 + 4x^3 - 2x - 1$
2. Art: $f(x) = (x^2 + x + 1)(x^3 - x) = x^5 + x^4 - x^2 - x \Rightarrow f'(x) = 5x^4 + 4x^3 - 2x - 1$

c) 1. Art: $f(x) = (x+3)(2x^3 - 5x^2 + 10) \Rightarrow f'(x) = 1 \cdot (2x^3 - 5x^2 + 10) + (x+3)(6x^2 - 10x) =$
$= 8x^3 + 3x^2 - 30x + 10$
2. Art: $f(x) = (x+3)(2x^3 - 5x^2 + 10) = 2x^4 + x^3 - 15x^2 + 10x + 30 \Rightarrow f'(x) = 8x^3 + 3x^2 - 30x + 10$

4.05 a) für alle $x \in \mathbb{R}^*$; $f'(x) = -\frac{1}{x^2}$

b) für alle $x \in \mathbb{R}^*$; $f'(x) = \frac{2-x}{x^3}$

c) für alle $x \in \mathbb{R}\setminus\left\{\frac{1}{2}\right\}$; $f'(x) = \frac{2x(x-1)}{(2x-1)^2}$

d) für alle $x \in \mathbb{R}\setminus\{1\}$; $f'(x) = -\frac{1}{(x-1)^2}$

e) für alle $x \in \mathbb{R}\setminus\{-1\}$; $f'(x) = \frac{2}{(x+1)^2}$

f) für alle $x \in \mathbb{R}$; $f'(x) = \frac{-x^2 + 2x + 1}{(x^2+1)^2}$

g) für alle $x \in \mathbb{R}\setminus\{1\}$; $f'(x) = -\frac{3x(x^3 + 2x + 2)}{(x^3-1)^2}$

h) für alle $x \in \mathbb{R}\setminus\{1\}$; $f'(x) = \frac{x^4 - 6x^2 + 2x}{(x^3-1)^2}$

i) für alle $x \in \mathbb{R}^*$; $f'(x) = -\frac{x^2 + 2x + 3}{2x^4}$

j) für alle $x \in \mathbb{R}^*$; $f'(x) = \frac{-x^2 - 2x + 1}{(x^2+1)^2} = -\frac{x^2 + 2x - 1}{(x^2+1)^2}$

4.06 a) für alle für alle $t \in \mathbb{R}\setminus\left\{\frac{c}{b}\right\}$; $A'(t) = -\frac{ab}{(bt-c)^2}$

b) für alle für alle $z \in \mathbb{R}\setminus\left\{-\frac{1}{b}\right\}$; $G'(z) = \frac{abz^2 + 2az}{(bz+1)^2}$

c) für alle für alle $r \in \mathbb{R}\setminus\{-2; 2\}$; $g'(r) = -\frac{1}{ar^2} + \frac{-2br}{(r^2-4)^2} = -\frac{1}{ar^2} - \frac{2br}{(r^2-4)^2}$

4.07 a) $f'(0) = -1, f'(2) = -\frac{1}{9}$
b) $f'(0) = 0, f'(2) = \frac{4}{25}$
c) $f'(0) = 1, f'(2) = -\frac{1}{9}$
d) $f'(0) = -2, f'(2) = -2$
e) $f'(0) = 3, f'(2) = 3$
f) $f'(0) = -3, f'(2) = \frac{5}{9}$

4.08 a) Steigung −1 in $(0|-1)$ und $(2|5)$, Steigung 0 in $(1-\sqrt{2}|2(1-\sqrt{2}))$ und $(1+\sqrt{2}|2(1+\sqrt{2}))$

b) Steigung −1 in $(-1|-3)$ und $(1|3)$, Steigung 0 in $(-\sqrt{2}|-2\sqrt{2})$ und $(\sqrt{2}|2\sqrt{2})$

c) Steigung −1 in $(-1+\sqrt{2}|1+\sqrt{2})$ und $(-1-\sqrt{2}|1-\sqrt{2})$, Steigung 0 in keinem Punkt

d) Steigung −1 in $\left(-1+\frac{\sqrt{2}}{2}\middle|-2+\frac{3\sqrt{2}}{2}\right)$ und $\left(-1-\frac{\sqrt{2}}{2}\middle|-2-\frac{3\sqrt{2}}{2}\right)$, Steigung 0 in $(0|0)$ und $(-2|-4)$

4.09 $f(x) = \frac{1}{x} \Rightarrow f'(x) = \frac{0 \cdot x - 1 \cdot 1}{x^2} = -\frac{1}{x^2}$

4.11 a) größtmögliche Definitionsmenge: $\mathbb{R}^*$
streng monoton fallend in $]-\infty; 0[$ und $]0; \infty[$
keine lokale Extremstelle

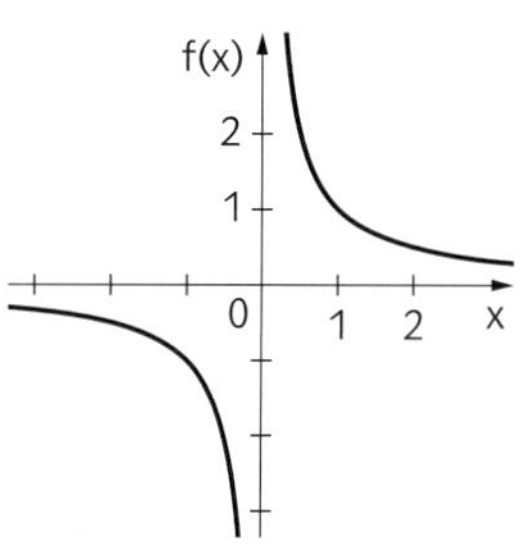

b) größtmögliche Definitionsmenge: $\mathbb{R}^*$
streng monoton steigend in $]-\infty; 0[$
streng monoton fallend in $]0; \infty[$
keine lokale Extremstelle

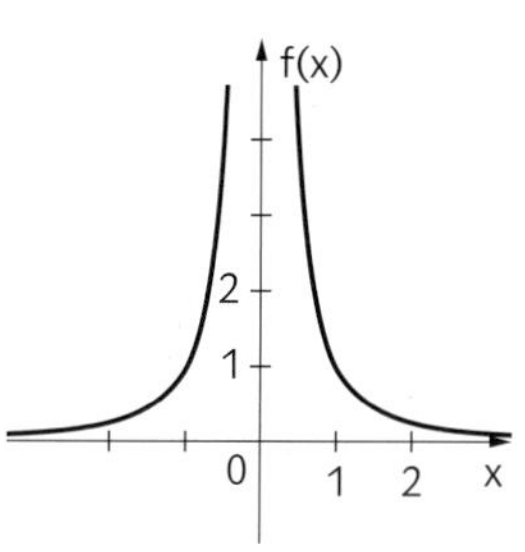

c) größtmögliche Definitionsmenge: $\mathbb{R}\backslash\{1\}$
streng monoton fallend in $]-\infty; 1[$ und $]1; \infty[$
keine lokale Extremstelle

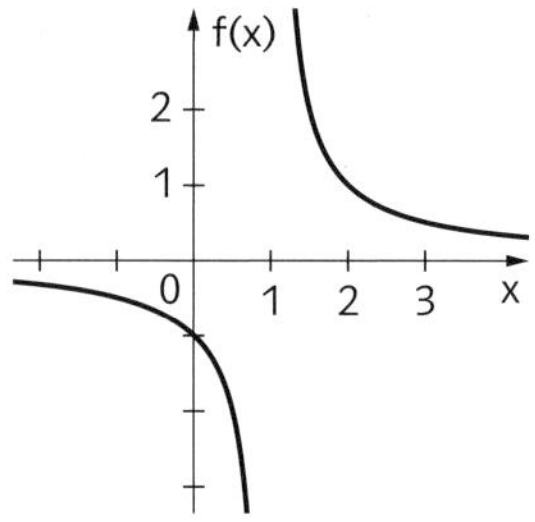

d) größtmögliche Definitionsmenge: $\mathbb{R}\backslash\{-1\}$
streng monoton fallend in $]-\infty; -1[$ und $]-1; \infty[$
keine lokale Extremstelle

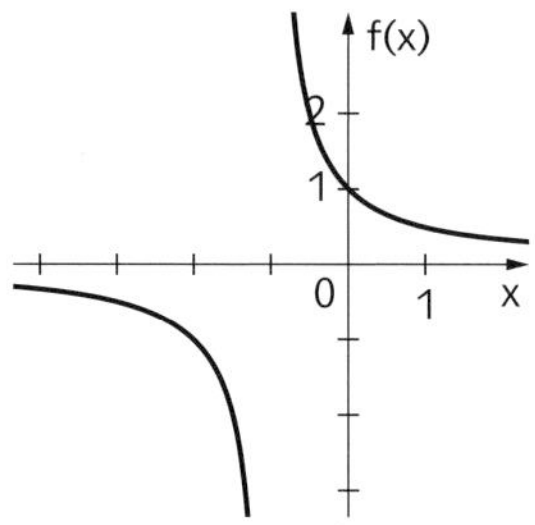

e) größtmögliche Definitionsmenge: $\mathbb{R}\backslash\{-1\}$
streng monoton steigend in $]-\infty; -1[$ und $]-1; \infty[$
keine lokale Extremstelle

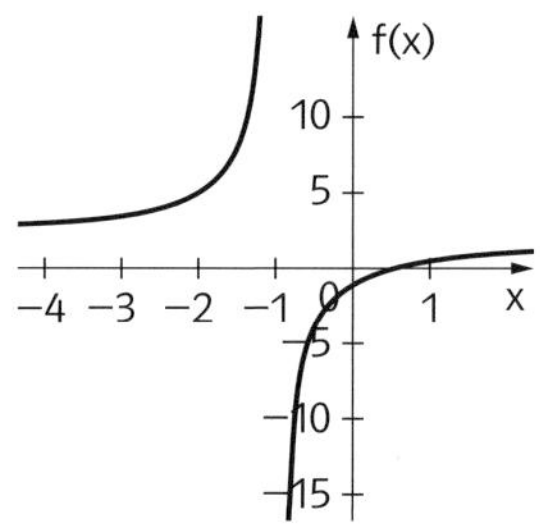

f) größtmögliche Definitionsmenge: $\mathbb{R}\backslash\{2\}$
streng monoton fallend in in $]-\infty; 2[$ und $]2; \infty[$
keine lokale Extremstelle

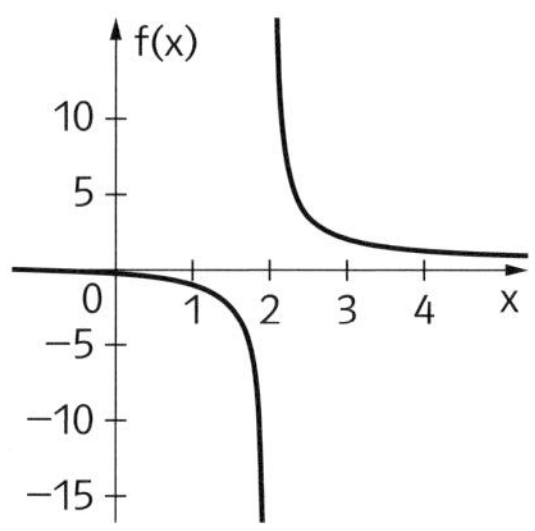

g) größtmögliche Definitionsmenge: $\mathbb{R}^*$
streng monoton fallend in $]-\infty; 0[$ und $]0; \infty[$
keine lokale Extremstelle

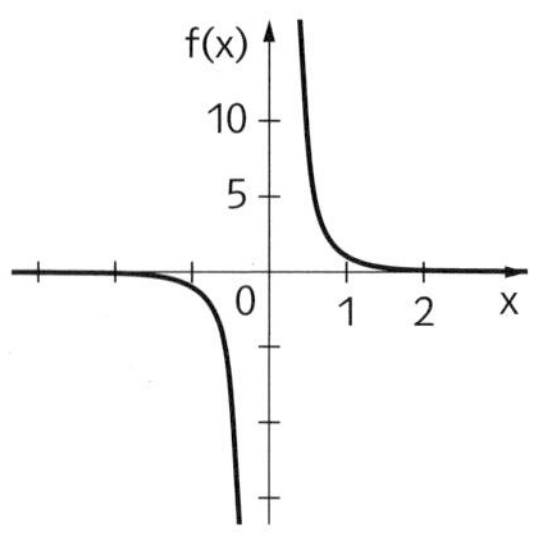

h) größtmögliche Definitionsmenge: $\mathbb{R}$
streng monoton steigend in $]-\infty; 0]$
streng monoton fallend in $[0; \infty[$
lokale Maximumstelle: 0, $H = (0|1)$

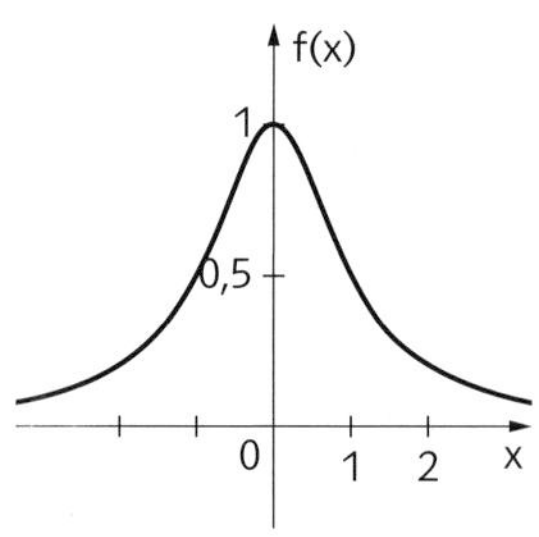

i) größtmögliche Definitionsmenge: $\mathbb{R}\backslash\{-1; 1\}$
streng monoton steigend in $]-\infty; -1[$ und $]-1; 0]$
streng monoton fallend in $[0; 1[$ und $]1; \infty[$
lokale Maximumstelle: 0, $H = (0 \mid -1)$

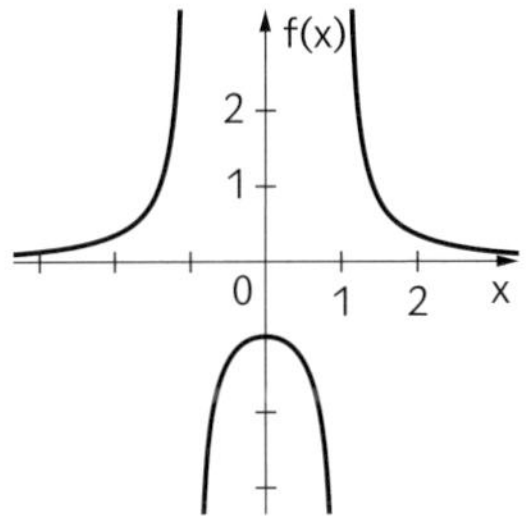

j) größtmögliche Definitionsmenge: $\mathbb{R}$
streng monoton steigend in $[-1; 1]$
streng monoton fallend in $]-\infty; -1]$ und $[1; \infty[$
lokale Maximumstelle: 1, $H = \left(1 \middle| \frac{1}{2}\right)$
lokale Minimumstelle: −1, $T = \left(-1 \middle| -\frac{1}{2}\right)$

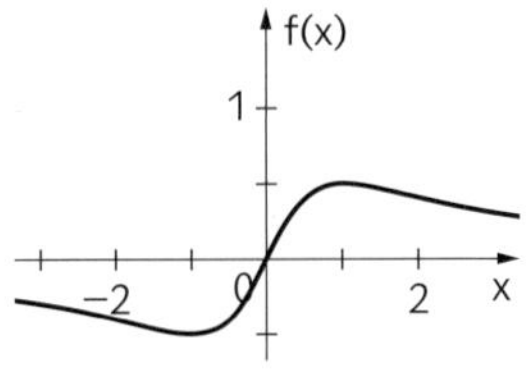

k) größtmögliche Definitionsmenge: $\mathbb{R}$
streng monoton steigend in $\left]-\infty; \frac{1}{2}\right]$
streng monoton fallend in $\left[\frac{1}{2}; \infty\right[$
lokale Maximumstellestelle: $\frac{1}{2}$, $H = \left(\frac{1}{2} \middle| \frac{4}{23}\right)$

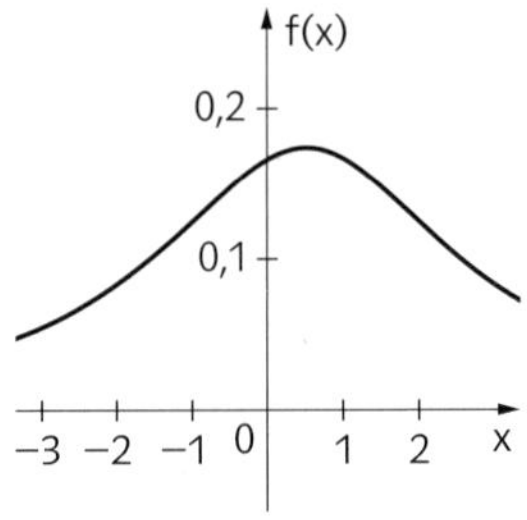

l) größtmögliche Definitionsmenge: $\mathbb{R}\backslash\{1\}$
streng monoton steigend in $]-\infty; 1[$
streng monoton fallend in $]1; \infty[$
keine lokale Extremstelle

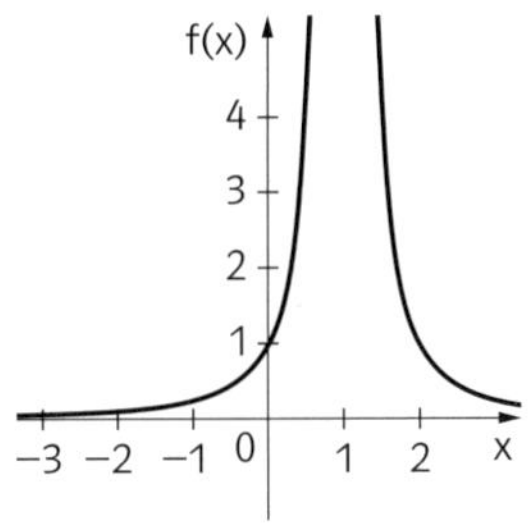

4.12 **a)** größtmögliche Definitionsmenge: $\mathbb{R}^*$
streng monoton steigend in $]-\infty; -1]$ und $[1; \infty[$
streng monoton fallend in $[-1; 0[$ und $]0; 1]$
rechtsgekrümmt in $]-\infty; 0[$
linksgekrümmt in $]0; \infty[$
lokale Maximumstelle: −1
lokale Minimumstelle: 1
keine Wendestelle, $H = (-1 \mid -2)$, $T = (1 \mid 2)$

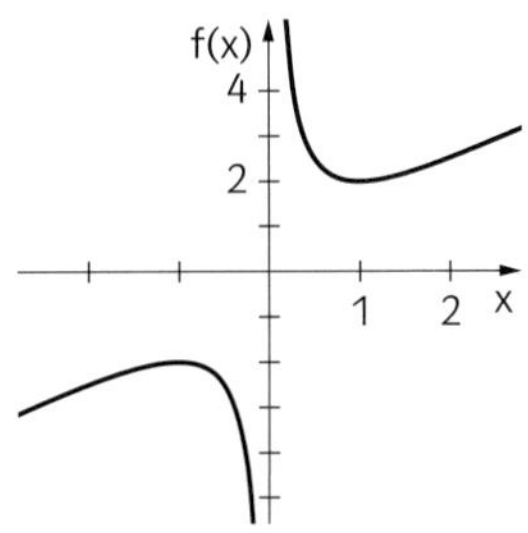

b) größtmögliche Definitionsmenge: $\mathbb{R}^*$
streng monoton steigend in $\left[\sqrt[3]{\frac{1}{2}}; \infty\right[$
streng monoton fallend in $[-\infty; 0[$ und $\left]0; \sqrt[3]{\frac{1}{2}}\right]$
rechtsgekrümmt in $[-1; 0[$
linksgekrümmt in $]-\infty; -1]$, $]0; \infty[$
lokale Minimumstelle: $\sqrt[3]{\frac{1}{2}}$
Wendestelle: −1
$T = \left(\sqrt[3]{\frac{1}{2}} \middle| \sqrt[3]{\frac{1}{4}} + \sqrt[3]{2}\right)$, $W = (-1 \mid 0)$

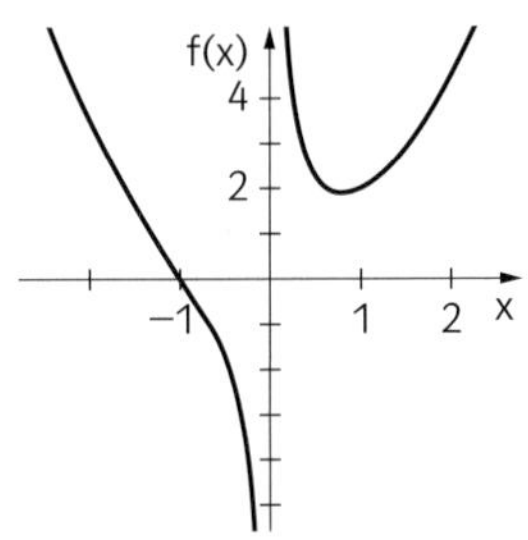

c) größtmögliche Definitionsmenge: $\mathbb{R}^*$
streng monoton fallend in $[-\infty; 0[$ und $]0; \infty[$
rechtsgekrümmt in $]-\infty; 0[$
linksgekrümmt in $]0; \infty[$
keine lokale Extremstelle
keine Wendestelle

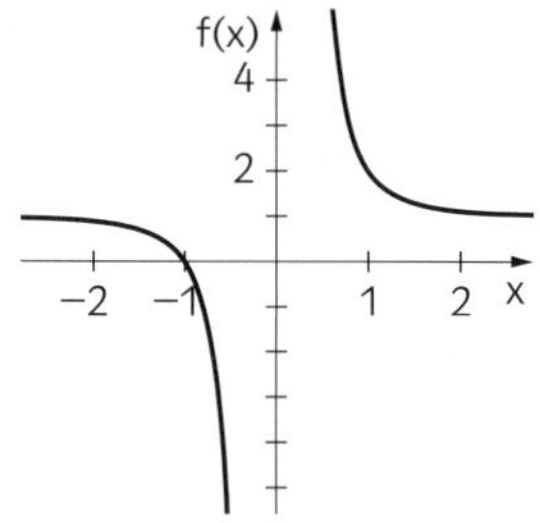

d) größtmögliche Definitionsmenge: $\mathbb{R}^*$
streng monoton steigend in $[-2; 0[$
streng monoton fallend in $]-\infty; -2]$ und $]0; \infty[$
rechtsgekrümmt in $]-\infty; -3]$
linksgekrümmt in $[-3; 0[$ und $]0; \infty[$
lokale Minimumstelle: -2
Wendestelle: -3
$T = \left(-2 \middle| -\frac{1}{4}\right)$, $W = \left(-3 \middle| -\frac{2}{9}\right)$

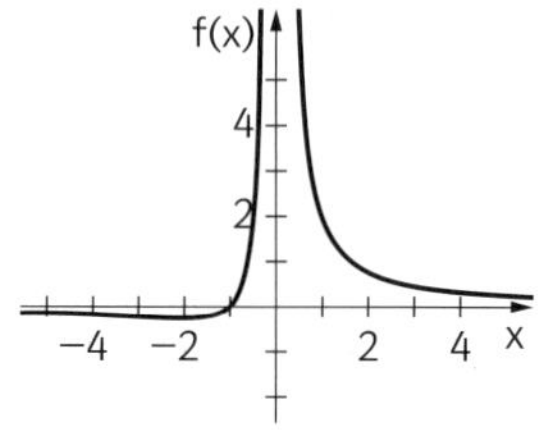

e) größtmögliche Definitionsmenge: $\mathbb{R}^*$
streng monoton fallend in $]-\infty; 0[$ und $]0; \infty[$
rechtsgekrümmt in $]-\infty; 0[$
linksgekrümmt in $]0; \infty[$
keine lokale Extremstelle
keine Wendestelle

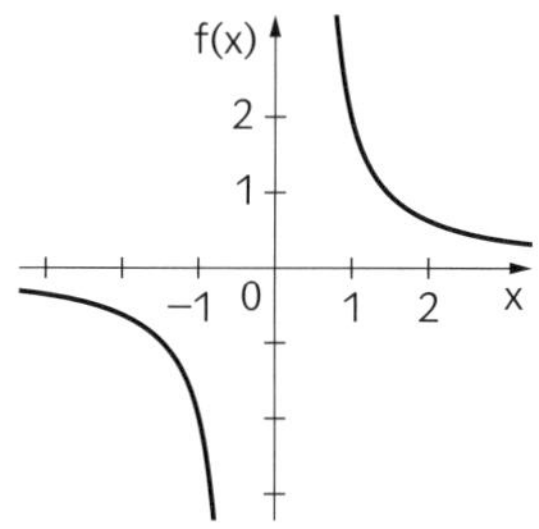

f) größtmögliche Definitionsmenge: $\mathbb{R}^*$
streng monoton steigend in $\left[-\infty; -\frac{3}{2}\right]$
streng monoton fallend in $\left[-\frac{3}{2}; 0\right[$ und $]0; \infty[$
rechtsgekrümmt in $[-2; 0[$
linksgekrümmt in $]-\infty; -2[$ und $]0; \infty[$
lokale Maximumstelle: $-\frac{3}{2}$
Wendestelle: -2
$H = \left(-\frac{3}{2} \middle| \frac{4}{27}\right)$, $W = \left(-2 \middle| \frac{1}{8}\right)$

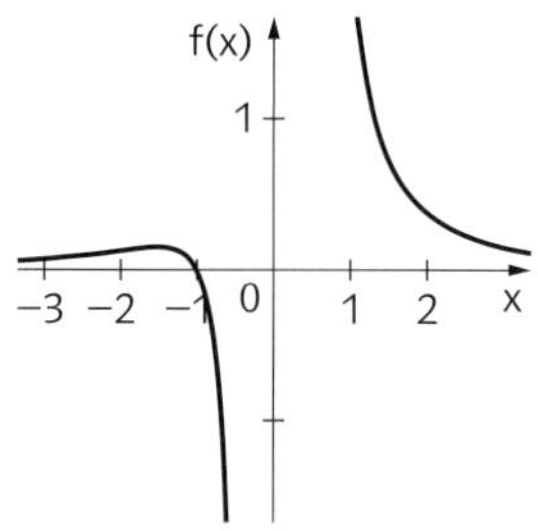

g) größtmögliche Definitionsmenge: $\mathbb{R}^*$
streng monoton steigend in $\mathbb{R}^-$ und in $\mathbb{R}^+$
rechtsgekrümmt in $\mathbb{R}^+$
linksgekrümmt in $\mathbb{R}^-$
keine lokale Extremstelle
keine Wendestelle

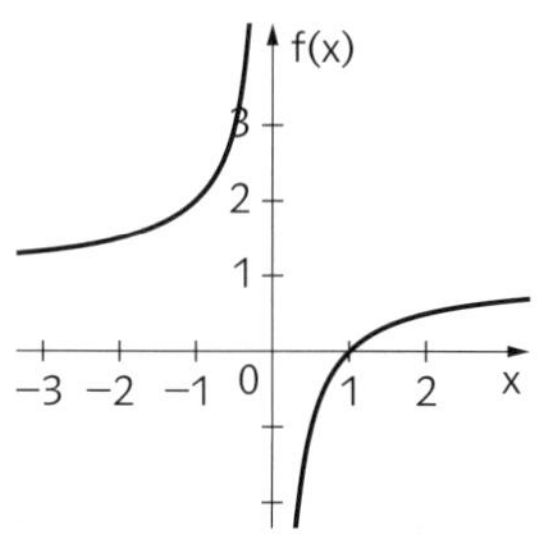

h) größtmögliche Definitionsmenge: $\mathbb{R} \setminus \{1\}$
streng monoton fallend in $]-\infty; 1[$ und $]1; \infty[$
rechtsgekrümmt in $]-\infty; 1[$
linksgekrümmt in $]1; \infty[$
keine lokale Extremstelle
keine Wendestelle

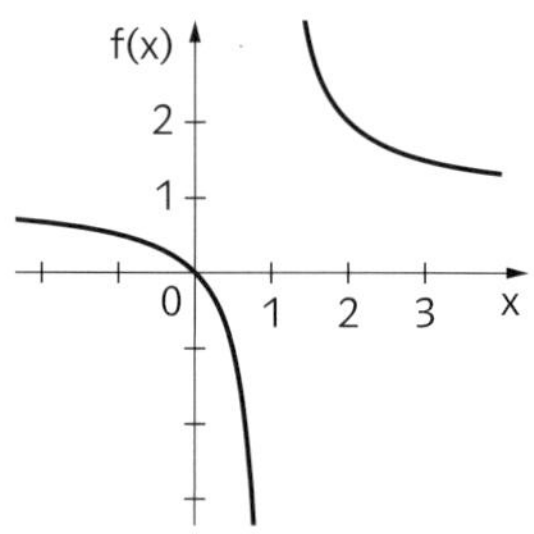

i) größtmögliche Definitionsmenge: $\mathbb{R}\setminus\{-1\}$
streng monoton steigend in $]-\infty; -1[$ und $]-1; \infty[$
rechtsgekrümmt in $]-1; \infty[$
linksgekrümmt in $]-\infty; -1[$
keine lokale Extremstelle
keine Wendestelle

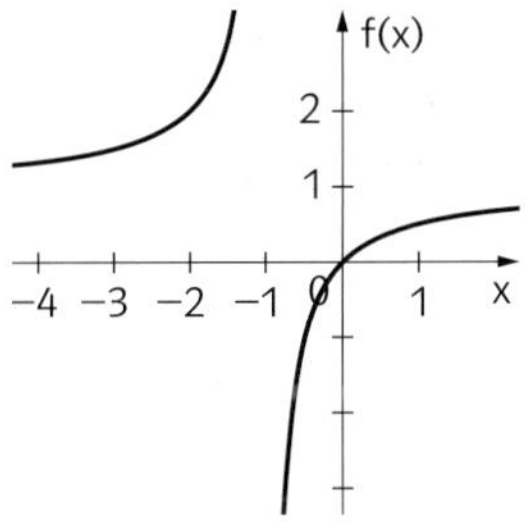

4.13 $a = 3, b = 12$

4.14 $a = 3, b = 1$

4.15 $a = 2, b = 1$

4.16 $a = 1, b = 4$

4.17 Zeige: im gesamten Definitionsbereich von f gilt $f'(x) \neq 0$ und $f''(x) \neq 0$.

4.18 Zeige: Das Rechteck mit dem kleinsten Umfang hat die Seitenlängen $x = y = \sqrt{A}$.

4.19 Das Quadrat mit der Seitenlänge $\sqrt{A}$.

4.20 Das rechtwinkelige Dreieck mit den Kathetenlängen $a = b = \sqrt{2A}$.

4.21 Der gleichseitige Zylinder mit dem Radius $\sqrt[3]{\frac{1}{2\pi}}$ dm und der Höhe $\sqrt[3]{\frac{4}{\pi}}$ dm.

4.22 Durchmesser $= 4 \cdot \sqrt[3]{\frac{1}{\pi}}$, Höhe $= 2 \cdot \sqrt[3]{\frac{1}{\pi}}$

4.23 Radius $= 2 \cdot \sqrt[3]{\frac{75}{\pi}} \approx 5{,}76$ cm, Höhe $= \frac{10}{3} \cdot \sqrt[3]{\frac{75}{\pi}} \approx 9{,}60$ cm

4.24 Breite = 2 m, Tiefe = 1 m

4.25 Höhe des Rechtecks = Radius des Halbkreises $= \sqrt{\frac{2A}{4+\pi}}$

4.26 Grundlinienlänge = Höhe = 2a

4.27 Grundlinienlänge = 2a, Schenkellänge $= \sqrt{a^2 + 4b^2}$

4.28 $e = f = 2a$

4.29 $k = -2$

4.30 Radius $= \sqrt[3]{\frac{V}{2\pi}}$, Höhe $= 2 \cdot \sqrt[3]{\frac{V}{2\pi}}$

4.31 Radius = Höhe $= \sqrt[3]{\frac{V}{\pi}}$

4.32 Ca. 0,7 m

4.33 1)

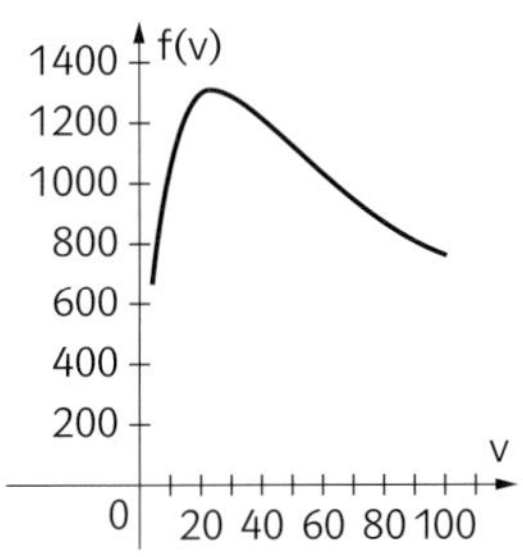

2) $10\sqrt{6}$ km/h $\approx 24{,}5$ km/h

4.35 a) $f'(x) = e^x$
b) $f'(x) = -e^{-x}$
c) $f'(x) = 2 \cdot e^{2x}$
d) $f'(x) = -2 \cdot e^{-2x}$
e) $f'(x) = 2^x \cdot \ln 2$
f) $f'(x) = -10^x \cdot \ln 10$
g) $f'(x) = 4 \cdot e^{2x}$
h) $f'(x) = 2^{-2x+1} \cdot \ln 2$

4.36 **a)** größtmöglicher Definitionsbereich: $\mathbb{R}$
keine Nullstelle
streng monoton steigend in $\mathbb{R}$
linksgekrümmt in $\mathbb{R}$
keine lokale und keine globale Extremstelle
keine Wendestelle

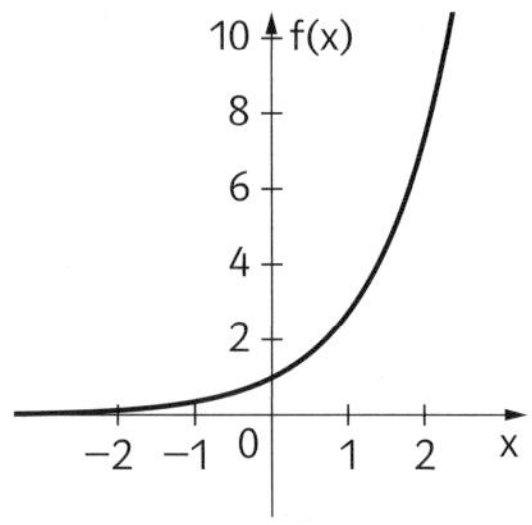

b) größtmöglicher Definitionsbereich: $\mathbb{R}$
keine Nullstelle
streng monoton fallend in $\mathbb{R}$
linksgekrümmt in $\mathbb{R}$
keine lokale und keine globale Extremstelle
keine Wendestelle

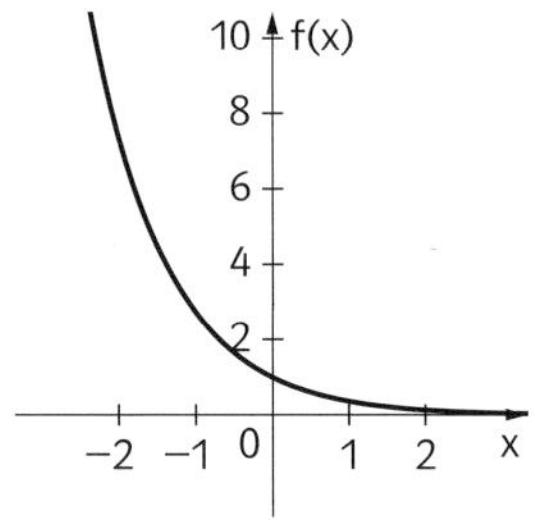

c) größtmöglicher Definitionsbereich: $\mathbb{R}$
keine Nullstelle
streng monoton steigend in $\mathbb{R}$
linksgekrümmt in $\mathbb{R}$
keine lokale und keine globale Extremstelle
keine Wendestelle

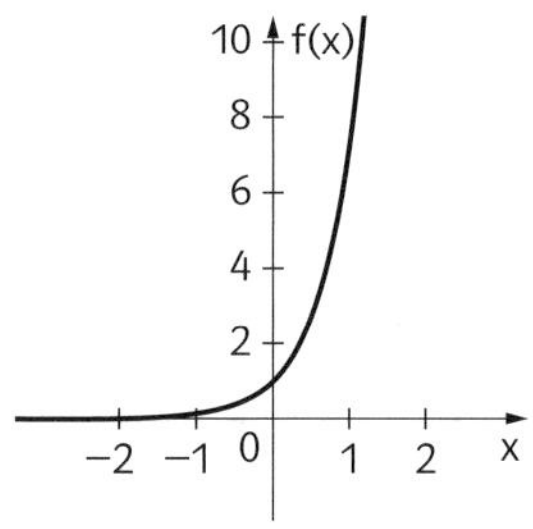

d) größtmöglicher Definitionsbereich: $\mathbb{R}$
keine Nullstelle
streng monoton fallend in $\mathbb{R}$
linksgekrümmt in $\mathbb{R}$
keine lokale und keine globale Extremstelle
keine Wendestelle

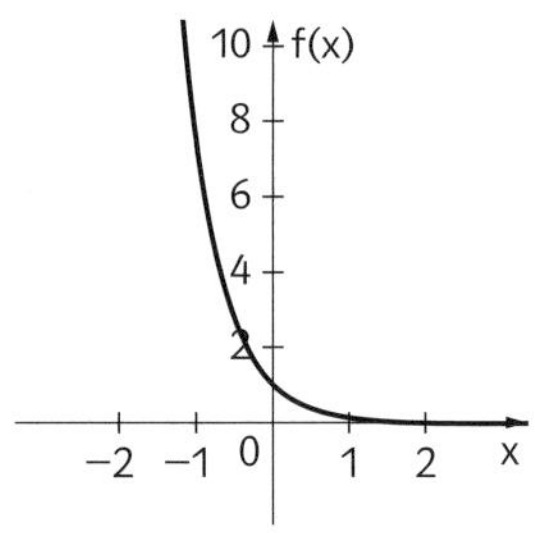

4.37 **a)** $x = 0$
b) $x = -\ln 2 \approx -0{,}6931$
c) $x = -\frac{\ln 4}{4} \approx -0{,}3466$
d) $x = {}^{10}\log\left(\frac{1}{\ln 10}\right) \approx -0{,}3622$

4.38 **a)** $f'(x) = (x+1) \cdot e^x$
b) $f'(x) = x(x+2) \cdot e^x$
c) $f'(x) = x(2-x) \cdot e^{-x}$
d) $f'(x) = 2x \cdot 3^{2x} \cdot (1 + x \cdot \ln 3)$

4.40 **a)** $f'(x) = 2 \cdot \cos x$
b) $f'(x) = -3 \cdot \sin x$
c) $f'(x) = -\cos x$
d) $f'(x) = \sin x$
e) $f'(x) = -10 \cdot \cos(4x)$
f) $f'(x) = -\sin x - \cos x$
g) $f'(x) = \cos x - \sin x$
h) $f'(x) = 1 - \cos x$
i) $f'(x) = 2x + \frac{3}{2} \cdot \sin\left(\frac{3}{2}x\right)$
j) $f'(x) = -8 \cdot \cos(2x)$
k) $f'(x) = 3 \cdot [\sin(3x) + \cos(3x)]$
l) $f'(x) = -4 \cdot \sin\left(\frac{x}{2}\right)$

4.41 **a)** $f'(\pi) = -1$ **b)** $f'\left(\frac{\pi}{2}\right) = 0$ **c)** $f'\left(\frac{\pi}{4}\right) = \frac{1}{2}\sqrt{2}$ **d)** $f'\left(\frac{3\pi}{4}\right) = -\frac{1}{2}\sqrt{2}$

4.42 **a)** $f'(\pi) = 0$ **b)** $f'\left(\frac{\pi}{2}\right) = -1$ **c)** $f'\left(\frac{\pi}{4}\right) = -\frac{1}{2}\sqrt{2}$ **d)** $f'\left(\frac{3\pi}{4}\right) = -\frac{1}{2}\sqrt{2}$

4.43 **a)** $x \approx 0{,}7954 \lor x \approx 5{,}4878$
b) $x \approx 3{,}9170 \lor x \approx 5{,}5078$
c) $x \approx 1{,}1593 \lor x \approx 5{,}1239$
d) $x \approx 0{,}4115 \lor x \approx 2{,}7301$

4.44 (3) und (5)

4.45 1) $s'(t) = \cos t\,(m/s)$, $s'(4) \approx -0{,}654\,(m/s)$

2) $s''(t) = -\sin t\,(m/s^2)$, $s''(4) \approx 0{,}757\,(m/s^2)$

4.46 a) Nullstellen: 0, π und 2π

streng monoton steigend in $\left[0; \frac{\pi}{2}\right]$ und $\left[\frac{3\pi}{2}; 2\pi\right]$

streng monoton fallend in $\left[\frac{\pi}{2}; \frac{3\pi}{2}\right]$

rechtsgekrümmt in $[0; \pi]$

linksgekrümmt in $[\pi; 2\pi]$

Maximumstelle in $[0; 2\pi]$: $\frac{\pi}{2}$

Minimumstelle in $[0; 2\pi]$: $\frac{3\pi}{2}$

Wendestellen in $[0; 2\pi]$: π

(Beachte: Eine Wendestelle muss im Inneren von $[0; 2\pi]$ liegen!)

b) Nullstellen: $\frac{\pi}{2}$ und $\frac{3\pi}{2}$

streng monoton steigend in $[\pi; 2\pi]$

streng monoton fallend in $[0; \pi]$

rechtsgekrümmt in $\left[0; \frac{\pi}{2}\right]$ und $\left[\frac{3\pi}{2}; 2\pi\right]$

linksgekrümmt in $\left[\frac{\pi}{2}; \frac{3\pi}{2}\right]$

Maximumstellen in $[0; 2\pi]$: 0 und 2π

Minimumstelle in $[0; 2\pi]$: π

Wendestellen in $[0; 2\pi]$: $\frac{\pi}{2}$ und $\frac{3\pi}{2}$

c) Nullstellen: 0, π und 2π

streng monoton steigend in $\left[0; \frac{\pi}{2}\right]$ und $\left[\frac{3\pi}{2}; 2\pi\right]$

streng monoton fallend in $\left[\frac{\pi}{2}; \frac{3\pi}{2}\right]$

rechtsgekrümmt in $[0; \pi]$

linksgekrümmt in $[\pi; 2\pi]$

Maximumstelle in $[0; 2\pi]$: $\frac{\pi}{2}$

Minimumstelle in $[0; 2\pi]$: $\frac{3\pi}{2}$

Wendestellen in $[0; 2\pi]$: π

(Beachte: Eine Wendestelle muss im Inneren von $[0; 2\pi]$ liegen!)

d) Nullstellen: $\frac{\pi}{2}$ und $\frac{3\pi}{2}$

streng monoton steigend in $[0; \pi]$

streng monoton fallend in $[\pi; 2\pi]$

rechtsgekrümmt in $\left[\frac{\pi}{2}; \frac{3\pi}{2}\right]$

e) Nullstelle: $\frac{\pi}{2}$

streng monoton steigend in $\left[\frac{\pi}{2}; \frac{3\pi}{2}\right]$

streng monoton fallend in $\left[0; \frac{\pi}{2}\right]$ und $\left[\frac{3\pi}{2}; 2\pi\right]$

rechtsgekrümmt in $[\pi; 2\pi]$

linksgekrümmt in $[0; \pi]$

Maximumstelle in $[0; 2\pi]$: $\frac{3\pi}{2}$

Minimumstelle in $[0; 2\pi]$: $\frac{\pi}{2}$

Wendestellen in $[0; 2\pi]$: π

(Beachte: Eine Wendestelle muss im Inneren von $[0; 2\pi]$ liegen!)

f) keine Nullstelle

streng monoton steigend in $[\pi; 2\pi]$

streng monoton fallend in $[0; \pi]$

rechtsgekrümmt in $\left[0; \frac{\pi}{2}\right]$ und $\left[\frac{3\pi}{2}; 2\pi\right]$

linksgekrümmt in $\left[\frac{\pi}{2}; \frac{3\pi}{2}\right]$

Maximumstellen in $[0; 2\pi]$: 0 und 2π

Minimumstelle in $[0; 2\pi]$: π

Wendestellen in $[0; 2\pi]$: $\frac{\pi}{2}$ und $\frac{3\pi}{2}$

g) Nullstellen: $\frac{3\pi}{4}$ und $\frac{7\pi}{4}$

streng monoton steigend in $\left[0; \frac{\pi}{4}\right]$ und $\left[\frac{5\pi}{4}; 2\pi\right]$

streng monoton fallend in $\left[\frac{\pi}{4}; \frac{5\pi}{4}\right]$

rechtsgekrümmt in $\left[0; \frac{3\pi}{4}\right]$ und $\left[\frac{7\pi}{4}; 2\pi\right]$

linksgekrümmt in $\left[\frac{3\pi}{4}; \frac{7\pi}{4}\right]$

Maximumstelle in $[0; 2\pi]$: $\frac{\pi}{4}$

Minimumstelle in $[0; 2\pi]$: $\frac{5\pi}{4}$

Wendestellen in $[0; 2\pi]$: $\frac{3\pi}{4}$ und $\frac{7\pi}{4}$

h) Nullstellen: $\frac{\pi}{4}$ und $\frac{5\pi}{4}$

streng monoton steigend in $\left[0; \frac{3\pi}{4}\right]$ und $\left[\frac{7\pi}{4}; 2\pi\right]$

streng monoton fallend in $\left[\frac{3\pi}{4}; \frac{7\pi}{4}\right]$

rechtsgekrümmt in $\left[\frac{\pi}{4}; \frac{5\pi}{4}\right]$

linksgekrümmt in $\left[0; \frac{\pi}{2}\right]$ und $\left[\frac{3\pi}{2}; 2\pi\right]$

Maximumstelle in $[0; 2\pi]$: π

Minimumstellen in $[0; 2\pi]$: 0 und 2π

Wendestellen in $[0; 2\pi]$: $\frac{\pi}{2}$ und $\frac{3\pi}{2}$

linksgekrümmt in $\left[0; \frac{\pi}{4}\right]$ und $\left[\frac{5\pi}{4}; 2\pi\right]$

Maximumstelle in $[0; 2\pi]$: $\frac{3\pi}{4}$

Minimumstelle in $[0; 2\pi]$: $\frac{7\pi}{4}$

Wendestellen in $[0; 2\pi]$: $\frac{\pi}{4}$ und $\frac{5\pi}{4}$

4.47 **a)** Beachte: Für $x \in [0; 2\pi]$ ist $2x \in [0; 4\pi]$.
Ermittle daher alle Nullstellen von f, f′ und f″ für $2x \in [0; 4\pi]$!

Nullstellen: $0, \frac{\pi}{2}, \pi, \frac{3\pi}{2}, 2\pi$

streng monoton steigend in $\left[0; \frac{\pi}{4}\right], \left[\frac{3\pi}{4}; \frac{5\pi}{4}\right]$ und $\left[\frac{7\pi}{4}; 2\pi\right]$

streng monoton fallend in $\left[\frac{\pi}{4}; \frac{3\pi}{4}\right]$ und $\left[\frac{5\pi}{4}; \frac{7\pi}{4}\right]$

rechtsgekrümmt in $\left[0; \frac{\pi}{2}\right]$ und $\left[\pi; \frac{3\pi}{2}\right]$

linksgekrümmt in $\left[\frac{\pi}{2}; \pi\right]$ und $\left[\frac{3\pi}{2}; 2\pi\right]$

Maximumstellen in $[0; 2\pi]$: $\frac{\pi}{4}$ und $\frac{5\pi}{4}$

Minimumstelle in $[0; 2\pi]$: $\frac{3\pi}{4}$ und $\frac{7\pi}{4}$

Wendestellen in $[0; 2\pi]$: $\frac{\pi}{2}, \pi, \frac{3\pi}{2}$

b) Beachte: Für $x \in [0; 2\pi]$ ist $\frac{x}{2} \in [0; \pi]$.
Ermittle daher alle Nullstellen von f, f′ und f″ für $\frac{x}{2} \in [0; \pi]$!

Nullstellen: 0 und 2π

streng monoton steigend in $[0; \pi]$

streng monoton fallend in $[\pi; 2\pi]$

rechtsgekrümmt in $[0; 2\pi]$

Maximumstelle in $[0; 2\pi]$: π

Minimumstelle in $[0; 2\pi]$: 0 und 2π

keine Wendestelle in $[0; 2\pi]$

(Beachte: Eine Wendestelle muss im Inneren von $[0; 2\pi]$ liegen!)

c) Beachte: $\cos(-x) = \cos x$

Nullstellen: $\frac{\pi}{2}$ und $\frac{3\pi}{2}$

streng monoton steigend in $[\pi; 2\pi]$

streng monoton fallend in $[0; \pi]$

rechtsgekrümmt in $\left[0; \frac{\pi}{2}\right]$ und $\left[\frac{3\pi}{2}; 2\pi\right]$

linksgekrümmt in $\left[\frac{\pi}{2}; \frac{3\pi}{2}\right]$

Maximumstellen in $[0; 2\pi]$: 0 und 2π

Minimumstelle in $[0; 2\pi]$: π

Wendestellen: $\frac{\pi}{2}$ und $\frac{3\pi}{2}$

d) Beachte: Für $x \in [0; 2\pi]$ ist $3x \in [0; 6\pi]$.
Ermittle daher alle Nullstellen von f, f′ und f″ für $3x \in [0; 6\pi]$!

Nullstellen: $\frac{\pi}{6}, \frac{\pi}{2}, \frac{5\pi}{6}, \frac{7\pi}{6}, \frac{3\pi}{2}, \frac{11\pi}{6}$

streng monoton steigend in $\left[\frac{\pi}{3}; \frac{2\pi}{3}\right], \left[\pi; \frac{4\pi}{3}\right]$ und $\left[\frac{5\pi}{3}; 2\pi\right]$

streng monoton fallend in $\left[0; \frac{\pi}{3}\right], \left[\frac{2\pi}{3}; \pi\right]$ und $\left[\frac{4\pi}{3}; \frac{5\pi}{3}\right]$

rechtsgekrümmt in $\left[0; \frac{\pi}{6}\right], \left[\frac{\pi}{2}; \frac{5\pi}{6}\right], \left[\frac{7\pi}{6}; \frac{3\pi}{2}\right]$ und $\left[\frac{11\pi}{6}; 2\pi\right]$

linksgekrümmt in $\left[\frac{\pi}{6}; \frac{\pi}{2}\right], \left[\frac{5\pi}{6}; \frac{7\pi}{6}\right]$ und $\left[\frac{3\pi}{2}; \frac{11\pi}{6}\right]$

Maximumstellen in $[0; 2\pi]$: $0, \frac{2\pi}{3}, \frac{4\pi}{3}, 2\pi$

Minimumstelle in $[0; 2\pi]$: $\frac{\pi}{3}, \pi, \frac{5\pi}{3}$

Wendestellen in $[0; 2\pi]$: $\frac{\pi}{6}, \frac{\pi}{2}, \frac{5\pi}{6}, \frac{7\pi}{6}, \frac{3\pi}{2}, \frac{11\pi}{6}$

4.48 **1)** $t = k \cdot \frac{\pi}{\omega}$ für $k \in \mathbb{N}$

2) Nein. Wir betrachten beispielsweise die benachbarten Nullstellen 0 und $\frac{\pi}{\omega}$.
Die in der Mitte liegende Stelle $\frac{\pi}{2\omega}$ ist keine lokale Extremstelle von s, da $s'\left(\frac{\pi}{2\omega}\right) < 0$.

3) Nein. Wir betrachten beispielsweise die Nullstelle $\frac{\pi}{\omega}$. Diese Stelle ist **keine Wendestelle**, da $s''\left(\frac{\pi}{\omega}\right) > 0$.

4) $-c \cdot e^{-\delta t} \leqslant c \cdot e^{-\delta t} \cdot \sin \omega t \leqslant c \cdot e^{-\delta t} \Rightarrow g(t) \leqslant s(t) \leqslant f(t)$
Der Graph von s berührt den Graphen von f an den Stellen $t = \frac{1}{\omega}\left(\frac{\pi}{2} + 2k\pi\right)$ mit $k \in \mathbb{N}$ und den Graphen von g an den Stellen $t = \frac{1}{\omega}\left(\frac{3\pi}{2} + 2k\pi\right)$ mit $k \in \mathbb{N}$. Die Graphen berühren einander, denn es gilt: $s'\left(\frac{1}{\omega}\left(\frac{\pi}{2} + 2k\pi\right)\right) = f'\left(\frac{1}{\omega}\left(\frac{\pi}{2} + 2k\pi\right)\right)$ und $s'\left(\frac{1}{\omega}\left(\frac{3\pi}{2} + 2k\pi\right)\right) = g'\left(\frac{1}{\omega}\left(\frac{3\pi}{2} + 2k\pi\right)\right)$

4.49 Nein! Es gilt zwar $\sin h'(x) = \cos h(x)$, aber $\cos' h(x) = \sin h(x)$.

4.50
a) $f'(x) = 1 + \frac{1}{\cos^2 x}$ oder $f'(x) = x + 1 + \tan^2 x$
b) $f'(x) = \frac{x - \sin x \cdot \cos x}{x^2 \cdot \cos^2 x} = \frac{1}{x \cdot \cos^2 x} - \frac{\tan x}{x^2}$ oder $f'(x) = \frac{x(1 + \tan^2 x) - \tan x}{\cos^2 x}$
c) $f'(x) = \frac{x + \sin x \cdot \cos x}{\cos^2 x} = \frac{x}{\cos^2 x} + \tan x$ oder $f'(x) = \tan x + x(1 + \tan^2 x)$
d) $f'(x) = \frac{\sin x \cdot \cos x - x}{\sin^2 x} = \frac{1}{\tan x} - \frac{x}{\sin^2 x}$ oder $f'(x) = \frac{\tan x - x(1 + \tan^2 x)}{\tan^2 x}$
e) $f'(x) = 1 + \frac{x + \sin x \cdot \cos x}{\cos^2 x} = 1 + \frac{x}{\cos^2 x} + \tan x$ oder $f'(x) = 1 + \tan x + x(1 + \tan^2 x)$
f) $f'(x) = \frac{2x \cdot \sin x \cdot \cos x - x^2}{\sin^2 x} = \frac{2x}{\tan x} - \frac{x^2}{\sin^2 x}$ oder $f'(x) = \frac{2x \cdot \tan x - x^2(1 + \tan^2 x)}{\tan^2 x}$
g) $f'(x) = \frac{2}{\cos^2(2x)}$ oder $f'(x) = 2 \cdot [1 + \tan^2(2x)]$
h) $f'(x) = \frac{x - 2 \cdot \sin x \cdot \cos x}{x^3 \cdot \cos^2 x} = \frac{1}{x^2 \cdot \cos^2 x} - \frac{2 \cdot \tan x}{x^3}$ oder $f'(x) = \frac{x(1 + \tan^2 x) - 2 \cdot \tan x}{x^3}$

4.51 a) $f'(x) = \frac{5}{\sqrt{x}}$ b) $f'(x) = -\frac{1}{2\sqrt{x}}$ c) $f'(x) = 1 + \frac{1}{2\sqrt{x}}$ d) $f'(x) = 2 - \frac{3}{2\sqrt{x}}$

4.52 a) $f'(x) = -\frac{1}{2x\sqrt{x}}$ b) $f'(x) = -\frac{1}{x^2} - \frac{1}{2\sqrt{x}}$ c) $f'(x) = -\frac{1}{\sqrt{x} \cdot (\sqrt{x} + 3)^2}$ d) $f'(x) = \frac{1}{2x\sqrt{x}}$

4.53 größtmöglicher Definitionsbereich: $\mathbb{R}_0^+$
Nullstelle: 0
streng monoton steigend in $\mathbb{R}_0^+$
rechtsgekrümmt in $\mathbb{R}_0^+$
globale Minimumstelle: 0
keine Wendestelle

4.54
1) $v(t) = \frac{1}{2\sqrt{t}}$ (für $t > 0$)
2) $a(t) = -\frac{1}{4t\sqrt{t}}$ (für $t > 0$)
3) nach 41 min 40 s
4) nach ca. 8,5 s

4.56 a) $f'(x) = \frac{1}{2\sqrt{x - 1}}$ b) $f'(x) = \frac{3x^2}{2\sqrt{x^3 + 4}}$ c) $f'(x) = \frac{6x + 1}{2\sqrt{3x^2 + x + 1}}$ d) $f'(x) = \frac{4x^3 + 1}{2\sqrt{x(x^3 + 1)}}$

4.57
a) $f'(x) = -12 \cdot (1 - x)^{11}$
b) $f'(x) = 5 \cdot (x + 2)^4$
c) $f'(x) = 1 - \frac{1}{\sqrt{x}}$
d) $f'(x) = \frac{3x + 2}{2\sqrt{x + 1}}$
e) $f'(x) = \frac{x \cdot (5x + 16)}{2\sqrt{x + 4}}$
f) $f'(x) = -\frac{x + 10}{2x^2\sqrt{x + 5}}$
g) $f'(x) = \frac{1}{(1 + x^2)\sqrt{1 + x^2}}$
h) $f'(x) = \frac{a}{2\sqrt{ax + b}}$
i) $f'(x) = -\frac{a}{2(ax + b)\sqrt{ax + b}}$

4.58
a) $f'(x) = \frac{3ax + 2b + ac}{2\sqrt{ax + b}}$
b) $f'(x) = \frac{ax + 2b - ac}{2(ax + b)\sqrt{ax + b}}$
c) $f'(x) = \frac{2ax + ac + b}{2\sqrt{x + c} \cdot \sqrt{ax + b}}$
d) $f'(x) = \frac{b - ac}{2\sqrt{x + c} \cdot \sqrt{ax + b} \cdot (ax + b)}$

4.59
a) $f'(x) = \frac{\cos x}{2\sqrt{\sin x}}$
b) $f'(x) = -\frac{\sin x}{2\sqrt{\cos x}}$
c) $f'(x) = \cos\left(x - \frac{\pi}{4}\right)$
d) $f'(x) = -\sin\left(x - \frac{\pi}{4}\right)$
e) $f'(x) = -\cos\left(\frac{\pi}{4} - x\right)$
f) $f'(x) = \sin\left(\frac{\pi}{4} - x\right)$

4.60
a) $f'(t) = \omega \cdot \cos(\omega t + \varphi)$
b) $f'(t) = -\omega \cdot \sin(\omega t + \varphi)$
c) $f'(t) = a \cdot \omega \cdot \cos(\omega t + \varphi)$
d) $f'(t) = -a \cdot \omega \cdot \sin(\omega t + \varphi)$

4.61 a) $f'(t) = 6t \cdot \cos(3t^2)$
b) $f'(t) = -t \cdot \sin\left(\frac{t^2}{2}\right)$
c) $f'(t) = 3 \cdot \cos(3t + \pi)$
d) $f'(t) = -2 \cdot \sin(2t - \pi)$
e) $f'(t) = 8 \cdot \cos\left(2t + \frac{\pi}{2}\right)$
f) $f'(t) = 2t \cdot \sin t + t^2 \cdot \cos t$

4.62 a) $g'(x) = 2 \cdot f(x) \cdot f'(x)$
b) $g'(x) = n \cdot f(x)^{n-1} \cdot f'(x)$
c) $g'(x) = -\frac{f'(x)}{[f(x)]^2}$
d) $g'(x) = -\frac{f'(x)}{2 \cdot f(x) \cdot \sqrt{f(x)}}$

4.63 $f'(x) = u'(v(w(x)) \cdot v'(w(x)) \cdot w'(x)$ bzw. $\frac{df}{dx} = \frac{du}{dv} \cdot \frac{dv}{dw} \cdot \frac{dw}{dx}$
ZB: $f(x) = (1 + \sqrt{x})^2$ mit $w(x) = \sqrt{x}$, $v(w(x)) = 1 + \sqrt{x}$ und $u(v(w(x))) = (1 + \sqrt{x})^2$
$f'(x) = 2 \cdot (1 + \sqrt{x}) \cdot \frac{1}{2\sqrt{x}} = \frac{1 + \sqrt{x}}{\sqrt{x}}$

4.64 a) größtmöglicher Definitionsbereich: $[2; \infty[$
Nullstelle: 2
globale Minimumstelle: 2
b) größtmöglicher Definitionsbereich: $[-2; \infty[$
Nullstelle: −2
globale Minimumstelle: −2
c) größtmöglicher Definitionsbereich:
$]-\infty; -2] \cup [-1; \infty[$
Nullstellen: −2 und −1
globale Minimumstellen: −2 und −1
d) größtmöglicher Definitionsbereich: $[1; \infty[$
Nullstelle: 1
globale Minimumstelle: 1
e) größtmöglicher Definitionsbereich: $\mathbb{R}_0^+$
Nullstelle: 1
lokale Minimumstelle: 1
globale Minimumstelle: 1
f) größtmöglicher Definitionsbereich: $\mathbb{R}$
Nullstelle: 1
keine lokale Extremstelle
keine globale Extremstelle

4.65 a) Nullstellen: 0, π und 2π
Maximumstellen in $[0; 2\pi]$: $\frac{\pi}{2}$ und $\frac{3\pi}{2}$
Minimumstellen in $[0; 2\pi]$: 0, π und 2π
b) Nullstellen: $\frac{\pi}{2}$ und $\frac{3\pi}{2}$
Maximumstellen in $[0; 2\pi]$: 0, π und 2π
Minimumstellen in $[0; 2\pi]$: $\frac{\pi}{2}$ und $\frac{3\pi}{2}$
c) Nullstellen: $\frac{\pi}{4}, \frac{3\pi}{4}, \frac{5\pi}{4}, \frac{7\pi}{4}$
Maximumstellen in $[0; 2\pi]$: 0, π und 2π
Minimumstellen in $[0; 2\pi]$: $\frac{\pi}{2}$ und $\frac{3\pi}{2}$
d) Nullstellen: $\frac{\pi}{2}$ und $\frac{3\pi}{2}$
Maximumstellen in $[0; 2\pi]$: 0 und 2π
Minimumstelle in $[0; 2\pi]$: π
e) Nullstellen: $\frac{\pi}{2}$ und $\frac{3\pi}{2}$
Maximumstelle in $[0; 2\pi]$: π
Minimumstellen in $[0; 2\pi]$: 0 und 2π
f) Nullstelle: π
Maximumstellen in $[0; 2\pi]$: 0 und 2π
Minimumstelle in $[0; 2\pi]$: π

4.66 a) $f(x + 4\pi) = \sin\frac{x + 4\pi}{2} + \cos\frac{x + 4\pi}{2} = \sin\left(\frac{x}{2} + 2\pi\right) + \cos\left(\frac{x}{2} + 2\pi\right) =$
$= \sin\frac{x}{2} + \cos\frac{x}{2} = f(x)$
Nullstellen: $\frac{3\pi}{2}$ und $\frac{7\pi}{2}$
Maximumstelle in $[0; 4\pi]$: $\frac{\pi}{2}$
Minimumstelle in $[0; 4\pi]$: $\frac{5\pi}{2}$

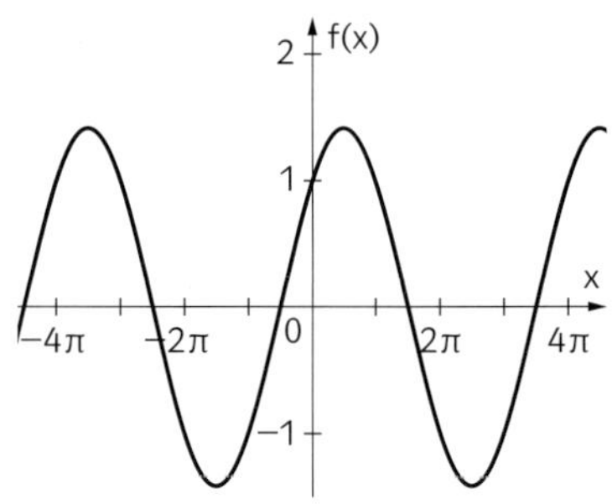

b) $f(x + \pi) = \sin(2(x + \pi)) + \cos(2(x + \pi)) =$
$= \sin(2x + 2\pi) + \cos(2x + 2\pi) =$
$= \sin(2x) + \cos(2x) = f(x)$
Nullstellen: $\frac{3\pi}{8}$ und $\frac{7\pi}{8}$
Maximumstelle in $[0; \pi]$: $\frac{\pi}{8}$
Minimumstelle in $[0; \pi]$: $\frac{5\pi}{8}$

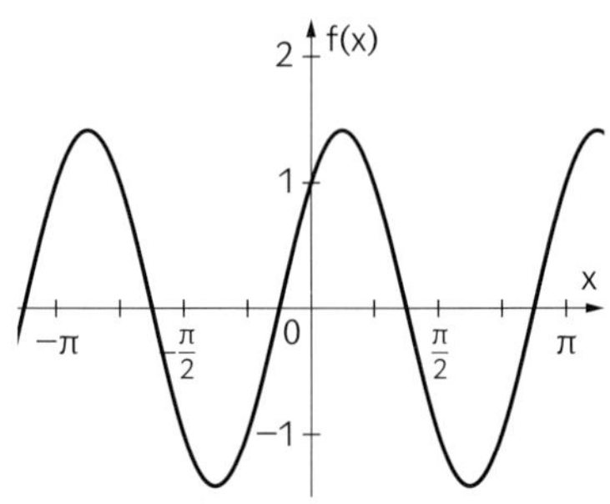

4.67 a) Seitenlängen: $r\sqrt{2}$ und $\frac{r}{2}\sqrt{2}$ b) Seitenlängen: $\frac{4r}{5}\sqrt{5}$ und $\frac{r}{5}\sqrt{5}$

4.68 Ermittle die Minimumstelle von S in $\mathbb{R}$!

4.69 1) Der Weg mit $x = \frac{a}{2}$.

2) Geometrische Lösung: Man verbinde die beiden Endpunkte des Weges im Würfelnetz durch eine Strecke.

4.70 1) $\overline{AE} = \frac{3r}{2}$ 2) $\overline{ME} = \frac{r}{2}$

4.71 $\alpha \approx 35{,}26°$

4.72 $\alpha \approx 35{,}26°$

4.73 a) $r = \frac{R}{3}\sqrt{6},\ h = \frac{2R}{3}\sqrt{3}$ b) $r = \frac{\sqrt{10\sqrt{5}+50}}{10} \cdot R \approx 0{,}85 \cdot R,\ h = \frac{\sqrt{50-10\sqrt{5}}}{5} \cdot R \approx 1{,}05 \cdot R$

4.74 C muss bei $x = 28{,}61\,\text{km}$ gewählt werden; minimale Gesamtkosten = 9 057,68 €

4.76 Gehe ähnlich wie in Aufgabe 4.75 vor!

4.77 bei $x = 10\,\text{km}$

4.78 1) Zeige: $x = \frac{s}{\sqrt{\left(\frac{r_1}{r_2}\right)^8 - 1}}$ 2) Zeige: $\tan\alpha = \sqrt{\left(\frac{r_1}{r_2}\right)^8 - 1}$

4.80 a) $f'(x) = \frac{2}{x}$ c) $f'(x) = \frac{6}{x}$ e) $f'(x) = \frac{4x}{x^2+3}$

b) $f'(x) = \frac{1}{x}$ d) $f'(x) = \frac{10}{x} \cdot \ln x$ f) $f'(x) = \ln x + 1$

4.81 a) $f'(x) = \frac{1}{x \cdot \ln 2}$ c) $f'(x) = \frac{1}{(x+3) \cdot \ln 2}$ e) $f'(x) = {}^2\log x + \frac{x+1}{x \cdot \ln 2} = \frac{\ln x}{\ln 2} + \frac{x+1}{x \cdot \ln 2}$

b) $f'(x) = \frac{1}{x \cdot \ln 3}$ d) $f'(x) = \frac{4}{x \cdot \ln 4}$ f) $f'(x) = 1 + \frac{1}{x \cdot \ln 2}$

4.82 a) größtmöglicher Definitionsbereich: $\mathbb{R}^+$
Nullstelle: 1
streng monoton steigend in $\mathbb{R}^+$
rechtsgekrümmt in $\mathbb{R}^+$
keine lokale Extremstelle
keine globale Extremstelle
keine Wendestelle

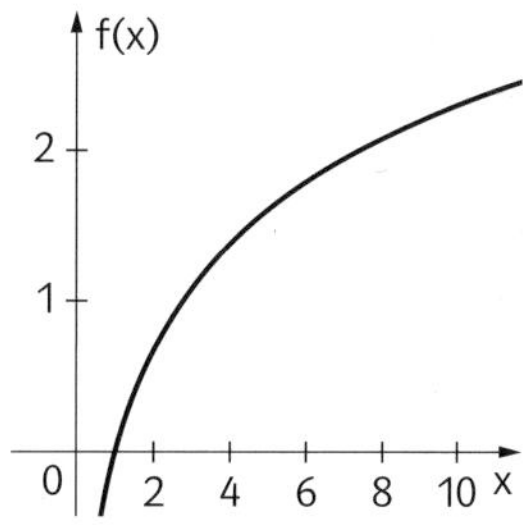

b) größtmöglicher Definitionsbereich: $\mathbb{R}^+$
Nullstelle: 1
streng monoton steigend in $\mathbb{R}^+$
rechtsgekrümmt in $\mathbb{R}^+$
keine lokale Extremstelle
keine globale Extremstelle
keine Wendestelle

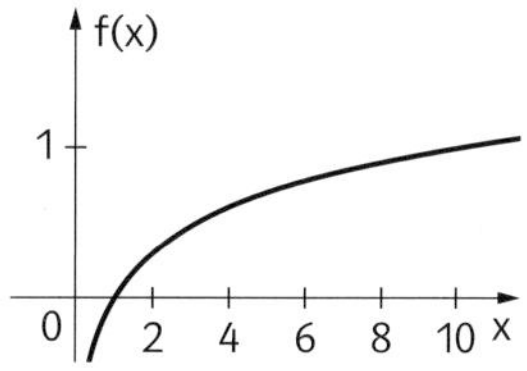

4.83 a) größtmöglicher Definitionsbereich: $\mathbb{R}^+$
Nullstelle: 1
streng monoton steigend in $\mathbb{R}^+$
rechtsgekrümmt in $\mathbb{R}^+$
keine lokale Extremstelle
keine globale Extremstelle
keine Wendestelle

b) größtmöglicher Definitionsbereich: $\mathbb{R}^+$
Nullstelle: 1
streng monoton fallend in $\mathbb{R}^+$
linksgekrümmt in $\mathbb{R}^+$
keine lokale Extremstelle
keine globale Extremstelle
keine Wendestelle

4.84 **a)** größtmöglicher Definitionsbereich: $\mathbb{R}^+$
Nullstelle: 1
streng monoton fallend in $\left]0; \frac{1}{e}\right]$
streng monoton steigend in $\left[\frac{1}{e}; \infty\right[$
linksgekrümmt in $\mathbb{R}^+$
lokale Minimumstelle: $\frac{1}{e}$
keine lokale Maximumstelle
globale Minimumstelle: $\frac{1}{e}$
keine Wendestelle
$T = \left(\frac{1}{e}\middle|-\frac{1}{e}\right)$

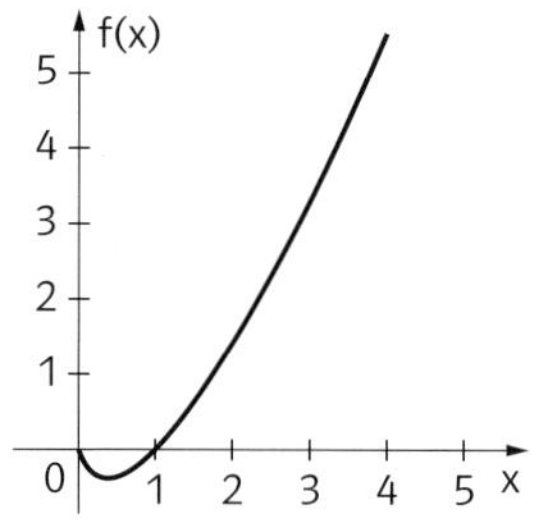

b) größtmöglicher Definitionsbereich: $\mathbb{R}^+$
Nullstelle: 1
streng monoton steigend in $]0; e]$
streng monoton fallend in $[e; \infty[$
rechtsgekrümmt in $]0; e\sqrt{e}]$
linksgekrümmt in $[e\sqrt{e}; \infty[$
lokale Maximumstelle: e
globale Maximumstelle: e
Wendestelle: $e\sqrt{e}$
$H = \left(e\middle|\frac{1}{e}\right)$, $W = \left(e\sqrt{e}\middle|\frac{3}{2e\sqrt{e}}\right)$

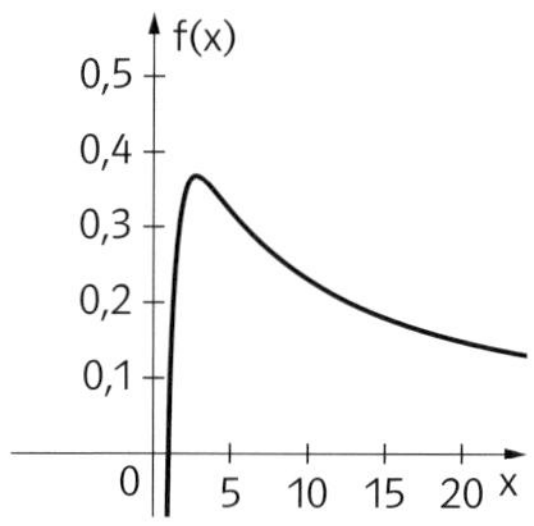

c) größtmöglicher Definitionsbereich: $\mathbb{R}^+$
Nullstelle: $\frac{1}{e}$
streng monoton steigend in $\mathbb{R}^+$
rechtsgekrümmt in $\mathbb{R}^+$
keine lokale Extremstelle
keine globale Extremstelle
keine Wendestelle

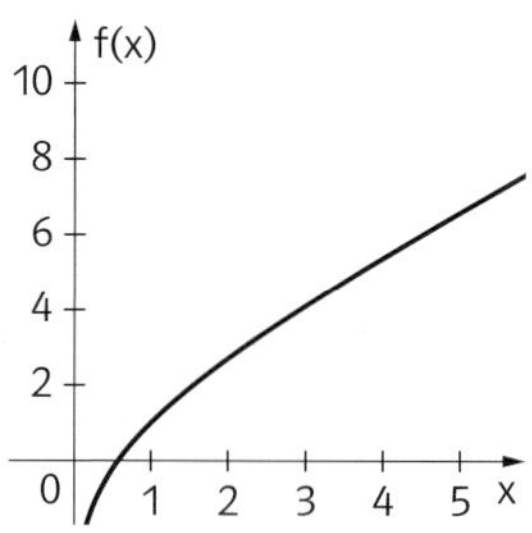

d) größtmöglicher Definitionsbereich: $\mathbb{R}^+$
Nullstelle: 0,1
streng monoton steigend in $\mathbb{R}^+$
rechtsgekrümmt in $\mathbb{R}^+$
keine lokale Extremstelle
keine globale Extremstelle
keine Wendestelle

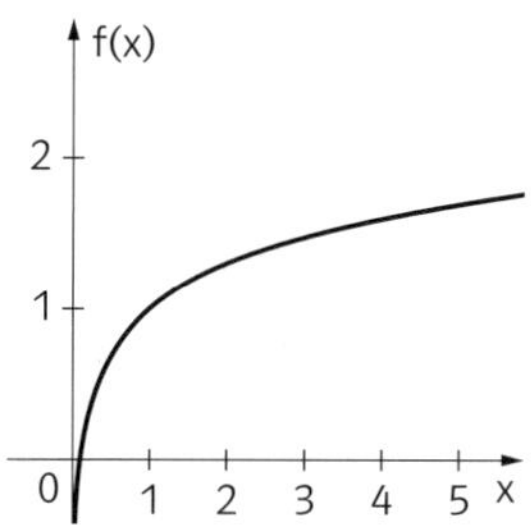

4.85 $f(x) = \sqrt{x} = x^{\frac{1}{2}} \Rightarrow f'(x) = \frac{1}{2} \cdot x^{-\frac{1}{2}} = \frac{1}{2} \cdot \frac{1}{x^{\frac{1}{2}}} = \frac{1}{2\sqrt{x}}$

4.86 **a)** $f'(x) = \frac{3}{2} \cdot x^{\frac{1}{2}}$ **b)** $f'(x) = -2{,}5 \cdot x^{-3{,}5}$ **c)** $f'(x) = \sqrt[3]{7} \cdot x^{\sqrt[3]{7}-1}$ **d)** $f'(x) = \pi \cdot \sqrt{2} \cdot x^{\sqrt{2}-1}$

4.87 a) $f'(x) = \frac{1}{2} \cdot \left(x^{-\frac{1}{2}} + x^{-\frac{3}{2}}\right)$
b) $f'(x) = -\frac{3}{4} \cdot x^{-\frac{7}{4}} - \frac{4}{3} \cdot x^{\frac{1}{3}}$
c) $f'(x) = 2{,}5 \cdot x^{1{,}5} + 0{,}5 \cdot x^{-0{,}5}$
d) $f'(x) = \frac{1}{\sqrt{2x}} + \sqrt{2} \cdot x^{\sqrt{2}-1}$

4.88 a) $f'(x) = \frac{1}{5 \cdot \sqrt[5]{x^4}}$ b) $f'(x) = -\frac{1}{4 \cdot \sqrt[4]{x^3}}$ c) $f'(x) = \frac{9}{10 \cdot \sqrt[10]{x}} + \frac{1}{2\sqrt{x}}$ d) $f'(x) = \frac{2}{3 \cdot \sqrt[3]{x}} + \frac{3}{5 \cdot \sqrt[5]{x^2}}$

4.90 1) $h(t) = \sqrt[3]{0{,}27 \cdot t}$ 2) mit ca. 0,104 m/min 3) mit 0,01 m/min 4) mit ca. 0,0063 m/min

4.91 1) $h(t) = \frac{\sqrt{t}}{10}$ 2) mit ca. 0,013 m/min 3) mit 0,01 m/min 4) mit 0,005 m/min

4.92 1) $y(t) = \sqrt{25 - 9t^2}$ für $0 \leq t \leq \frac{5}{3}$ 2) mit −2,25 m/s

4.93 1) $s(t) = 5 \cdot \tan(4\pi t)$ 2) A: mit ca. 62,83 km/min, B und C: mit ca. 85,45 km/min

4.94 1) $h(t) = 10 + 7{,}5 \cdot \sin(2\pi t)$ für $t \in \mathbb{R}_0^+$ 2) mit ca. 45,42 m/min

4.95 Siehe Seite 90!

4.96 Siehe Seite 89!

4.97 Siehe Seite 89! Beispiel: $f(x) = e^{kx} \Rightarrow f'(x) = k \cdot e^{kx}$

4.98 Siehe Seite 86! Quotientenregel: Siehe Seite 85!

4.100 a) $f'(x) = \cos x$, $f''(x) = -\sin x$, $f'''(x) = -\cos x$, $f''''(x) = f^{(4)}(x) = \sin x$, $f^{(5)}(x) = \cos x$, …
Ab der 5. Ableitung wiederholen sich die Ableitungen.
b) $f'(x) = -\sin x$, $f''(x) = -\cos x$, $f'''(x) = \sin x$, $f''''(x) = f^{(4)}(x) = \cos x$, $f^{(5)}(x) = -\sin x$, …
Ab der 5. Ableitung wiederholen sich die Ableitungen.

4.101 a) $f'(x) = a \cdot \cos(a \cdot x)$
b) $f'(x) = \frac{1}{a} \cdot \cos\left(\frac{x}{a}\right)$
c) $f'(x) = -a \cdot \sin(a \cdot x)$
d) $f'(x) = -\frac{1}{a} \cdot \sin\left(\frac{x}{a}\right)$

4.102 a) $f'(x) = k \cdot e^{kx}$
b) $f'(x) = -k \cdot e^{-kx}$
c) $f'(x) = \ln 1{,}5 \cdot k \cdot 1{,}5^{kx}$
d) $f'(x) = \ln 1{,}5 \cdot k \cdot 1{,}5^{-kx}$

4.103 1) $N'(t) = -22{,}7261 \cdot e^{-0{,}0227261 \cdot t}$
2) $N'(5) \approx -20{,}285$ (Atome/min)
$N'(10) \approx -18{,}106$ (Atome/min)
$N'(20) \approx -14{,}425$ (Atome/min)
3) Sie nimmt zu, aber betragsmäßig ab.

4.104 a) 3 m
b) $\frac{1}{\pi} \approx 0{,}32\,s^{-1}$
c) $T \approx 3{,}142\,s$
d) $v(t) = 6 \cdot \cos(2t)$; $v(0) = 6\,m/s$, $v\left(\frac{\pi}{2}\right) = -6\,m/s$
e) $a(t) = -12 \cdot \sin(2t)$; $a(0) = 0\,m/s^2$, $a\left(\frac{\pi}{2}\right) = 0\,m/s^2$

4.105 a) $f(x) + f''(x) = a \cdot \sin x + b \cdot \cos x + (-a \cdot \sin x - b \cdot \cos x) = 0$
b) $f(x) + f''(x) = a \cdot \sin x - b \cdot \cos x + (-a \cdot \sin x + b \cdot \cos x) = 0$

4.106 a) Polstelle: 0
Nullstellen: −1 und 1
keine lokale Extremstelle
$\lim_{x \to \infty} f(x) = \infty$, $\lim_{x \to -\infty} f(x) = -\infty$

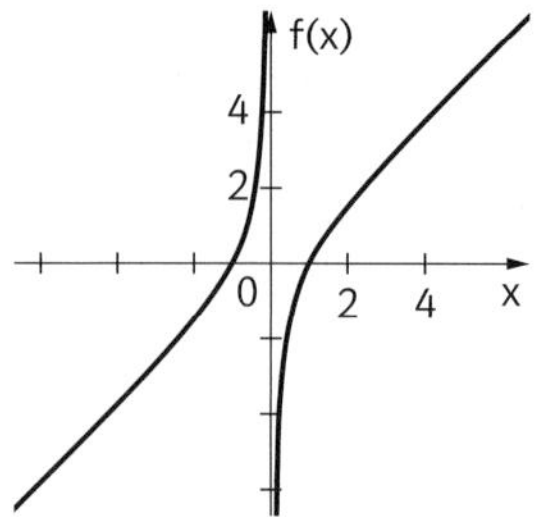

b) Polstelle: 0
Nullstelle: 1
lokale Maximumstelle: $-\sqrt[3]{2}$
$\lim_{x \to \infty} f(x) = \infty$, $\lim_{x \to -\infty} f(x) = -\infty$

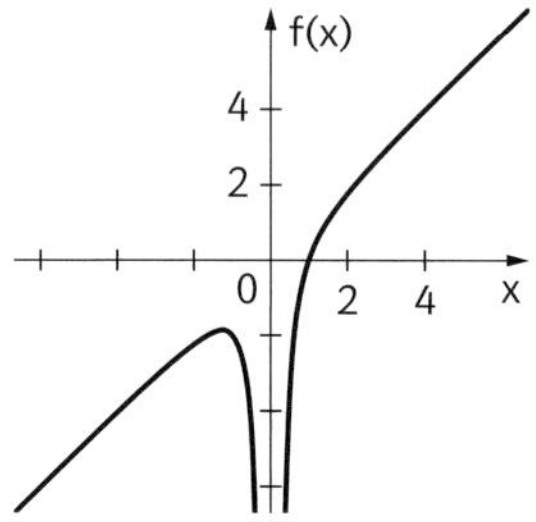

c) Polstelle: 0
Nullstelle: −1
lokale Minimumstelle: $\sqrt[3]{2}$
$\lim_{x \to \infty} f(x) = \infty$, $\lim_{x \to -\infty} f(x) = -\infty$

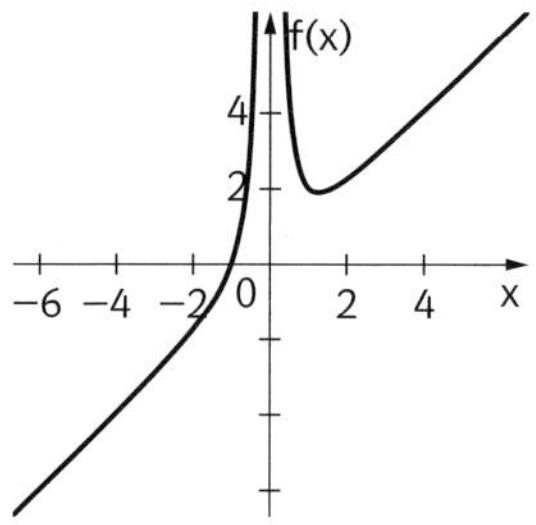

d) Polstelle: −1
Nullstelle: 1
keine lokale Extremstelle
$\lim_{x \to \infty} f(x) = 1$, $\lim_{x \to -\infty} f(x) = 1$

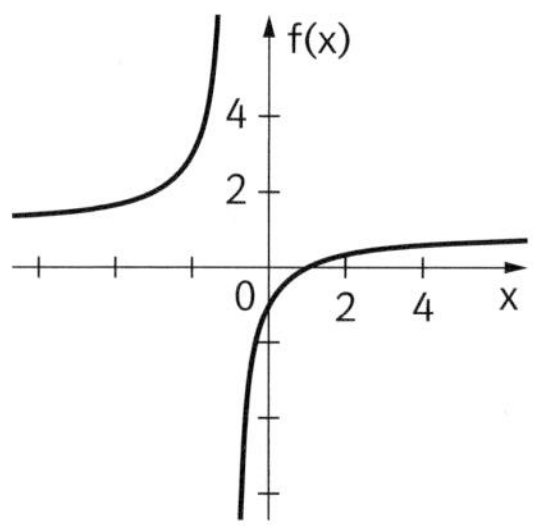

5 Exaktifizierung der Differentialrechnung

5.02 Nähert sich x unbegrenzt der Zahl 0, dann nähert sich auch |x| unbegrenzt der Zahl 0. Daher gilt $\lim\limits_{x \to 0} |x| = 0$. Weiters gilt: $f(0) = |0| = 0$. Damit ist $\lim\limits_{x \to 0} |x| = 0 = f(0)$, also f stetig an der Stelle 0.

5.03 **a)** Der Funktionswert f(0) kann nicht berechnet werden. Die Stelle 0 gehört also nicht zur Definitionsmenge von f und ist somit keine Unstetigkeitsstelle von f.

b) Ja, denn die Funktion f ist an jeder Stelle ihres Definitionsbereiches $\mathbb{R}^*$ stetig.
Für jedes $p \in \mathbb{R}^*$ gilt nämlich: $\lim\limits_{x \to \infty} f(x) = \lim\limits_{x \to \infty} \frac{1}{x} = \frac{1}{p} = f(p)$

c) Nein. Polstellen von rationalen Funktionen gehören nie zum Definitionsbereich dieser Funktionen. Polstellen sind daher nie Unstetigkeitsstellen von rationalen Funktionen.

5.04 **a)** Zeige: f ist streng monoton fallend in [2; 6]. Dann gilt für alle $x \in [2; 6]$:
$f(2) = 17 \geqslant f(x) \geqslant -15 = f(6)$. Da f stetig in [2; 6] ist, gibt es nach dem Zwischenwertsatz zu jeder Zahl q mit $-15 \leqslant q \leqslant 17$ eine Stelle $p \in [2; 6]$ mit $f(p) = q$. Daher ist die Menge der Funktionswerte von f gleich dem Intervall [–15; 17].

b) Zeige: f ist streng monoton steigend in [1; 2]. Dann gilt für alle $x \in [1; 2]$:
$f(1) = 17 \leqslant f(x) \leqslant 56 = f(2)$. Da f stetig in [1; 2] ist, gibt es nach dem Zwischenwertsatz zu jeder Zahl q mit $17 \leqslant q \leqslant 56$ eine Stelle $p \in [1; 2]$ mit $f(p) = q$. Daher ist die Menge der Funktionswerte von f gleich dem Intervall [17; 56].

5.05 **1)** Da f streng monoton steigend in [a; b] ist, gilt für alle $x \in [a; b]$: $f(a) \leqslant f(x) \leqslant f(b)$. Da f stetig in [a; b] ist, gibt es nach dem Zwischenwertsatz zu jeder Zahl q mit $f(a) \leqslant q \leqslant f(b)$ eine Stelle $p \in [a; b]$ mit $f(p) = q$. Daher ist die Menge der Funktionswerte von f gleich dem Intervall [f(a); f(b)].

2) Gilt nicht. Gegenbeispiel: $f: [0; 2] \to \mathbb{R}$ mit $f(x) = \begin{cases} x & \text{für } 0 \leqslant x \leqslant 1 \\ x + 1 & \text{für } 1 < x \leqslant 2 \end{cases}$

5.06 Nein. Gegenbeispiel: $f: [0; 2] \to \mathbb{R}$ mit $f(x) = \begin{cases} x & \text{für } 0 \leqslant x \leqslant 1 \\ x - 1 & \text{für } 1 < x \leqslant 2 \end{cases}$

5.08 **a)** Ja **b)** Ja **c)** Ja **d)** Ja

e) Nein, denn es gibt eine Umgebung von p, in der kein von p verschiedenes Element von A liegt.

f) Nein, denn es gibt eine Umgebung von p, in der kein von p verschiedenes Element von A liegt.

5.09 **a)** **b)** **c)**

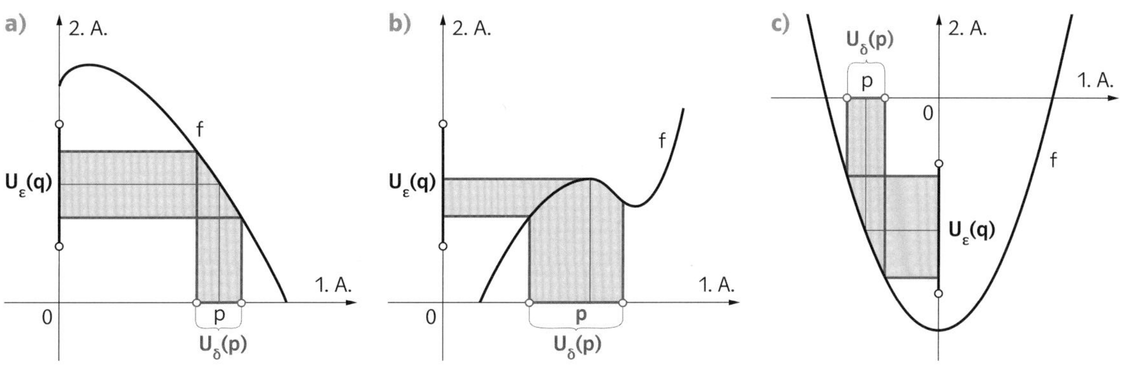

5.10

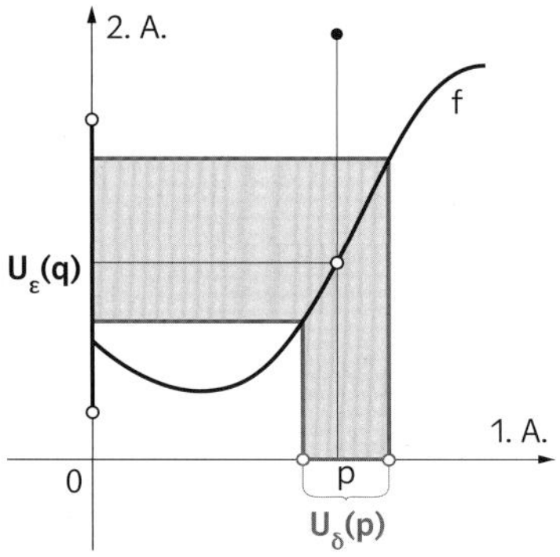

5.11 **a)**

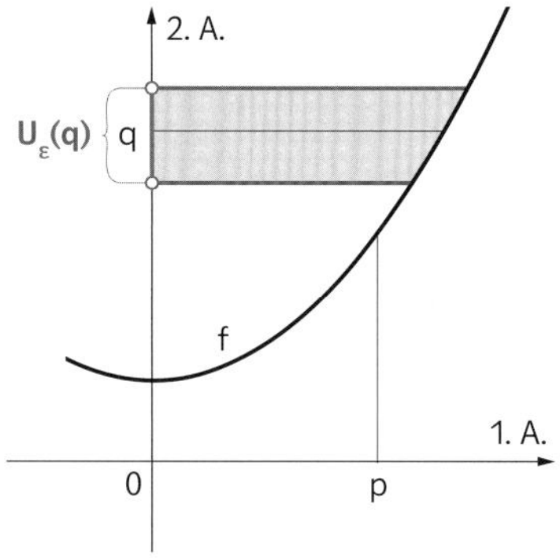

b)

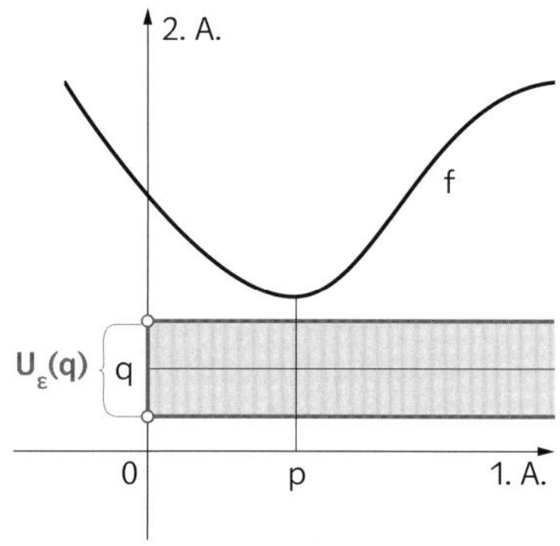

5.15 **a)** Sei $f(x) = x + 1$ und ε eine beliebige positive Zahl.
Dann gilt für alle $x \neq 2$:

$$f(x) \in U_\varepsilon(3) \Leftrightarrow 3 - \varepsilon < f(x) < 3 + \varepsilon \Leftrightarrow$$
$$\Leftrightarrow 3 - \varepsilon < x + 1 < 3 + \varepsilon \Leftrightarrow$$
$$\Leftrightarrow 2 - \varepsilon < x < 2 + \varepsilon \Leftrightarrow x \in U_\varepsilon(2)$$

Wählen wir $\delta = \varepsilon$, dann gilt also für alle $x \neq 2$:

$x \in U_\delta(2) \Rightarrow f(x) \in U_\varepsilon(3)$

Somit ist $\lim\limits_{x \to 2} (x + 1) = 3$.

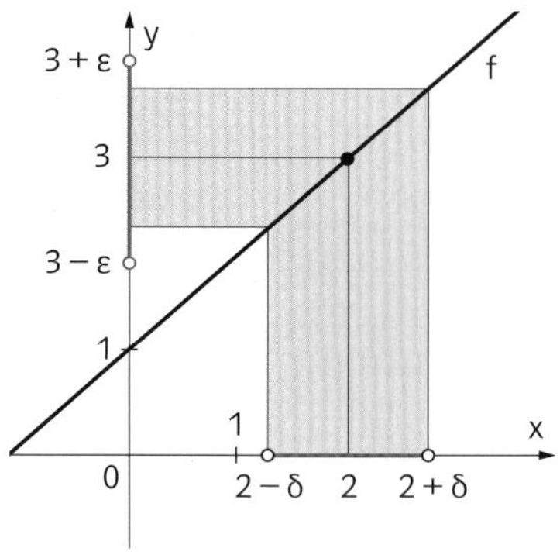

b) Sei $f(x) = \frac{1}{2}x + 2$ und ε eine beliebige positive Zahl.
Dann gilt für alle $x \neq 2$:

$$f(x) \in U_\varepsilon(3) \Leftrightarrow 3 - \varepsilon < f(x) < 3 + \varepsilon \Leftrightarrow$$
$$\Leftrightarrow 3 - \varepsilon < \frac{1}{2}x + 2 < 3 + \varepsilon \Leftrightarrow$$
$$\Leftrightarrow 1 - \varepsilon < \frac{1}{2}x < 1 + \varepsilon \Leftrightarrow$$
$$\Leftrightarrow 2 - 2\varepsilon < x < 2 + 2\varepsilon \Leftrightarrow x \in U_{2\varepsilon}(2)$$

Wählen wir $\delta = 2\varepsilon$, dann gilt also für alle $x \neq 2$:

$x \in U_\delta(2) \Rightarrow f(x) \in U_\varepsilon(3)$

Somit ist $\lim\limits_{x \to 2} \left(\frac{1}{2}x + 2\right) = 3$.

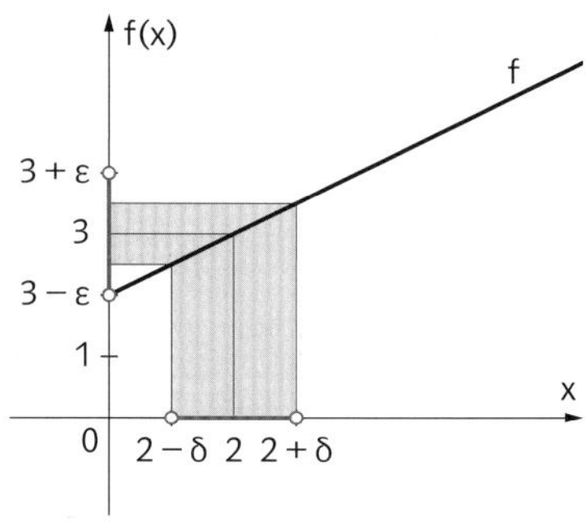

c) Sei $f(x) = \frac{1}{4}x - 4$ und ε eine beliebige positive Zahl.
Dann gilt für alle $x \neq 2$:

$$f(x) \in U_\varepsilon\left(-\frac{7}{2}\right) \Leftrightarrow -\frac{7}{2} - \varepsilon < f(x) < -\frac{7}{2} + \varepsilon \Leftrightarrow$$

$$\Leftrightarrow -\frac{7}{2} - \varepsilon < \frac{1}{4}x - 4 < -\frac{7}{2} + \varepsilon \Leftrightarrow$$

$$\Leftrightarrow \frac{1}{2} - \varepsilon < \frac{1}{4}x < \frac{1}{2} + \varepsilon \Leftrightarrow$$

$$\Leftrightarrow 2 - 4\varepsilon < x < 2 + 4\varepsilon \Leftrightarrow x \in U_{4\varepsilon}(2)$$

Wählen wir $\delta = 4\varepsilon$, dann gilt also für alle $x \neq 2$:

$$x \in U_\delta(2) \Rightarrow f(x) \in U_\varepsilon\left(-\frac{7}{2}\right)$$

Somit ist $\lim\limits_{x \to 2} \left(\frac{1}{4}x - 4\right) = -\frac{7}{2}$.

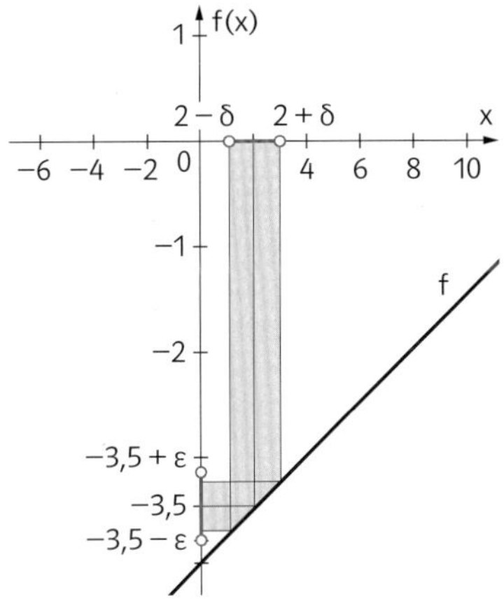

d) Sei $f(x) = c$ und ε eine beliebige positive Zahl.
Dann gilt für alle $x \neq p$ wegen $f(x) = c$:
$f(x) \in U_\varepsilon(c)$
Wählen wir zB $\delta = \varepsilon$, dann gilt also für alle $x \neq p$:
$x \in U_\delta(p) \Rightarrow f(x) \in U_\varepsilon(c)$
Somit ist $\lim\limits_{x \to p} c = c$.

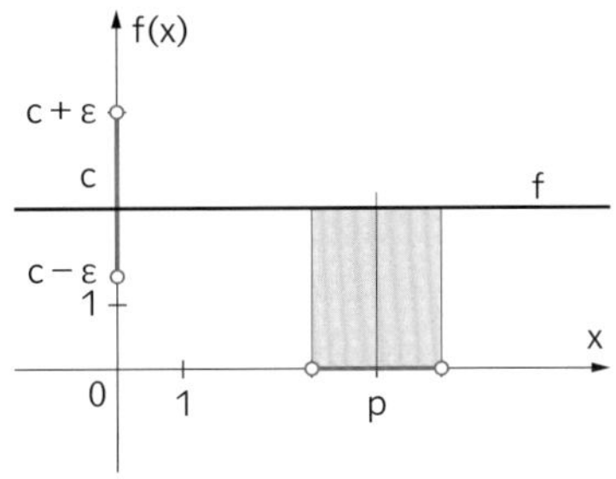

e) Sei $f(x) = x$ und ε eine beliebige positive Zahl.
Dann gilt für alle $x \neq p$:

$$f(x) \in U_\varepsilon(p) \Leftrightarrow p - \varepsilon < f(x) < p + \varepsilon \Leftrightarrow$$

$$\Leftrightarrow p - \varepsilon < x < p + \varepsilon \Leftrightarrow x \in U_\varepsilon(p)$$

Wählen wir $\delta = \varepsilon$, dann gilt also für alle $x \neq p$:
$x \in U_\delta(p) \Rightarrow f(x) \in U_\varepsilon(p)$
Somit ist $\lim\limits_{x \to p} x = p$.

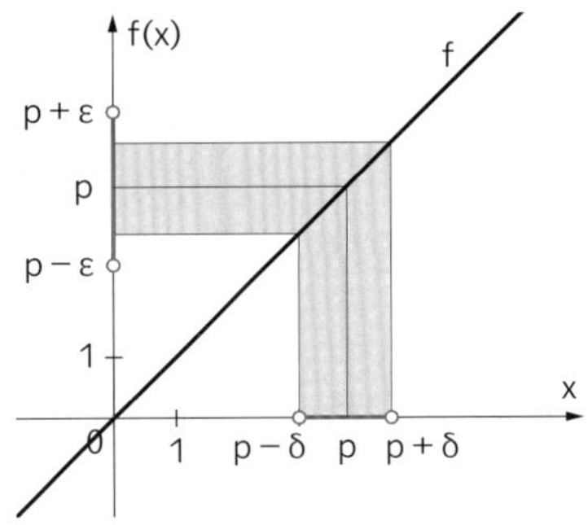

f) Sei $f(x) = x^2$ und ε eine beliebige positive Zahl.
Dann gilt für alle $x \neq 4$:

$$f(x) \in U_\varepsilon(16) \Leftrightarrow 16 - \varepsilon < f(x) < 16 + \varepsilon \Leftrightarrow$$

$$\Leftrightarrow 16 - \varepsilon < x^2 < 16 + \varepsilon \Leftrightarrow$$

$$\Leftrightarrow \sqrt{16 - \varepsilon} < x < \sqrt{16 + \varepsilon},$$

wenn man $x > 0$ und $\varepsilon \leqslant 16$ voraussetzt.
Wählen wir δ so klein, dass die Umgebung $U_\delta(4)$ ganz im Intervall $]\sqrt{16 - \varepsilon};\ \sqrt{16 + \varepsilon}[$ enthalten ist, dann gilt also für alle $x \neq 4$:
$x \in U_\delta(4) \Rightarrow f(x) \in U_\varepsilon(p)$
Somit ist $\lim\limits_{x \to 4} x^2 = 16$.

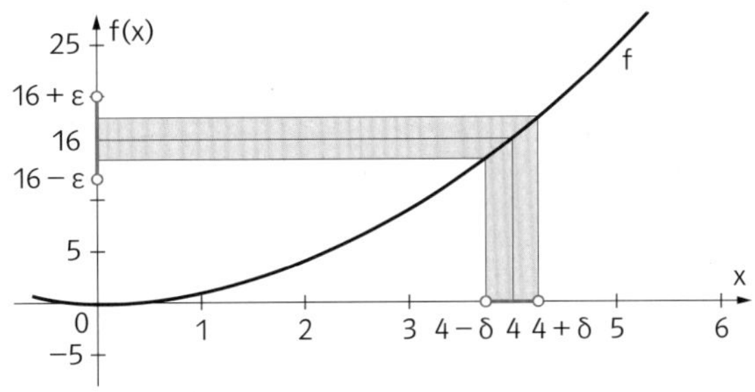

Bemerkung: Die Voraussetzung $\varepsilon \leqslant 16$ ist keine Einschränkung, denn für $\varepsilon > 16$ kann man die gleiche $U_\delta(4)$ wählen.

g) Sei $f(x) = \sqrt{x}$ und ε eine beliebige positive Zahl.
Dann gilt für alle $x \neq 9$:

$$f(x) \in U_\varepsilon(3) \Leftrightarrow 3 - \varepsilon < f(x) < 3 + \varepsilon \Leftrightarrow$$
$$\Leftrightarrow 3 - \varepsilon < \sqrt{x} < 3 + \varepsilon \Leftrightarrow$$
$$\Leftrightarrow (3 - \varepsilon)^2 < x < (3 + \varepsilon)^2,$$

wenn man $x > 0$ und $\varepsilon \leqslant 3$ voraussetzt.
Wählen wir δ so klein, dass die Umgebung $U_\delta(9)$ ganz im Intervall $]（3 - \varepsilon)^2; (3 + \varepsilon)^2[$ enthalten ist, dann gilt also für alle $x \neq 9$:

$x \in U_\delta(9) \Rightarrow f(x) \in U_\varepsilon(3)$

Somit ist $\lim\limits_{x \to 9} \sqrt{x} = 3$.

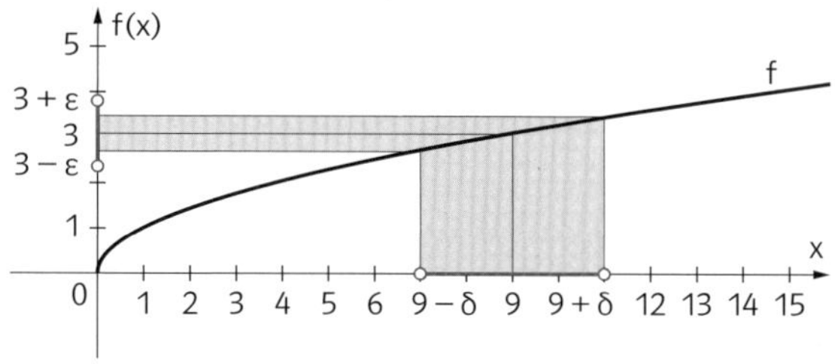

Bemerkung: Die Voraussetzung $\varepsilon \leqslant 3$ ist keine Einschränkung, denn für $\varepsilon > 3$ kann man die gleiche $U_\delta(9)$ wählen.

h) Sei $f(x) = \frac{1}{x}$ und ε eine beliebige positive Zahl. Dann gilt für alle $x \neq 3$:

$$f(x) \in U_\varepsilon\left(\tfrac{1}{3}\right) \Leftrightarrow \tfrac{1}{3} - \varepsilon < f(x) < \tfrac{1}{3} + \varepsilon \Leftrightarrow$$
$$\Leftrightarrow \tfrac{1}{3} - \varepsilon < \tfrac{1}{x} < \tfrac{1}{3} + \varepsilon \Leftrightarrow$$
$$\Leftrightarrow \frac{1 - 3\varepsilon}{3} < \frac{1}{x} < \frac{1 + 3\varepsilon}{3} \Leftrightarrow$$
$$\Leftrightarrow \frac{3}{1 + 3\varepsilon} < x < \frac{3}{1 - 3\varepsilon},$$

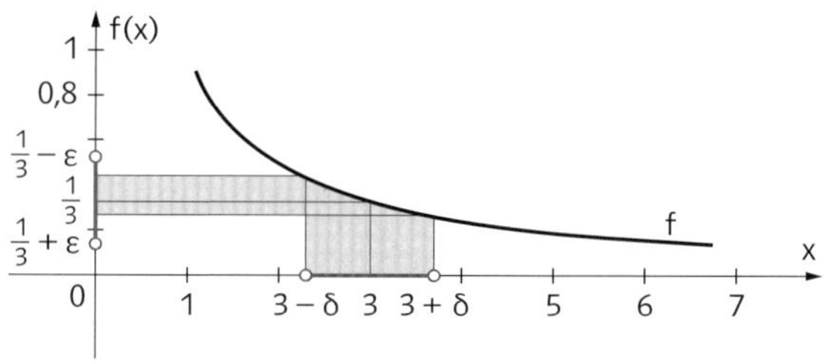

wenn man $x > 0$ und $\varepsilon < \frac{1}{3}$ voraussetzt.
Wählen wir δ so klein, dass die Umgebung $U_\delta(3)$ ganz im Intervall $\left]\frac{3}{1 + 3\varepsilon}; \frac{3}{1 - 3\varepsilon}\right[$ enthalten ist, dann gilt also für alle $x \neq 3$:

$x \in U_\delta(3) \Rightarrow f(x) \in U_\varepsilon\left(\frac{1}{3}\right)$

Somit ist $\lim\limits_{x \to 3} \frac{1}{x} = \frac{1}{3}$

Bemerkung: Die Voraussetzung $\varepsilon < \frac{1}{3}$ ist keine Einschränkung, denn für $\varepsilon \geqslant \frac{1}{3}$ kann man die gleiche $U_\delta(3)$ wählen.

5.16 Siehe Seite 102!

5.17 **a)** Eine reelle Funktion f: A → ℝ heißt **an der Stelle p ∈ A stetig**, wenn $\lim\limits_{z \to p} f(z) = f(p)$ ist.
Die Funktion f heißt (schlechthin) **stetig**, wenn sie an jeder Stelle p ∈ A stetig ist.

b) An jeder Stelle ihres Definitionsbereichs sind zB stetig: Polynomfunktionen, Exponentialfunktionen, Winkelfunktionen.

5.18 Siehe Seiten 103 und 104!

5.19 **a)** Eine reelle Funktion f: A → ℝ heißt **an der Stelle p ∈ A differenzierbar**, wenn

$$f'(p) = \lim_{z \to p} \frac{f(z) - f(p)}{z - p} \text{ existiert.}$$

Die Funktion f heißt (schlechthin) **differenzierbar**, wenn sie an jeder Stelle p ∈ A differenzierbar ist.

b) Dass eine Funktion an einer Stelle nicht differenzierbar ist, erkennt man am Graphen daran, dass an der betrachteten Stelle die Tangente nicht gezeichnet werden kann, weil der Graph zB einen Knick besitzt oder die Funktion unstetig ist.

c) f: ℝ → ℝ mit $f(x) = \begin{cases} -2x & \text{für } x < 0 \\ x & \text{für } x \geq 0 \end{cases}$

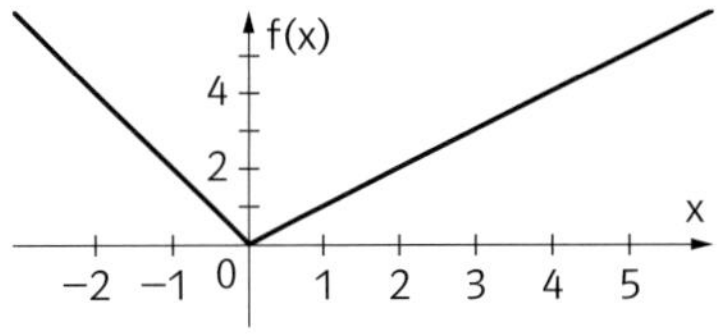

5.20 Aus der Differenzierbarkeit folgt die Stetigkeit, aber nicht umgekehrt.

5.22 a)

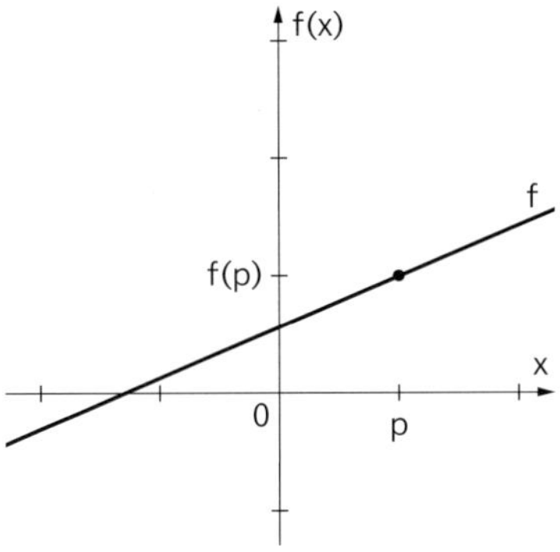

b)

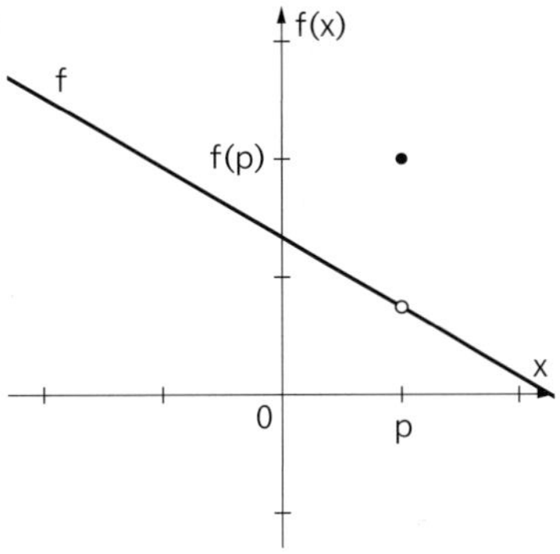

c)

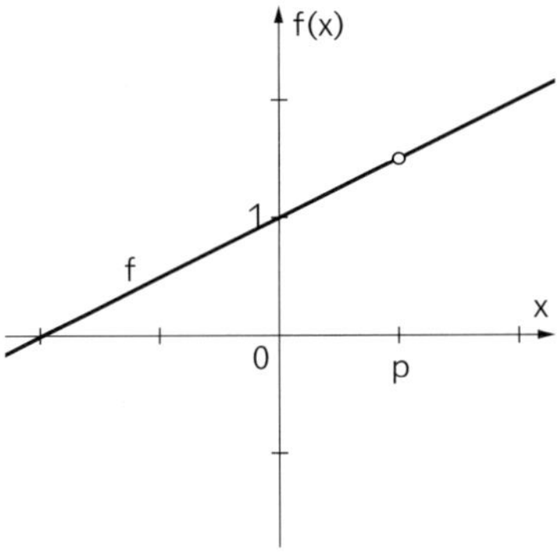

d)

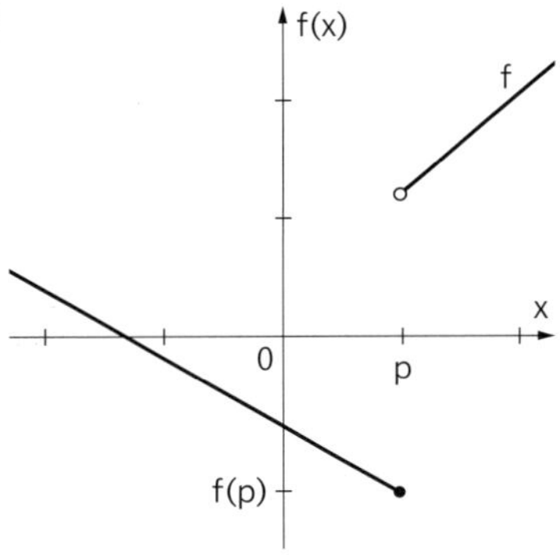

5.23

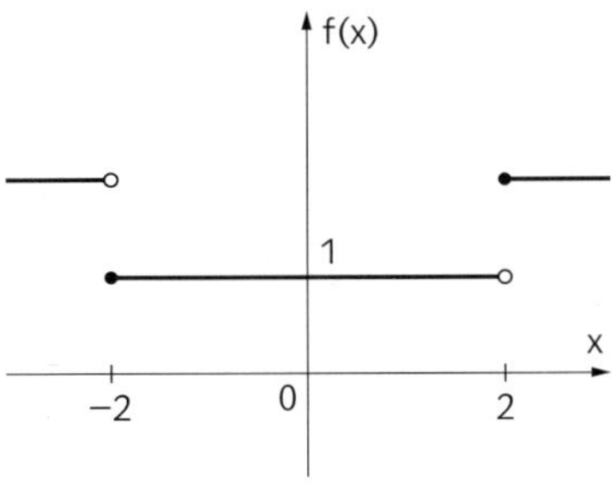

5.24 Für $x \neq p$ gilt: $f(x) = \frac{x^3 - p^3}{x - p} = \frac{(x - p) \cdot (x^2 + px + p^2)}{x - p} = x^2 + px + p^2$

Die Funktion $\bar{f}$: ℝ → ℝ mit $f(x) = x^2 + px + p^2$ ist auch an der Stelle p definiert, auf ganz ℝ stetig und es gilt $\bar{f}(x) = f(x)$ für alle $x \neq p$.

5.25 ☐ ☒
☒ ☐

6.1 Kreis und Kugel

6.03 a) $x^2 + y^2 = 9$
ZB: $(0 \mid 3), (0 \mid -3), (3 \mid 0), (-3 \mid 0), (1 \mid \sqrt{8}), (1 \mid -\sqrt{8}), (\sqrt{8} \mid 1), (-\sqrt{8} \mid 1)$
b) $(x-3)^2 + (y-1)^2 = 4$
ZB: $(3 \mid 3), (3 \mid -1), (5 \mid 1), (1 \mid 1), (0 \mid -1), (4 \mid 1+\sqrt{3}), (4 \mid 1-\sqrt{3})$
c) $(x+3)^2 + (y+3)^2 = 25$
ZB: $(-3 \mid 2), (2 \mid -3), (-3 \mid -8), (-8 \mid -3), (0 \mid 1), (1 \mid 0), (0 \mid -7), (-7 \mid 0)$
d) $x^2 + (y-2)^2 = 50$
ZB: $(5 \mid -3), (-5 \mid -3), (5 \mid 7), (-5 \mid 7), (7 \mid 1), (7 \mid 3), (1 \mid 9), (1 \mid -5)$
e) $(x-3)^2 + (y-2)^2 = 16$
ZB: $(3 \mid 6), (3 \mid -2), (-1 \mid 2), (7 \mid 2), (3+\sqrt{12} \mid 0), (3-\sqrt{12} \mid 0), (0 \mid 2+\sqrt{7}), (0 \mid 2-\sqrt{7})$
f) $(x-6)^2 + (y+1)^2 = 5$
ZB: $(8 \mid 0), (4 \mid 0), (7 \mid 1), (5 \mid 1), (6 \mid -1+\sqrt{5}), (6 \mid -1-\sqrt{5}),$
$(6+\sqrt{5} \mid -1), (6-\sqrt{5} \mid -1)$

6.04 a) $(x-7)^2 + (y-1)^2 = 65$
Schnittpunkte mit der 1. Achse: $(15 \mid 0), (-1 \mid 0)$
Schnittpunkte mit der 2. Achse: $(0 \mid 5), (0 \mid -3)$
b) $(x+9)^2 + (y+3)^2 = 130$
Schnittpunkte mit der 1. Achse: $(2 \mid 0), (-20 \mid 0)$
Schnittpunkte mit der 2. Achse: $(0 \mid 4), (0 \mid -10)$
c) $(x+5)^2 + (y-4)^2 = 16$
Schnittpunkt mit der 1. Achse: $(-5 \mid 0)$
Der Kreis schneidet die 2. Achse nicht.
d) $x^2 + y^2 = 5$
Schnittpunkte mit der 1. Achse: $(-\sqrt{5} \mid 0), (\sqrt{5} \mid 0)$
Schnittpunkte mit der 2. Achse: $(0 \mid -\sqrt{5}), (0 \mid \sqrt{5})$

6.05 a) $x^2 + y^2 = 10$
b) $(x-5)^2 + (y+2)^2 = 4$
c) $(x+2)^2 + (y+5)^2 = 25$
d) $(x-3)^2 + (y-7)^2 = 8$
e) $x^2 + (y+4)^2 = 26$
f) $(x+3)^2 + (y-6)^2 = 16$

6.06 a) 1) $(x+8)^2 + (y-3)^2 = 9$ 2) $(x+8)^2 + (y-3)^2 = 64$ 3) $(x+8)^2 + (y-3)^2 = 73$
b) 1) $(x+3)^2 + (y+4)^2 = 16$ 2) $(x+3)^2 + (y+4)^2 = 9$ 3) $(x+3)^2 + (y+4)^2 = 25$
c) 1) $(x-\sqrt{8})^2 + (y-1)^2 = 1$ 2) $(x-\sqrt{8})^2 + (y-1)^2 = 8$ 3) $(x-\sqrt{8})^2 + (y-1)^2 = 9$
d) 1) $(x-2)^2 + (y-2)^2 = 4$ 2) $(x-2)^2 + (y-2)^2 = 4$ 3) $(x-2)^2 + (y-2)^2 = 8$

6.07 a) $P = (5 \mid 10)$
b) $P = (5 \mid -10)$
c) $P = (8 \mid -\sqrt{61})$
d) $P = (-11 \mid -2)$
e) $P = (-2\sqrt{11} \mid 9)$
f) $P = (5\sqrt{5} \mid 0)$

6.08 a) … im Äußeren
b) … auf dem Kreis
c) … im Inneren
d) … im Äußeren
e) … im Inneren
f) … auf dem Kreis

6.09 a) $x^2 + (y-5)^2 = 34$
b) $(x+2)^2 + (y-3)^2 = 25$
c) $(x-2)^2 + (y-6)^2 = 20$
d) $(x-4)^2 + (y+7)^2 = 90$

6.10 a) $(x-6)^2 + (y-26)^2 = 442$
b) $(x-1)^2 + (y-2)^2 = 26$
c) $(x-2)^2 + (y-5)^2 = 116$
d) $(x-3)^2 + (y-8)^2 = 50$

6.11 a) $(x-7)^2 + (y+2)^2 = 85$
Schnittpunkte mit der 1. Achse: $(-2 \mid 0), (16 \mid 0)$
Schnittpunkte mit der 2. Achse: $(0 \mid 4), (0 \mid -8)$

b) $(x-1)^2+(y-5)^2=50$
Schnittpunkte mit der 1. Achse: (6 | 0), (−4 | 0)
Schnittpunkte mit der 2. Achse: (0 | 12), (0 | −2)

6.12 a) $P=(6|3)$, k: $(x+3)^2+(y-1)^2=85$
b) $P=(-2|2)$, k: $(x-8)^2+(y+3)^2=125$

6.13 a) $(x-3)^2+(y-3)^2=9$, $(x-15)^2+(y-15)^2=225$
b) $(x-2)^2+(y+2)^2=4$, $(x-10)^2+(y+10)^2=100$
c) $(x+5)^2+(y+5)^2=25$, $(x+13)^2+(y+13)^2=169$
d) $(x-4)^2+(y+4)^2=16$, $(x+4)^2+(y+4)^2=16$
Hinweis: Berührt ein Kreis mit dem Radius r beide Koordinatenachsen, so hat sein Mittelpunkt die Koordinaten $M=(\pm r|\pm r)$

6.14 a) $x^2+(y+2{,}5)^2=6{,}25$
b) $(x-5)^2+y^2=25$

6.15 a) $(x-3)^2+(y-5)^2=25$, $(x-11)^2+(y-5)^2=25$
b) $(x-5)^2+(y-4)^2=25$, $(x-5)^2+(y-10)^2=25$

6.16 a) $(x+11)^2+(y-25)^2=625$, $(x+1)^2+(y-5)^2=25$
b) $(x-10)^2+(y-5)^2=100$, $(x-2)^2+(y+3)^2=4$

6.17 a) $(x-6)^2+(y-4)^2=25$, $(x+2)^2+(y+2)^2=25$
b) $(x-2)^2+(y+4)^2=100$, $(x+10)^2+(y-12)^2=100$
c) $(x-7)^2+(y+8)^2=164$, $(x+9)^2+(y-12)^2=164$
d) $(x+1)^2+(y-5)^2=80$, $(x-15)^2+(y-13)^2=80$

6.18 a) $(x-1)^2+(y-2)^2=50$
b) $(x-2)^2+(y-1)^2=65$
c) $(x-1)^2+(y-3)^2=125$
d) $(x+5)^2+(y-6)^2=185$

6.19 a) $(x-5)^2+(y-2)^2=4$
b) $(x-1)^2+(y-3)^2=18$
c) $(x-4)^2+(y+1)^2=5$
d) $(x-1)^2+(y-6)^2=16$

6.20 a) $(x-8)^2+(y-6)^2=20$, $(x-3)^2+(y+9)^2=45$
b) $(x+2)^2+(y+3)^2=8$, $(x-4)^2+(y-5)^2=18$

6.21 a) $B=(-12|-7)$, g_{AB}: $x+3y=-33$, Berührpunkt: $P=(8|13)$
$(x-3)^2+(y+2)^2=250$
b) $B=(-6|9)$, g_{AB}: $2x+y=-3$, Berührpunkt: $P=(14|9)$
$(x-4)^2+(y-4)^2=125$

6.22 a) Inkreis: $(x-2)^2+(y-4)^2=9$
Ankreise: $(x-12)^2+(y-9)^2=64$, $(x+8)^2+(y-9)^2=64$, $(x-2)^2+(y+11)^2=144$
b) Inkreis: $(x-3)^2+(y-2)^2=16$
Ankreise: $(x-16)^2+(y-8{,}5)^2=20{,}25$, $(x+12)^2+(y-12)^2=196$, $(x-1)^2+(y+14)^2=144$
I ist stets der Höhenschnittpunkt des Dreiecks $I_aI_bI_c$.

6.25 a) Kreis mit $M=(-1|2)$, $r=\sqrt{14}$
b) Kreis mit $M=(3|1)$, $r=\sqrt{23}$
c) Kreis mit $M=(-5|-2)$, $r=\sqrt{30}$
d) Kreis mit $M=(1{,}5|-2)$, $r=4$
e) Kreis mit $M=(0|-2)$, $r=3$
f) Kreis mit $M=(-2{,}5|1{,}5)$, $r=\sqrt{18{,}5}$
g) Kreis mit $M=(1|-1)$, $r=\sqrt{3}$
h) Kreis mit $M=(0|-4)$, $r=5$

6.26
- ☒ $x^2+y^2-10x+10y-50=0$
- ☐ $x^2+y^2+8x-6y-125=0$
- ☐ $x^2+y^2-4x-84=0$
- ☒ $x^2+y^2-12x-16y=0$
- ☐ $x^2+y^2+30y-125=0$
- ☒ $x^2+y^2-40x+20y+400=0$

6.27 Gegebener Kreis: $(x+2)^2+(y-3)^2=45$, $M=(-2|3)$, $A=(4|6)$
Gesuchter Kreis: $x^2+(y+1)^2=20$

6.28 a) $(x-4)^2+(y+1)^2=64$ b) $(x-4)^2+(y+1)^2=4$

6.29 a) $(x+3)^2+(y+2)^2=26$ b) $(x+3)^2+(y+2)^2=40$ c) $(x+3)^2+(y+2)^2=5$ d) $(x+3)^2+(y+2)^2=49$

6.30 a) $(x-3)^2+(y+4)^2=16$ b) $(x-3)^2+(y+4)^2=9$ c) $(x-3)^2+(y+4)^2=25$

6.31 Gegebener Kreis: k: $(x-1)^2+(y-1)^2=40$
$M=(1|1)$, $A=(-1|-5)$, $B=(7|3)$, $C=(-1|7)$
a) Umkreis des Dreiecks ABM: $(x-6)^2+(y+4)^2=50$
b) Umkreis des Dreiecks ACM: $(x+9)^2+(y-1)^2=100$
c) Umkreis des Dreiecks BCM: $(x-3)^2+(y-5)^2=20$

6.34 a) $S_1=(-3|-4)$, $S_2=(4|3)$ b) $S_1=(1|8)$, $S_2=(-7|4)$ c) $S_1=(-1|11)$, $S_2=(3|-5)$ d) $S_1=(4|7)$, $S_2=(1|-2)$ e) $S_1=(-6|4)$, $S_2=(2|2)$ f) $S_1=(-2|2)$, $S_2=(10|-6)$

6.35 a) $S_1=(-5|-5)$, $S_2=(7|1)$ b) $S_1=(11|3)$, $S_2=(7|9)$ c) $S_1=(1|4)$, $S_2=(-1|2)$ d) $S_1=(4|1)$ e) $S_1=(10|-4)$, $S_2=(-5|-1)$ f) $S_1=(2|-2)$, $S_2=(-5|1)$

6.36 a) $P_1=(3|-2)$, $P_2=(-1|6)$ b) $P_1=(-5|3)$, $P_2=(4|6)$ c) $P_1=(7|2)$, $P_2=(-1|-4)$ d) $P_1=(3|8)$, $P_2=(6|-1)$ e) $P_1=(7|-7)$, $P_2=(-5|9)$ f) $P_1=(8|5)$, $P_2=(-12|-7)$

6.37 a) g ist Passante b) g ist Tangente c) g ist Passante d) g ist Sekante e) g ist Passante f) g ist Tangente

6.38
☐ $x^2+y^2=16$
☒ $x^2+y^2+4y=5$
☐ $(x-6)^2+(y+7)^2=25$
☒ $(x-4)^2+(y-4)^2=25$
☒ $(x-4)^2+(y-1)^2=9$
☐ $(x+3)^2+(y-2)^2=49$

6.39
☐ $4x+3y=21$
☒ $3x+4y=12$
☐ $4x-3y=3$
☒ $3x-4y=4$
☒ $3x+5y=10$
☒ $5x+3y=30$
☐ $5x-2y=4$
☒ $4x-5y=8$

6.40 a) $(3|2)$, $(10|9)$ b) $(1|-4)$ c) $(-5|8)$, $(1|6)$ d) $(-8|-9)$, $(12|3)$

6.41 1. Lösung: $(x-5)^2+(y-6)^2=58$,
2. Lösung: $(x-3)^2+(y-4)^2=26$

6.42 1) $A=(6|10)$, k_2: $(x-11)^2+(y-9)^2=26$ 2) $B=(10|4)$. Zeige: $\overrightarrow{AB}\cdot\overrightarrow{M_1M_2}=0$

6.43 a) $S_1=(1|7)$, $S_2=(7|9)$, $\overline{S_1S_2}=\sqrt{40}$ b) $S_1=(8|5)$, $S_2=(12|-1)$, $\overline{S_1S_2}=\sqrt{52}$
Hinweis: Von allen Sehnen, die durch den Punkt P verlaufen, ist jene am kürzesten, die auf den Durchmesser durch P normal steht.

6.44 a) $(6|4)$, $(7|1)$ b) $(8|3)$, $(2|9)$, $(6|7)$, $(-4|-3)$

6.45 a) $y=2x-10$, $S_1=(1|-8)$, $S_2=(7|4)$, $y=2x+10$, $S_3=(-1|8)$, $S_4=(-7|-4)$
b) $x+y=10$, $S_1=(5|5)$, $S_2=(3|7)$, $x+y=-2$, $S_3=(-3|1)$, $S_4=(-1|-1)$

6.46 a) $(x+1)^2+(y-3)^2=58$, $(x+5)^2+(y+7)^2=58$
b) $(x-2)^2+(y-18)^2=290$, $(x+8)^2+(y+12)^2=290$

6.47 $P_1=(-7|1)$, $P_2=(8|-2)$

6.48 a) $S_1=(-11|5)$, $S_2=(7|-1)$, $\alpha\approx 112{,}62°$, Flächeninhalt $\approx 127{,}76$
b) $S_1=(-5|-6)$, $S_2=(7|-12)$, $\alpha\approx 143{,}13°$, Flächeninhalt $\approx 47{,}45$

6.49 Siehe Abb. rechts:
$M_{AB} = (2|-2)$, $M_{AC} = (-2|6)$, $M_{BC} = (7|3)$
Umkreis von $M_{AB}M_{AC}M_{BC}$: $(x-2)^2 + (y-3)^2 = 25$
h_a: $x - 2y = -9$, $k \cap h_a$: $H_a = (5|7)$, $M_{AH} = (-3|3)$
h_b: $x + y = 6$, $k \cap h_b$: $H_b = (-1|7)$, $M_{BH} = (6|0)$
h_c: $3x - y = -2$, $k \cap h_c$: $H_c = (-1|-1)$, $M_{CH} = (2|8)$
Die Schnittpunkte $H_a = (5|7)$, $H_b = (-1|7)$ und $H_c = (-1|-1)$ sind die Höhenfußpunkte des Dreiecks ABC. Die anderen drei Schnittpunkte sind die Mittelpunkte der Strecken AH, BH und CH.

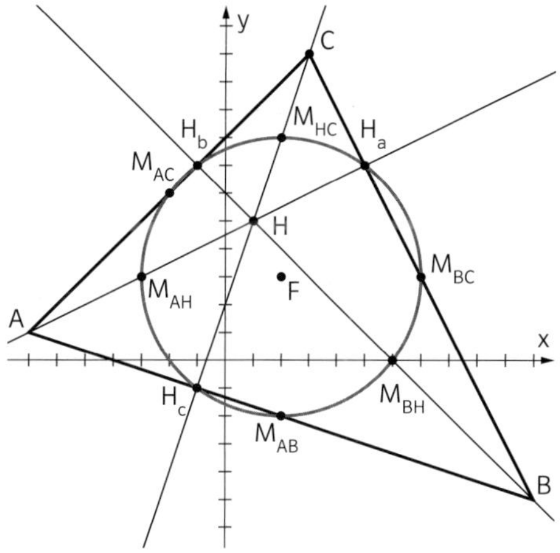

Hinweis: In jedem Dreieck ABC liegen auf dem Kreis durch die drei Seitenmittelpunkte M_{AB}, M_{AC}, M_{BC} sechs weitere „besondere“ Punkte des Dreiecks, nämlich die drei Höhenfußpunkte H_a, H_b, H_c sowie die Mittelpunkte der Strecken AH, BH und CH. Dieser Kreis wird daher als **„Neunpunktekreis“** (oder auch als **Feuerbachkreis**) des Dreiecks ABC bezeichnet.

6.50 $a = 0 \lor a = 20$

6.51 **1)** $a < \frac{1}{3} \lor a > 3$ **2)** $a = \frac{1}{3} \lor a = 3$ **3)** $\frac{1}{3} < a < 3$

6.52 **a)** $c = -25 \lor c = 25$ **b)** $c = 0 \lor c = 4$

6.53 $r^2 \cdot (k^2 + 1) = d^2$

6.54 **a)** ZB: $(x-5)^2 + (y-4)^2 = 4$
b) ZB: $(x-3)^2 + (y-8)^2 = 16$
c) ZB: $(x-2)^2 + (y-1)^2 = 25$
d) ZB: $(x-10)^2 + (y-7)^2 = 50$
e) ZB: $(x-6)^2 + (y-3)^2 = 18$
f) ZB: $(x-5)^2 + (y-2)^2 = 8$

6.56 **a)** $P = (-8|6)$, t: $4x - 3y = -50$
b) $P = (7|8)$, t: $5x + 12y = 131$
c) $P = (7|-5)$, t: $4x - 7y = 63$
d) $P = (10|0)$, t: $3x + y = 30$
e) $P = (-11|-2)$, t: $3x - y = -31$
f) $P = (-3|3)$, t: $x - y = -6$

6.57 **1)** $P_1 = (10|0)$, $P_2 = (-2|0)$ **2)** t_1: $3x + y = 30$, t_2: $3x - y = -6$

6.58 **a)** t: $4x + 3y = 24$, Flächeninhalt = 24 **b)** t: $8x + y = 68$, Flächeninhalt = 289

6.59 **a)** t: $x + 4y = -17$, $d = 3\sqrt{17} \approx 12{,}37$ **b)** t: $x + y = 2$, $d = \frac{5}{\sqrt{2}} \approx 3{,}54$

6.60 **a)** $x^2 + y^2 = 10$ **b)** $x^2 + y^2 = 13$ **c)** $x^2 + y^2 = 20$

6.61 **a)** $S_1 = (-1|2)$, $S_2 = (3|8)$, t_1: $5x + y = -3$, t_2: $x - 5y = -37$
b) $S_1 = (2|10)$, $S_2 = (6|2)$, t_1: $4x + 7y = 78$, t_2: $8x - y = 46$
c) $S_1 = (-4|7)$, $S_2 = (12|-1)$, t_1: $7x - 6y = -70$, t_2: $9x - 2y = 110$
d) $S_1 = (0|-10)$, $S_2 = (-6|8)$, t_1: $y = -10$, t_2: $3x - 4y = -50$

6.62 **a)** k: $(x-3)^2 + (y-8)^2 = 50$
t_A: $x + y = 1$, t_B: $7x + y = 79$, t_C: $x - 7y = -103$
Schnittpunkte der Tangenten in A, B, C: $(9|16)$, $(-12|13)$, $(13|-12)$; Flächeninhalt = 300
b) k: $(x-1)^2 + (y+2)^2 = 10$,
t_A: $3x - y = -5$, t_B: $x + 3y = -15$, t_C: $3x + y = 11$
Schnittpunkte der Tangenten in A, B, C: $(1|8)$, $(-3|-4)$, $(6|-7)$; Flächeninhalt = 60

6.63 Tangente in P: $p_1x + p_2y = r^2$, Tangente in Q: $q_1x + q_2y = r^2$
$S = \left(\frac{r^2(q_2 - p_2)}{p_1q_2 - q_1p_2} \middle| -\frac{r^2(q_1 - p_1)}{p_1q_2 - q_1p_2}\right)$. Zeige, dass $\overrightarrow{OS} \cdot \overrightarrow{PQ} = 0$ ist!

6.64 1) Tangente in P_1: t_1: $ax + by = a^2 + b^2$, Tangente in P_2: t_2: $bx - ay = a^2 + b^2$
$(a|b) \cdot (b|-a) = 0 \Rightarrow t_1 \perp t_2$

2) Tangente in P_3: $bx + ay = a^2 + b^2$,

$S_{12} = (a + b|b - a)$, $S_{13} = \left(\frac{a^2+b^2}{a+b} \middle| \frac{a^2+b^2}{a+b}\right)$, $S_{23} = \left(\frac{a^2+b^2}{b} \middle| 0\right)$

3) $OP_1S_{12}P_2$: Flächeninhalt $= a^2 + b^2$,

$OP_1S_{13}P_3$: Flächeninhalt $= \frac{b-a}{a+b} \cdot (a^2 + b^2)$

$OP_2S_{23}P_3$: Flächeninhalt $= \frac{a}{b} \cdot (a^2 + b^2)$

6.65 1) k: $(x + 2)^2 + (y - 4)^2 = 68$
2) t_A: $4x + y = 30$, t_B: $x - 4y = 16$
3) 90°
4) $t_A \cap t_B$: $S = (8|-2)$, $\text{Flächeninhalt}_{\Delta ABS} = 34$

6.67 a) t_1: $2x + y = 10$, $P_1 = (4|2)$, t_2: $2x - y = 10$, $P_2 = (4|-2)$
b) t_1: $x + 3y = 8$, $P_1 = (2|2)$, t_2: $3x - y = 14$, $P_2 = (4|-2)$
c) t_1: $4x + 7y = 51$, $P_1 = (4|5)$, t_2: $7x - 4y = 73$, $P_2 = (7|-6)$
d) t_1: $9x + 2y = 87$, $P_1 = (11|-6)$, t_2: $7x - 6y = -23$, $P_2 = (-5|-2)$

6.68 $Q = (5|-2)$, $P = (2|4)$, t: $2x + y = 8$, $P' = (-1|1)$, t': $x + 2y = 1$

6.69 $\varphi \approx 126{,}87°$

6.70 1) $Q = (-9|-7)$
2) Ca. 71,6° bzw. 108,4°

6.71 a) 1) $P_1 = (0|5)$, $P_2 = (4|-3)$
2) t_1: $y = 5$, t_2: $4x - 3y = 25$
3) $\varphi \approx 53{,}13°$
4) Flächeninhalt = 40
5) $\overline{QP_1} = \overline{QP_2} = 10$; $\overline{P_1P_2} = \sqrt{80} \approx 8{,}94$

b) 1) $P_1 = (-5|-5)$, $P_2 = (7|1)$
2) t_1: $x + y = -10$, t_2: $7x + y = 50$
3) $\varphi \approx 36{,}87°$
4) Flächeninhalt = 135
5) $\overline{QP_1} = \overline{QP_2} = \sqrt{450} \approx 21{,}21$; $\overline{P_1P_2} = \sqrt{180} \approx 13{,}42$

c) 1) $P_1 = (2|7)$, $P_2 = (-6|-5)$
2) t_1: $7x + 4y = 42$, t_2: $x + 8y = -46$
3) $\varphi \approx 53{,}13°$
4) Flächeninhalt = 104
5) $\overline{QP_1} = \overline{QP_2} = \sqrt{260} \approx 16{,}12$; $\overline{P_1P_2} = \sqrt{208} \approx 14{,}42$

d) 1) $P_1 = (7|9)$, $P_2 = (2|-6)$
2) t_1: $2x + y = 23$, t_2: $x - 2y = 14$
3) $\varphi = 90°$
4) Flächeninhalt = 62,5
5) $\overline{QP_1} = \overline{QP_2} = \sqrt{125} \approx 11{,}18$; $\overline{P_1P_2} = \sqrt{250} \approx 15{,}81$

6.72 a) $P_1 = (2|6)$, $P_2 = (-6|-2)$, t_1: $x + 3y = 20$, t_2: $3x + y = -20$
$P_3 = (-2|-6)$, $P_4 = (6|2)$, t_3: $x + 3y = -20$, t_4: $3x + y = 20$
Eckpunkte der Raute: $(-10|10)$, $(5|5)$, $(10|-10)$, $(-5|-5)$, Flächeninhalt = 200

b) $P_1 = (1|7)$, $P_2 = (5|-5)$, t_1: $x + 7y = 50$, t_2: $x - y = 10$
$P_3 = (-1|-7)$, $P_4 = (-5|5)$, t_3: $x + 7y = -50$, t_4: $x - y = -10$
Eckpunkte der Raute: $(15|5)$, $(-2{,}5|7{,}5)$, $(-15|-5)$, $(2{,}5|-7{,}5)$, Flächeninhalt = 250

6.74 a) $P = (2|7)$, $P' = (-10|-1)$, t: $3x + 2y = 20$, t': $3x + 2y = -32$
b) $P = (-10|10)$, $P' = (14|-8)$, t: $4x - 3y = -70$, t': $4x - 3y = 80$
c) $P = (8|2)$, $P' = (-8|-2)$, t: $4x + y = 34$, t': $4x + y = -34$
d) $P = (-1|0)$, $P' = (-1|-6)$, t: $y = 0$, t': $y = -6$

6.75 a) t: $3x + 2y = 14$, $P = (4|1)$; t': $3x + 2y = -12$, $P' = (-2|-3)$
b) t: $2x + y = 18$, $P = (7|4)$; t': $2x + y = -32$, $P' = (-13|-6)$
c) t: $x - 2y = 8$, $P = (4|-2)$; t': $x - 2y = -22$, $P' = (-2|10)$
d) t: $3x - 5y = 23$, $P = (1|-4)$; t': $3x - 5y = -45$, $P' = (-5|6)$

6.76 a) t: $12x + 5y = 143$, $P = (9 | 7)$; t': $12x + 5y = -195$, $P' = (-15 | -3)$
b) t: $7x + y = 76$, $P = (10 | 6)$; t': $7x + y = -124$, $P' = (-18 | 2)$
c) t: $3x - y = -30$, $P = (-9 | 3)$; t': $3x - y = 30$, $P' = (9 | -3)$
d) t: $2x - 3y = -89$, $P = (-16 | 19)$; t': $2x - 3y = 41$, $P' = (4 | -11)$

6.77 a) t: $4x + 3y = 61$, t': $4x + 3y = -39$
b) t: $x + 2y = 8$, t': $x + 2y = -12$
c) t: $3x - 2y = 18$, t': $3x - 2y = -8$
d) t: $2x + 4y = 25$, t': $2x + 4y = -25$

6.78 $\sphericalangle (g,t) = \sphericalangle PMQ$ (zueinander normale Winkel)
$\sphericalangle PMQ = \sphericalangle QMP'$ (da das Dreieck PMP' gleichschenkelig ist)
$\sphericalangle QMP' = \sphericalangle (g, t')$ (zueinander normale Winkel)
Also: $\sphericalangle (g,t) = \sphericalangle (g, t')$

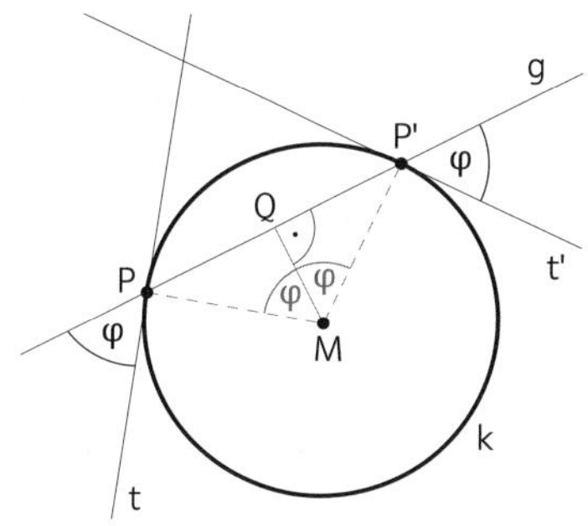

6.79 a) $S_1 = (11 | 7)$, $S_2 = (-1 | 13)$, $\varphi \approx 31{,}0°$
b) $S_1 = (7 | -6)$, $S_2 = (4 | 1)$, $\varphi \approx 18{,}43°$
c) $S_1 = (4 | 7)$, $S_2 = (2 | 1)$, $\varphi = 45°$
d) $S_1 = (-7 | 3)$, $S_2 = (3 | 7)$, $\varphi \approx 33{,}1°$
e) $S_1 = (15 | 13)$, $S_2 = (7 | -3)$, $\varphi \approx 53{,}1°$
f) $S_1 = (7 | 7)$, $S_2 = (-2 | 4)$, $\varphi \approx 71{,}6°$

6.81 a) $S_1 = (3 | 1)$, $S_2 = (7 | 9)$
b) $S_1 = (4 | 2)$, $S_2 = (-2 | -6)$
c) $S_1 = (7 | -3)$, $S_2 = (4 | 2)$
d) $S_1 = \left(-\frac{3}{2} \middle| 1\right)$, $S_2 = \left(\frac{7}{2} \middle| -1\right)$

6.82 a) $P_1 = (-3 | 12)$, $P_2 = (-3 | -12)$
b) $P_1 = (2 | 6)$, $P_2 = (6 | 2)$
c) $P_1 = (1 | 4)$, $P_2 = (-1 | -2)$
d) $P_1 = (-2 | 6)$, $P_2 = (-6 | -2)$

6.83 a) k_1: $(x + 3)^2 + (y + 4)^2 = 65$, k_2: $(x - 1)^2 + (y - 4)^2 = 25$, $S_1 = (4 | 0)$, $S_2 = (-4 | 4)$
b) k_1: $(x + 3)^2 + (y - 2)^2 = 26$, k_2: $(x - 5)^2 + (y + 2)^2 = 34$, $S_1 = (2 | 3)$, $S_2 = \left(-\frac{4}{5} \middle| -\frac{13}{5}\right)$
c) k_1: $(x + 3)^2 + (y - 3)^2 = 50$, k_2: $x^2 + (y - 12)^2 = 80$, $S_1 = (4 | 4)$, $S_2 = (-8 | 8)$

6.84 k_1: $x^2 + (y - 4)^2 = 26$, k_2: $(x - 6)^2 + y^2 = 10$, $S_1 = (5 | 3)$, $S_2 = \left(\frac{37}{13} \middle| -\frac{3}{13}\right)$

6.85 a) k_2 liegt im Äußeren von k_1.
b) k_1 berührt k_2 von innen. Berührpunkt: $B = (4 | 4)$
c) k_1 und k_2 schneiden einander in zwei Punkten. Schnittpunkte: $S_1 = (5 | 5)$, $S_2 = (-1 | 1)$
d) k_2 liegt im Äußeren von k_1.
e) k_1 und k_2 schneiden einander in zwei Punkten. Schnittpunkte: $S_1 = (0 | 6)$, $S_2 = (4 | 2)$
f) k_1 liegt im Inneren von k_2.
g) k_2 liegt im Inneren von k_1.
h) k_1 und k_2 sind konzentrisch. k_2 liegt im Inneren von k_1.

6.86 a) $S_1 = (9 | 2)$, $S_2 = (7 | 6)$, $\varphi \approx 59{,}04°$
b) $S_1 = (2 | 5)$, $S_2 = (3 | 2)$, $\varphi \approx 36{,}87°$
c) $S_1 = (8 | -3)$, $S_2 = (9 | 2)$, $\varphi \approx 63{,}43°$

6.88 a) $(x - 3)^2 + y^2 + (z + 2)^2 = 9$
b) $(x + 2)^2 + y^2 + (z + 2)^2 = 4$
c) $(x - 4)^2 + (y + 1)^2 + (z + 2)^2 = 36$
d) $(x + 3)^2 + (y - 2)^2 + (z + 7)^2 = 25$
e) $x^2 + y^2 + z^2 = 3$
f) $(x - 0{,}5)^2 + (y + 0{,}5)^2 + (z + 2)^2 = 3$

6.89 a) $(x - 1)^2 + (y - 2)^2 + (z - 3)^2 = 9$
b) $(x - 1)^2 + (y - 2)^2 + (z - 1)^2 = 2$
c) $(x + 3)^2 + (y - 2)^2 + (z - 5)^2 = 3$
d) $(x - 8)^2 + y^2 + (z + 7)^2 = 6$
e) $(x - 2)^2 + (y + 4)^2 + (z - 7)^2 = 6$
f) $(x - 2)^2 + (y - 5)^2 + (z - 4)^2 = 25$

6.90 a) $(x - 4)^2 + (y + 2)^2 + (z - 5)^2 = 25$
b) $(x - 4)^2 + (y + 2)^2 + (z - 5)^2 = 4$
c) $(x - 4)^2 + (y + 2)^2 + (z - 5)^2 = 16$

6.91 a) $x^2 + y^2 + (z - r)^2 = r^2, \quad x^2 + y^2 + (z + r)^2 = r^2$
b) $x^2 + (y - r)^2 + z^2 = r^2, \quad x^2 + (y + r)^2 + z^2 = r^2$
c) $(x - r)^2 + y^2 + z^2 = r^2, \quad (x + r)^2 + y^2 + z^2 = r^2$

6.92 a) $x^2 + y^2 + (z + 9)^2 = 81$
b) $x^2 + (y - 18)^2 + z^2 = 324$
c) $(x - 9)^2 + y^2 + z^2 = 81$

6.93 a) $(x - 4)^2 + (y - 3)^2 + (z - 2)^2 = 18$
b) $(x - 1)^2 + (y + 2)^2 + (z - 2)^2 = 6$
c) $(x - 7)^2 + y^2 + (z + 2{,}5)^2 = 8{,}25$
d) $(x - 1)^2 + (y - 8)^2 + (z - 3)^2 = 1$
e) $x^2 + y^2 + (z + 3)^2 = 14$
f) $(x - 2)^2 + (y - 1)^2 + (z - 2)^2 = 14$

6.94 a) $x^2 + y^2 + z^2 = 25$
ZB: $P_1 = (5|0|0)$, $P_2 = (-5|0|0)$, $P_3 = (0|5|0)$, $P_4 = (0|-5|0)$,
$P_5 = (0|0|5)$, $P_6 = (0|0|-5)$, $P_7 = (4|3|0)$, $P_8 = (3|0|4)$
b) $x^2 + y^2 + z^2 = 101$
ZB: $P_1 = (10|0|1)$, $P_2 = (0|-10|1)$, $P_3 = (9|4|2)$, $P_4 = (4|-2|-9)$,
$P_5 = (6|8|1)$, $P_6 = (1|8|6)$, $P_7 = (-4|-6|-7)$, $P_8 = (6|7|-4)$
c) $(x - 1)^2 + (y + 1)^2 + (z - 4)^2 = 9$
ZB: $P_1 = (4|-1|4)$, $P_2 = (-2|-1|4)$, $P_3 = (1|2|4)$, $P_4 = (1|-4|4)$,
$P_5 = (1|-1|7)$, $P_6 = (1|-1|1)$, $P_7 = (3|1|5)$, $P_8 = (-1|-3|3)$
d) $(x - 1)^2 + (y - 1)^2 + (z - 1)^2 = 5$
ZB: $P_1 = (1|2|3)$, $P_2 = (1|3|2)$, $P_3 = (2|1|3)$, $P_4 = (2|3|1)$,
$P_5 = (3|1|2)$, $P_6 = (3|2|1)$, $P_7 = (1|0|3)$, $P_8 = (1|3|0)$
e) $(x - 2)^2 + (y + 3)^2 + (z + 4)^2 = 16$
ZB: $P_1 = (6|-3|-4)$, $P_2 = (-2|-3|-4)$, $P_3 = (2|1|-4)$, $P_4 = (2|-7|-4)$,
$P_5 = (2|-3|0)$, $P_6 = (2|-3|-8)$, $P_7 = (0|0|\sqrt{3} - 4)$, $P_8 = (4|-6|\sqrt{3} - 4)$
f) $x^2 + y^2 + (z + 3)^2 = 49$
ZB: $P_1 = (7|0|-3)$, $P_2 = (0|7|-3)$, $P_3 = (0|0|4)$, $P_4 = (6|2|0)$,
$P_5 = (-2|-6|-6)$, $P_6 = (3|2|3)$, $P_7 = (2|3|3)$, $P_8 = (-2|3|-9)$

6.95 a) P liegt im Äußeren von K.
b) P liegt im Inneren von K.
c) P liegt auf K.
d) P liegt auf K.
e) P liegt im Inneren von K.
f) P liegt im Äußeren von K.
g) P liegt auf K.
h) P liegt im Inneren von K.

6.96 a) $P = (2|5|2)$, $Q = (1|4|4)$
b) $P = (3|-2|8)$, $Q = (7|-3|-5)$
c) $P = (1|-14|5)$, $Q = (7|-11|4)$
d) $P = (5|8|8)$, $Q = (6|-6|9)$

6.97
☒ (5|12|7) ☐ (12|11|–1) ☐ (9|–3|5) ☒ (7|9|–12) ☐ (4|–8|1)
☒ (11|9|4) ☒ (3|–2|9) ☐ (10|7|7) ☒ (5|–8|–1) ☒ (–10|10|–4)

6.98 a) $x^2 + y^2 + z^2 = 53$, $4x + 6y + z = 53$
b) $x^2 + y^2 + z^2 = 9$, $x - 2y - 2z = 9$
c) $x^2 + y^2 + (z - 1)^2 = 64$, $x = 8$
d) $(x - 3)^2 + (y + 2)^2 + (z + 5)^2 = 9$, $2x + 2y - z = 16$
e) $(x - 1)^2 + (y - 1)^2 + (z - 2)^2 = 169$, $12x + 5z = 191$
f) $(x + 1)^2 + (y + 2)^2 + (z + 3)^2 = 24$, $x - y + 2z = 7$

6.99 a) $(x + 6)^2 + (y - 5)^2 + (z - 1)^2 = 84$
b) $(x - 2)^2 + (y - 4)^2 + (z + 1)^2 = 75$
c) $(x + 5)^2 + (y - 3)^2 + (z - 1)^2 = 80$
d) $(x - 2)^2 + (y - 7)^2 + (z + 10)^2 = 99$
e) $x^2 + y^2 + z^2 = 36$
f) $(x - 3)^2 + (y - 1)^2 + (z - 5)^2 = 68$

6.100 a) $S_1 = (3|6|0)$, $S_2 = (2|8|-3)$
b) $S_1 = (3|1|4)$, $S_2 = (-1|3|12)$

6.101 a) K_1: $(x + 6)^2 + (y + 4)^2 + (z - 1)^2 = 225$, K_2: $(x - 14)^2 + (y - 16)^2 + (z - 11)^2 = 225$
b) K_1: $(x - 7)^2 + (y - 3)^2 + (z + 3)^2 = 27$, K_2: $(x - 1)^2 + (y + 3)^2 + (z - 3)^2 = 27$

6.102 a) $(x-1)^2+(y-1)^2+(z+8)^2=49$ b) $(x-1)^2+(y-2)^2+(z+4)^2=86$

6.103 a) $(x-10)^2+(y+4)^2+(z+8)^2=30$ b) $(x-1)^2+(y-2)^2+(z-6)^2=20$

6.104 a) $(x-2)^2+(y-4)^2+(z-5)^2=59$
b) $(x-2)^2+(y-2)^2+(z-3)^2=38$
c) $(x-3)^2+(y-2)^2+(z-4)^2=101$

6.105 a) $(x-5)^2+(y+2)^2+(z-1)^2=49$ b) $(x-2)^2+(y+1)^2+(z-5)^2=69$

6.106 a) K: $(x-1)^2+(y+5)^2+(z-8)^2=9$
K_1: $(x-7)^2+(y+2)^2+(z-2)^2=36$, $P_1=(3\,|\,-4\,|\,6)$, $2x+y-2z=-10$
K_2: $(x-7)^2+(y+2)^2+(z-2)^2=144$, $P_2=(-1\,|\,-6\,|\,10)$, $2x+y-2z=-28$
b) K: $(x-1)^2+(y-3)^2+(z+5)^2=126$,
K_1: $(x-5)^2+(y-11)^2+(z-7)^2=14$, $P_1=(4\,|\,9\,|\,4)$, $x+2y+3z=34$
K_2: $(x-5)^2+(y-11)^2+(z-7)^2=686$, $P_2=(-2\,|\,-3\,|\,-14)$, $x+2y+3z=-50$

6.107 $a^2+b^2+c^2>4d$

6.108 a) $M=(2\,|\,3\,|\,-4)$, $r=5$
b) $M=\left(\frac{1}{2}\,\middle|\,\frac{5}{2}\,\middle|\,-\frac{1}{2}\right)$, $r=\frac{1}{2}\sqrt{39}$
c) $M=\left(\frac{1}{2}\,\middle|\,-\frac{3}{2}\,\middle|\,0\right)$, $r=\frac{1}{2}\sqrt{10}$
d) keine Kugel
e) keine Kugel
f) $M=(2\,|\,-3\,|\,-4)$, $r=5$

6.109 a) $(x-m_1)^2+(y-m_2)^2=r^2$ b) $x^2+y^2=r^2$ Siehe Seite 119, Nr. 6.01!

6.110 Siehe Seite 123!

6.111 1) Siehe Seite 126! 2) Siehe Seite 126, Nr. 6.55! 3) Siehe Seite 129, Nr. 6.73!

6.112 $(x-m_1)^2+(y-m_2)^2+(z-m_3)^2=r^2$

6.113 Siehe Seite 133!

6.115 k_1: $(x+16)^2+(y-4)^2=16$
k_2: $(x+13)^2+(y+5)^2=9$
k_3: $(x+7)^2+(y-3)^2=8$
k_4: $(x-2)^2+y^2=64$
k_5: $(x-3)^2+(y-5)^2=4$
k_6: $x^2+(y+4)^2=9$
k_7: $(x-10)^2+y^2=20$
k_8: $(x-16)^2+(y-5)^2=5$
k_9: $(x-15)^2+(y+5)^2=13$

6.116 ☒ $(2\,|\,-1)$ ☐ $(-8\,|\,8)$ ☒ $(4\,|\,9)$ ☐ $(-1\,|\,11)$ ☒ $(3\,|\,0)$

6.117 a) $M=(-6\,|\,1)$, $r=2$ b) $M=(2{,}5\,|\,1)$, $r=1{,}5$ c) kein Kreis

6.118 a) $P=(9\,|\,3)$, $Q=(-1\,|\,5)$
b) $P=(10\,|\,-6)$, $Q=(-4\,|\,8)$

6.119 a) Siehe Abb. rechts!
b) $M=(-1\,|\,-5)$, k: $(x+1)^2+(y+5)^2=85$

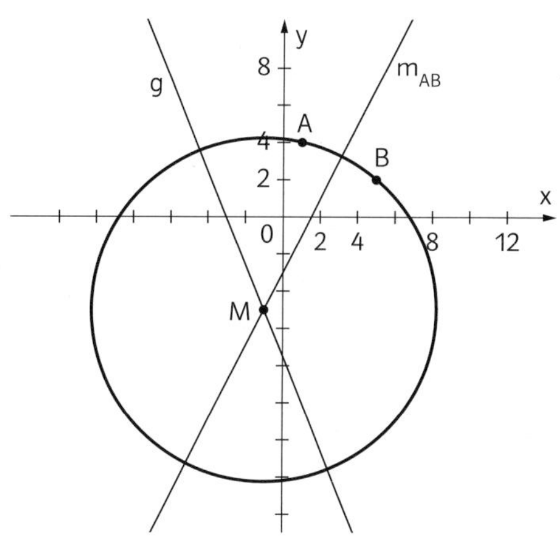

6.120 a) $(x-3)^2+(y-2)^2=40$
b) $(x+5)^2+(y-1)^2=117$

6.121 a) $(x-2)^2+(y+4)^2=125$
b) $(x-2)^2+(y-5)^2=65$

6.122 $(x-3)^2+(y+5)^2=50$

6.123 **1)** Siehe Abb. rechts!

2) k_1: $x^2 + y^2 = 25$, k_2: $x^2 + y^2 = 100$
$P = (8|6)$, g: $3x - 4y = 0$,
k: $(x - 6)^2 + (y - 4{,}5)^2 = 6{,}25$

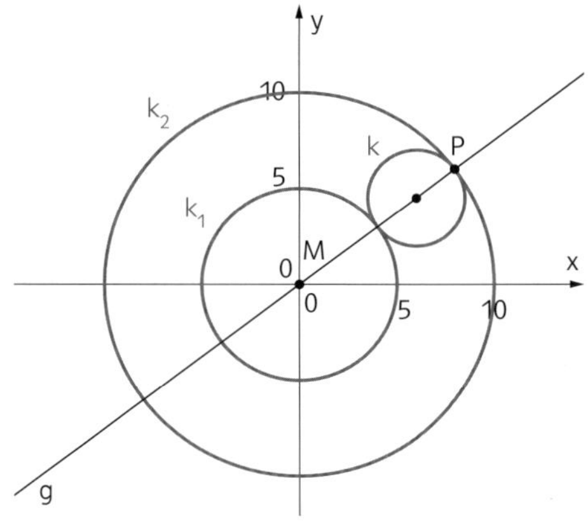

6.124 **a)** $S_1 = (-3|2)$, $S_2 = (9|-2)$
b) $S_1 = (2|7)$, $S_2 = (8|-3)$
c) $S_1 = (7|-10)$, $S_2 = (-5|8)$

6.125 **a)** k: $x^2 + y^2 = 20$, t: $2x + y = 10$
b) k: $(x + 3)^2 + (y - 1)^2 = 153$, t: $4x - y = 38$
c) k: $x^2 + (y + 4)^2 = 45$, t: $x - 2y = -7$

6.126 ☐ $2x - y = 10$ ☒ $x + y = 3$ ☐ $7x + y = 27$ ☒ $7y - x = 1$

6.127 **a)** $P_1 = (4|4)$, $P_2 = (-2|-4)$ **b)** $P_3 = (-4|0)$, $P_4 = (6|0)$

6.128 **a)** K: $x^2 + y^2 + z^2 = 81$, E: $x - 2y + 2z = 27$
b) K: $(x - 2)^2 + y^2 + (z + 3)^2 = 56$, E: $3x + 2y - z = 37$
c) K: $(x - 1)^2 + (y - 1)^2 + (z - 2)^2 = 13$, E: $2x + 3z = 21$

6.129 **a)** $x^2 + y^2 + z^2 = 29$,
ZB: $P_1 = (-2|-3|4)$, $P_2 = (4|2|3)$, $P_3 = (-4|-2|-3)$, $P_4 = (2|4|3)$,
$P_5 = (5|2|0)$, $P_6 = (2|0|5)$, $P_7 = (-5|0|2)$, $P_8 = (0|-2|-5)$
b) $(x - 2)^2 + (y - 1)^2 + (z - 1)^2 = 33$,
ZB: $P_1 = (3|5|5)$, $P_2 = (6|0|5)$, $P_3 = (1|5|-3)$,
$P_4 = (7|3|3)$, $P_5 = (4|6|3)$, $P_6 = (-3|3|-1)$, $P_7 = (0|6|-1)$, $P_8 = (4|-1|-4)$
c) $(x - 6)^2 + (y + 1)^2 + (z - 4)^2 = 45$,
ZB: $P_1 = (2|4|6)$, $P_2 = (10|4|2)$, $P_3 = (8|-6|8)$,
$P_4 = (4|3|9)$, $P_5 = (12|2|4)$, $P_6 = (9|-1|10)$, $P_7 = (6|-4|-2)$, $P_8 = (0|-1|1)$

6.130 **a)** $(x - 2)^2 + (y + 6)^2 + (z - 1)^2 = 150$ **b)** $(x + 3)^2 + (y - 8)^2 + (z - 2)^2 = 126$

7 Ellipse, Hyperbel und Parabel

7.01 $2b = 8$

7.02 a)

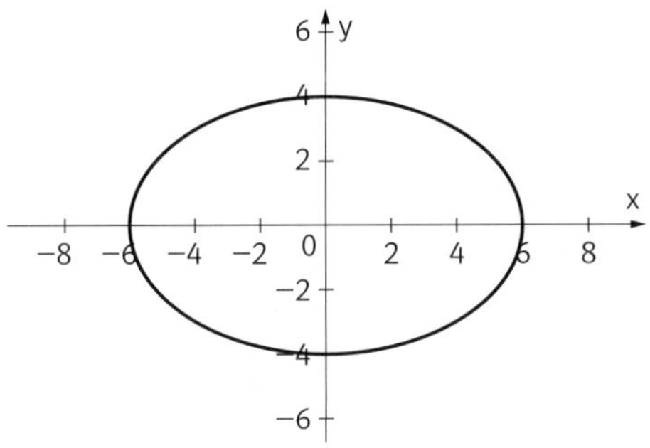

c)

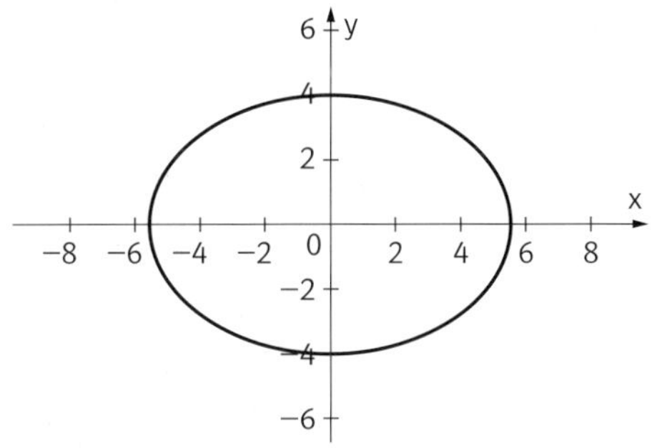

b)

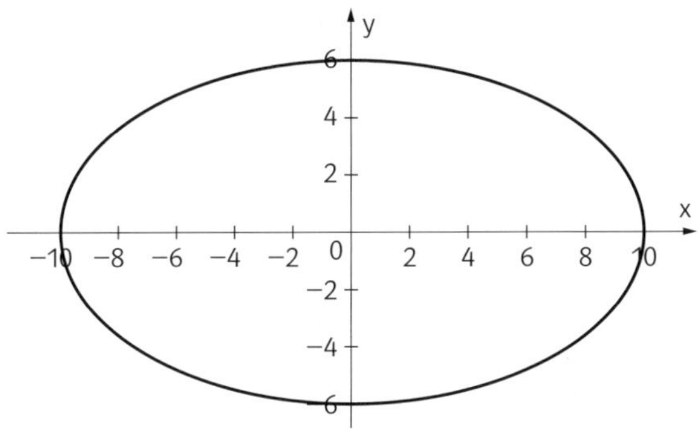

7.03 a)

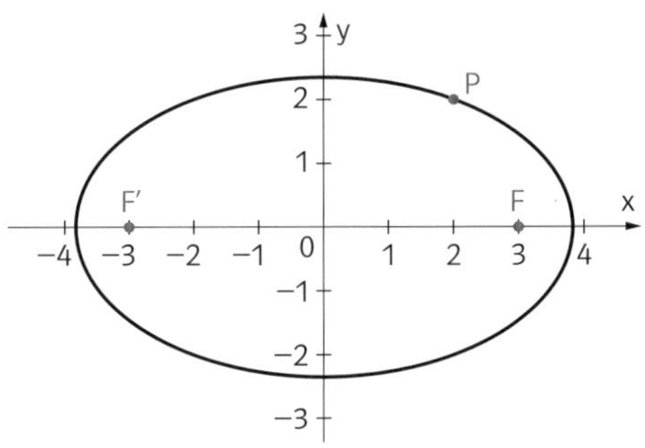

b)

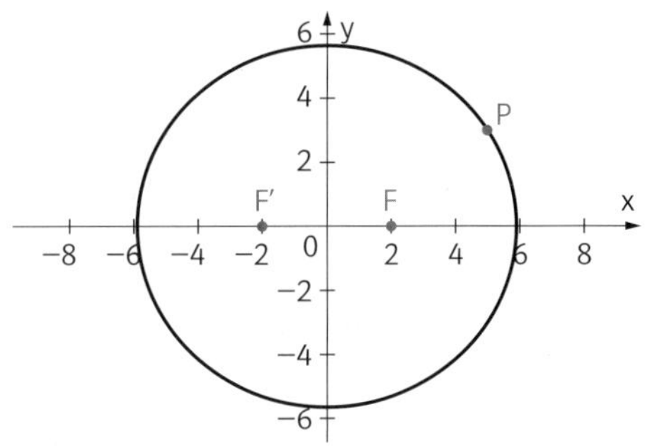

7.04

a) $b \approx 0{,}379$ AE
größte Entfernung von der Sonne $\approx 0{,}467$ AE kleinste Entfernung von der Sonne $\approx 0{,}307$ AE

b) $b \approx 0{,}720$ AE
größte Entfernung von der Sonne $\approx 0{,}725$ AE kleinste Entfernung von der Sonne $\approx 0{,}715$ AE

c) $b \approx 1{,}00$ AE
größte Entfernung von der Sonne $\approx 1{,}017$ AE kleinste Entfernung von der Sonne $\approx 0{,}983$ AE

d) $b \approx 1{,}513$ AE
größte Entfernung von der Sonne $\approx 1{,}661$ AE kleinste Entfernung von der Sonne $\approx 1{,}379$ AE

e) $b \approx 5{,}194$ AE
größte Entfernung von der Sonne $\approx 5{,}450$ AE kleinste Entfernung von der Sonne $\approx 4{,}950$ AE

f) $b \approx 9{,}525$ AE
größte Entfernung von der Sonne $\approx 10{,}074$ AE kleinste Entfernung von der Sonne $\approx 9{,}006$ AE

g) $b \approx 19{,}159$ AE
größte Entfernung von der Sonne $\approx 20{,}081$ AE kleinste Entfernung von der Sonne $\approx 18{,}279$ AE

h) $b \approx 29{,}799$ AE
größte Entfernung von der Sonne $\approx 30{,}056$ AE kleinste Entfernung von der Sonne $\approx 29{,}544$ AE

7.05 a) $25x^2+81y^2=2025$ b) $3x^2+16y^2=48$ c) $4x^2+9y^2=2304$ d) $16x^2+25y^2=10000$

7.06 a) $5x^2+9y^2=405$ b) $x^2+5y^2=20$ c) $16x^2+25y^2=1600$ d) $x^2+10y^2=250$

7.07 a) $9x^2+25y^2=225$ b) $9x^2+25y^2=900$ c) $7x^2+8y^2=56$ d) $4x^2+5y^2=80$ e) $2x^2+3y^2=180$ f) $3x^2+4y^2=240$

7.08 a) $9x^2+11y^2=99$ b) $4x^2+7y^2=28$ c) $4x^2+13y^2=52$ d) $5x^2+9y^2=720$

7.09
a) $4x^2+9y^2=180$, $A=(\sqrt{45}\mid 0)$, $A'=(-\sqrt{45}\mid 0)$, $B=(0\mid\sqrt{20})$, $B'=(0\mid -\sqrt{20})$
b) $3x^2+4y^2=192$, $A=(8\mid 0)$, $A'=(-8\mid 0)$, $B=(0\mid\sqrt{48})$, $B'=(0\mid -\sqrt{48})$
c) $x^2+2y^2=72$, $A=(\sqrt{72}\mid 0)$, $A'=(-\sqrt{72}\mid 0)$, $B=(0\mid 6)$, $B'=(0\mid -6)$
d) $7x^2+16y^2=448$, $A=(8\mid 0)$, $A'=(-8\mid 0)$, $B=(0\mid\sqrt{28})$, $B'=(0\mid -\sqrt{28})$
e) $8x^2+9y^2=648$, $A=(9\mid 0)$, $A'=(-9\mid 0)$, $B=(0\mid\sqrt{72})$, $B'=(0\mid -\sqrt{72})$
f) $16x^2+25y^2=400$, $A=(5\mid 0)$, $A'=(-5\mid 0)$, $B=(0\mid 4)$, $B'=(0\mid -4)$

7.10 a) $x^2+4y^2=36$ b) $4x^2+25y^2=100$ c) $x^2+16y^2=144$

7.11
a) $x^2+4y^2=64$, $P=(2\mid\sqrt{15})$
b) $x^2+9y^2=225$, $P=(9\mid -4)$
c) $3x^2+4y^2=48$, $P=(2\mid 3)$
d) $x^2+9y^2=144$, $P=(9\mid\sqrt{7})$
e) $x^2+2y^2=72$, $P=(8\mid 2)$
f) $x^2+5y^2=45$, $P=(5\mid -2)$

7.12 $b^2=a^2-e^2 \Rightarrow$ ell: $(a^2-e^2)x^2+a^2y^2=a^2(a^2-e^2)$
$A=(a\mid 0)$, $A'=(-a\mid 0)$, $B=(0\mid\sqrt{a^2-e^2})$, $B'=(0\mid -\sqrt{a^2-e^2})$

7.14
a) $a=\sqrt{10}$, $b=2$, $e=\sqrt{6}$
b) $a=5$, $b=4$, $e=3$
c) $a=6$, $b=4$, $e=\sqrt{20}$
d) $a=\sqrt{28}$, $b=\sqrt{12}$, $e=4$
e) $a=9$, $b=6$, $e=\sqrt{45}$
f) $a=5$, $b=\sqrt{5}$, $e=\sqrt{20}$
g) $a=10$, $b=6$, $e=8$
h) $a=\sqrt{30}$, $b=\sqrt{20}$, $e=\sqrt{10}$
i) $a=\sqrt{12}$, $b=3$, $e=\sqrt{3}$

7.16 a) $x^2+4y^2=20$ b) $x^2+2y^2=24$ c) $3x^2+8y^2=35$ d) $4x^2+25y^2=100$ e) $4x^2+9y^2=180$ f) $x^2+4y^2=25$

7.17
a) ell: $x^2+4y^2=80$, $R\in$ ell, $S\in$ ell, $T\notin$ ell
b) ell: $x^2+3y^2=84$, $R\notin$ ell, $S\in$ ell, $T\in$ ell
c) ell: $x^2+3y^2=196$, $R\in$ ell, $S\notin$ ell, $T\in$ ell

7.18 Außerhalb der Ellipse liegen: $(1\mid 8)$, $(13\mid -4)$, $(6\mid -7)$, $(-12\mid 5)$

7.19
a) ell: $x^2+9y^2=450$, ZB: $(3\mid 7)$, $(15\mid 5)$, $(21\mid 1)$, $(\sqrt{90}\mid\sqrt{40})$, $(\sqrt{45}\mid\sqrt{45})$
b) ell: $3x^2+4y^2=300$, ZB: $(2\mid\sqrt{72})$, $(6\mid\sqrt{48})$, $(8\mid\sqrt{27})$, $(\sqrt{60}\mid\sqrt{30})$, $(\sqrt{20}\mid\sqrt{60})$
c) ell: $2x^2+3y^2=180$, ZB: $(6\mid 6)$, $(9\mid\sqrt{6})$, $(\sqrt{66}\mid 4)$, $(\sqrt{30}\mid\sqrt{40})$, $(\sqrt{45}\mid\sqrt{30})$

7.20 a) $4x^2+y^2=16$ b) $25x^2+16y^2=1600$ c) $9x^2+4y^2=324$ d) $9x^2+y^2=225$ e) $9x^2+5y^2=180$ f) $16x^2+7y^2=448$ g) $5x^2+4y^2=500$ h) $2x^2+y^2=450$

7.21 a) ell: $25x^2+y^2=100$, $P\in$ ell, $Q\in$ ell b) ell: $9x^2+4y^2=900$, $P\notin$ ell, $Q\in$ ell

7.22
a) $a=\frac{5}{2}$, $b=\frac{5}{3}$, $a>b$, $F=\left(0\,\middle|\,\frac{5}{6}\sqrt{5}\right)$, $F'=\left(0\,\middle|\,-\frac{5}{6}\sqrt{5}\right)$
b) $a=\sqrt{5}$, $b=1$, $a>b$, $F=(0\mid 2)$, $F'=(0\mid -2)$

c) $a = 10,\ b = 4,\ a > b,\ F = (0 \mid \sqrt{84}),\ F' = (0 \mid -\sqrt{84})$
d) $a = \sqrt{3},\ b = \sqrt{2},\ a > b,\ F = (0 \mid 1),\ F' = (0 \mid -1)$

7.23 a) ell': $9x^2 + 5y^2 = 180$
b) ell': $4x^2 + 3y^2 = 120$
c) ell': $5x^2 + 4y^2 = 240$
d) ell': $12x^2 + 7y^2 = 504$

7.24 a) $F = (3 \mid 0),\ P = (3 \mid 3{,}2),\ \overline{PF} = 3{,}2,\ \overline{PF'} = 6{,}8;\ \varphi \approx 61{,}93°$
b) $F = (4 \mid 0),\ P = (-3 \mid 2{,}4),\ \overline{PF} = 7{,}4,\ \overline{PF'} = 2{,}6;\ \varphi \approx 93{,}70°$

7.25 a) Flächeninhalt = 240
b) Flächeninhalt = 4

7.26 a) AB: $x + 2y = 10$, AB': $x - 2y = 10$, A'B: $x - 2y = -10$, A'B': $x + 2y = -10$
b) AB: $2x + 3y = 6$, AB': $2x - 3y = 6$, A'B: $2x - 3y = -6$, A'B': $2x + 3y = -6$

7.27 $P_1 = \left(\frac{5}{2} \middle| \frac{7}{2}\right),\ P_2 = \left(-\frac{5}{6} \middle| \frac{1}{6}\right),\ P_3 = \left(-\frac{1}{2} \middle| \frac{1}{2}\right),\ P_4 = \left(\frac{1}{6} \middle| \frac{7}{6}\right)$

7.28 a) $x^2 + 5y^2 = 126,\ P_1 = (9 \mid 3)$
b) $3x^2 + 5y^2 = 512,\ P_1 = (12 \mid 4)$
a) $x^2 + 9y^2 = 450,\ P_1 = (15 \mid 5)$

7.29 a) ell: $3x^2 + 8y^2 = 120$, (siehe Abb. rechts)
$X_1 = (4 \mid 3),\ X_2 = (-4 \mid 3),\ X_3 = (-4 \mid -3),\ X_4 = (4 \mid -3)$
b) ell: $4x^2 + 9y^2 = 180$,
$X_1 = (3 \mid 4),\ X_2 = (-3 \mid 4),\ X_3 = (-3 \mid -4),\ X_4 = (3 \mid -4)$
c) ell: $3x^2 + 7y^2 = 84$,
$X_1 = (\sqrt{7} \mid 3),\ X_2 = (-\sqrt{7} \mid 3),\ X_3 = (-\sqrt{7} \mid -3),\ X_4 = (\sqrt{7} \mid -3)$

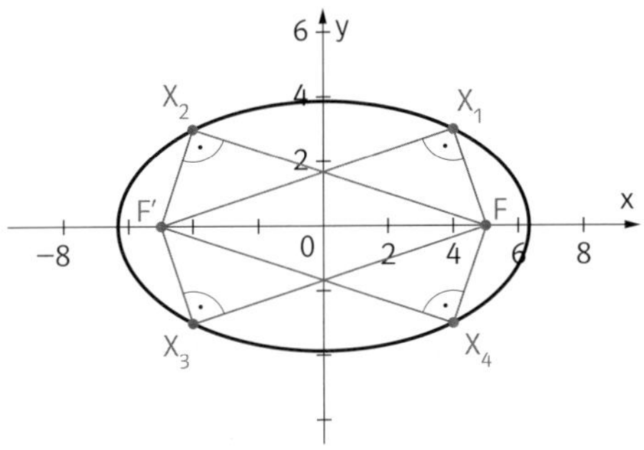

7.30 a) $P_1 = (12 \mid 9),\ P_2 = (-12 \mid 9),\ P_3 = (-12 \mid -9),\ P_4 = (12 \mid -9)$
b) $P_1 = (12 \mid 5),\ P_2 = (-12 \mid 5),\ P_3 = (-12 \mid -5),\ P_4 = (12 \mid -5)$
c) $P_1 = (15 \mid 8),\ P_2 = (-15 \mid 8),\ P_3 = (-15 \mid -8),\ P_4 = (15 \mid -8)$

7.31 a) $P_1 = (-4 \mid 6),\ P_2 = (-4 \mid -6)$
b) $P_1 = (3 \mid \sqrt{15}),\ P_2 = (3 \mid -\sqrt{15})$
c) $P_1 = (15 \mid 2),\ P_2 = (15 \mid -2)$

7.32 a) $X_1 = (-5 \mid 4),\ X_2 = (-5 \mid -4)$
b) $X_1 = (4 \mid 1),\ X_2 = (4 \mid -1)$

7.33 a) 1. Lösung: $P_1 = (13 \mid 8),\ P_2 = (-13 \mid 8),\ P_3 = (-13 \mid -8),\ P_4 = (13 \mid -8)$
2. Lösung: $P_1 = (15 \mid 6),\ P_2 = (-15 \mid 6),\ P_3 = (-15 \mid -6),\ P_4 = (15 \mid -6)$
b) 1. Lösung: $P_1 = (7 \mid 8),\ P_2 = (-7 \mid 8),\ P_3 = (-7 \mid -8),\ P_4 = (7 \mid -8)$
2. Lösung: $P_1 = (11 \mid 4),\ P_2 = (-11 \mid 4),\ P_3 = (-11 \mid -4),\ P_4 = (11 \mid -4)$
c) 1. Lösung: $P_1 = (8 \mid 10),\ P_2 = (-8 \mid 10),\ P_3 = (-8 \mid -10),\ P_4 = (8 \mid -10)$
2. Lösung: $P_1 = (12 \mid 6),\ P_2 = (-12 \mid 6),\ P_3 = (-12 \mid -6),\ P_4 = (12 \mid -6)$

7.34 a) 1. Lösung: $P_1 = (6 \mid 3),\ P_2 = (-6 \mid 3),\ P_3 = (-6 \mid -3),\ P_4 = (6 \mid -3)$
2. Lösung: $P_1 = (9 \mid 2),\ P_2 = (-9 \mid 2),\ P_3 = (-9 \mid -2),\ P_4 = (9 \mid -2)$
b) 1. Lösung: $P_1 = (6 \mid 5),\ P_2 = (-6 \mid 5),\ P_3 = (-6 \mid -5),\ P_4 = (6 \mid -5)$
2. Lösung: $P_1 = (10 \mid 3),\ P_2 = (-10 \mid 3),\ P_3 = (-10 \mid -3),\ P_4 = (10 \mid -3)$
c) 1. Lösung: $P_1 = (3 \mid 8),\ P_2 = (-3 \mid 8),\ P_3 = (-3 \mid -8),\ P_4 = (3 \mid -8)$
2. Lösung: $P_1 = (12 \mid 2),\ P_2 = (-12 \mid 2),\ P_3 = (-12 \mid -2),\ P_4 = (12 \mid -2)$

7.35 a) $P = \left(-\frac{a}{2}\sqrt{2} \middle| -\frac{b}{2}\sqrt{2}\right),\ Q = \left(\frac{a}{2}\sqrt{2} \middle| -\frac{b}{2}\sqrt{2}\right),\ R = \left(\frac{a}{2}\sqrt{2} \middle| \frac{b}{2}\sqrt{2}\right),\ S = \left(-\frac{a}{2}\sqrt{2} \middle| \frac{b}{2}\sqrt{2}\right)$
b) $P = \left(-\frac{ab^2}{\sqrt{a^4+b^4}} \middle| -\frac{a^2b}{\sqrt{a^4+b^4}}\right),\ Q = \left(\frac{ab^2}{\sqrt{a^4+b^4}} \middle| -\frac{a^2b}{\sqrt{a^4+b^4}}\right),\ R = \left(\frac{ab^2}{\sqrt{a^4+b^4}} \middle| \frac{a^2b}{\sqrt{a^4+b^4}}\right),\ S = \left(-\frac{ab^2}{\sqrt{a^4+b^4}} \middle| \frac{a^2b}{\sqrt{a^4+b^4}}\right)$

7.36 $px^2 + qy^2 = r^2 \Leftrightarrow \frac{x^2}{\frac{r}{p}} + \frac{y^2}{\frac{r}{q}} = 1$

1. Hauptlage $\Leftrightarrow \frac{r}{p} > \frac{r}{q} \Leftrightarrow p < q,\ F = \left(\frac{r}{pq}\sqrt{q^2 - p^2}\,\middle|\,0\right),\ F' = \left(-\frac{r}{pq}\sqrt{q^2 - p^2}\,\middle|\,0\right)$

2. Hauptlage $\Leftrightarrow \frac{r}{p} < \frac{r}{q} \Leftrightarrow p > q,\ F = \left(0\,\middle|\,\frac{r}{pq}\sqrt{p^2 - q^2}\right),\ F' = \left(0\,\middle|\,-\frac{r}{pq}\sqrt{p^2 - q^2}\right)$

$p = q \Rightarrow px^2 + py^2 = r \Rightarrow x^2 + y^2 = \frac{r}{p}$. Dies ist die Gleichung eines Kreises mit dem Mittelpunkt im Ursprung und dem Radius $\sqrt{\frac{r}{p}}$. Die Brennpunkte fallen mit dem Ursprung zusammen.

7.37 Zeige: Erfüllen $P = (p_1 | p_2)$ und $Q = (q_1 | q_2)$ mit $0 < p_1 < q_1$ die Ellipsengleichung $b^2x^2 + a^2y^2 = a^2b^2$, so gilt $b^2 = \frac{p_2{}^2 q_1{}^2 - p_1{}^2 q_2{}^2}{q_1{}^2 - p_1{}^2}$ und $a^2 = \frac{p_2{}^2 q_1{}^2 - p_1{}^2 q_2{}^2}{p_2{}^2 - q_2{}^2}$.

Daraus folgt: $\frac{a^2}{b^2} = \frac{q_1{}^2 - p_1{}^2}{p_2{}^2 - q_2{}^2}$, dh. $a^2 > b^2 > 0 \Leftrightarrow p_2 > q_2 \wedge q_1{}^2 - p_1{}^2 > p_2{}^2 - q_2{}^2 \Leftrightarrow$

$\Leftrightarrow p_2 > q_2 \wedge q_1{}^2 + q_2{}^2 > p_1{}^2 + p_2{}^2 \Leftrightarrow p_2 > q_2 \wedge \overline{OQ} > \overline{OP}$

7.38 Richtig: $9x^2 + 16y^2 = 144,\ 2x^2 + 3y^2 = 32,\ 5y^2 = 48 - 3x^2$

7.39 Richtig: $7x^2 + 5y^2 = 280,\ y^2 = 24 - 3x^2,\ 3y^2 = 192 - 4x^2,\ 9x^2 = 180 - 5y^2$

7.42
a) $S_1 = (6|2), S_2 = (-2|4)$
b) $S_1 = (-3|-2),\ S_2 = (-1|4)$
c) $S = (0|1)$
d) $S_1 = (4|4), S_2 = (-4|-4)$
e) $S_1 = (8|7),\ S_2 = (-4|-9)$
f) $S_1 = (3|-5),\ S_2 = (7|1)$

7.43
a) $S_1 = (2|6),\ S_2 = (7|-4)$
b) $S_1 = (-5|-4),\ S_2 = (-10|1)$
c) $S_1 = (12|-12),\ S_2 = (-16|9)$
d) $S_1 = (3|4{,}5),\ S_2 = (6|0)$
e) $S_1 = (-3|2),\ S_2 = (4|-1{,}5)$
f) $S_1 = (2|-3),\ S_2 = (4|0)$

7.44
a) $P_1 = (-2|-9),\ P_2 = (8|6),\ d = 5\sqrt{13} \approx 18{,}03$
b) $P_1 = (-3|8),\ P_2 = (9|4),\ d = 4\sqrt{10} \approx 12{,}65$

7.45
a) $P_1 = (8|8),\ P_2 = (-8|-8),\ d = 16\sqrt{2} \approx 22{,}63$
b) $P_1 = (9|9),\ P_2 = (-9|-9),\ d = 18\sqrt{2} \approx 25{,}46$

7.46 $B = (0|6),\ F = (6|0),\ g \perp BF \Rightarrow g: x - y = -6,\ P = (-8|-2)$
$B = (0|6),\ F' = (-6|0),\ g' \perp BF' \Rightarrow g: x + y = 6,\ P = (8|-2)$

7.47 ell: $2x^2 + 3y^2 = 180,\ P_1 = (6|6),\ P_2 = (-6|6),\ P_3 = (-6|-6),\ P_4 = (6|-6)$

7.48 Flächeninhalt $= \frac{4b^2}{a} \cdot \sqrt{a^2 - b^2}$

7.49
a) $S_1 = (4|6),\ S_2 = (8|3),\ \overline{S_1S_2} = 5,\ d(M, g) = 7{,}2$
b) $S_1 = (-4|-9),\ S_2 = (8|7),\ \overline{S_1S_2} = 20,\ d(M, g) = 2{,}2$

7.50
a) $F = (5|0),\ S_1 = (-3|4),\ S_2 = (-6|-2),\ \overline{S_1S_2} = 3\sqrt{5} \approx 6{,}71,\ d = 4\sqrt{5} \approx 8{,}94$
b) $F = (7|0),\ S_1 = (2|12),\ S_2 = (-2|-12),\ \overline{S_1S_2} \approx 24{,}33,\ d \approx 6{,}74$

7.51 $P = (10|4),\ B = (0|6),\ F = (12|0),\ F' = (-12|0)$, PF: $2x + y = 24$, PF': $2x - 11y = -24,\ d_1 \approx 8{,}05,\ d_2 \approx 3{,}76$

7.52 $P = (-16|9),\ Q = (12|-12),\ A = (20|0)$, Flächeninhalt $= 252$

7.53 $\frac{10}{\sqrt{29}} \approx 1{,}86$

7.54
a) zwei Punkte $\Leftrightarrow a < -8 \vee a > 8$
ein Punkt $\Leftrightarrow a = -8 \vee a = 8$ $[a = -8\text{: } P = (1|2),\ a = 8\text{: } P = (1|-2)]$
kein Punkt $\Leftrightarrow -8 < a < 8$
b) zwei Punkte $\Leftrightarrow a < -5 \vee a > 5$
ein Punkt $\Leftrightarrow a = -5 \vee a = 5$ $[a = -5\text{: } P = (-5|-2),\ a = 5\text{: } P = (-5|2)]$
kein Punkt $\Leftrightarrow -5 < a < 5$

c) zwei Punkte $\Leftrightarrow$ $a < -1 \vee a > 1$
ein Punkt $\Leftrightarrow$ $a = -1 \vee a = 1$ [$a = -1$: $P = (-2|-3)$, $a = 1$: $P = (2|-3)$]
kein Punkt $\Leftrightarrow$ $-1 < a < 1$

d) zwei Punkte $\Leftrightarrow$ $a < -3 \vee a > 3$
ein Punkt $\Leftrightarrow$ $a = -3 \vee a = 3$ [$a = -3$: $P = (-2|3)$, $a = 3$: $P = (2|3)$]
kein Punkt $\Leftrightarrow$ $-3 < a < 3$

e) zwei Punkte $\Leftrightarrow$ $a > 10$
ein Punkt $\Leftrightarrow$ $a = 10$ [$a = 10$: $P = (1|1)$]
kein Punkt $\Leftrightarrow$ $a < 10$

f) zwei Punkte $\Leftrightarrow$ $a < -1 \vee a > 1$
ein Punkt $\Leftrightarrow$ $a = -1 \vee a = 1$ [$a = -1$: $P = (1|-4)$, $a = 1$: $P = (1|4)$]
kwein Punkt $\Leftrightarrow$ $-1 < a < 1$

7.55 a) ell und g schneiden einander in zwei Punkten $S_1 = (1|2)$ und $S_2 = (0|4)$.
b) ell und g berühren einander in einem Punkt $P = (1|2)$.
c) ell und g haben keinen Punkt gemeinsam.
d) ell und g berühren einander in einem Punkt $P = (2|2)$.
e) ell und g haben keinen Punkt gemeinsam.
f) ell und g schneiden einander in zwei Punkten $S_1 = (3|0)$ und $S_2 = (0|2)$.

7.57 a) $P = (3|2)$, $3x + 10y = 29$; $P' = (-3|-2)$, $3x + 10y = -29$
b) $P = (6|-1)$, $4x - y = 25$; $P' = (-6|1)$, $4x - y = -25$
c) $P = (-5|2)$, $-2x + 5y = 20$; $P' = (5|-2)$, $2x - 5y = 20$
d) $P = (1|1)$, $x + 9y = 10$; $P' = (-1|-1)$, $x + 9y = -10$
e) $P = (-2|2)$, $-3x + 7y = 20$; $P' = (2|-2)$, $3x - 7y = 20$
f) $P = (1|0)$, $x = 1$; $P' = (-1|0)$, $x = -1$
g) $P = (-4|-3)$, $16x + 27y = -145$; $P' = (-4|3)$, $16x - 27y = -145$
h) $P = (-2|-6)$, $x + 5y = -32$; $P' = (2|6)$, $x + 5y = 32$

7.58 a) t: $x + 2y = 14$, Flächeninhalt $= 49$
b) t: $3x + 2y = 60$, Flächeninhalt $= 300$

7.59 a) $P = (2|4)$, $x^2 + 2y^2 = 36$
b) $P = (-3|5)$, $x^2 + 3y^2 = 84$
c) $P = (12|3)$, $x^2 + 9y^2 = 225$
d) $P = (2|1)$, $2x^2 + 5y^2 = 13$

7.60 a) t: $x + 2y = 8$; $S = (4|2)$, $S' = (-4|6)$,
$F = (2|0)$, $F' = (-2|0)$
k: $x^2 + (y - 4)^2 = 20$ (siehe Abb. rechts)
b) t: $x - 4y = -36$; $S = (12|12)$, $S' = (-12|6)$,
$F = (\sqrt{72}|0)$, $F' = (-\sqrt{72}|0)$, k: $x^2 + (y - 9)^2 = 153$

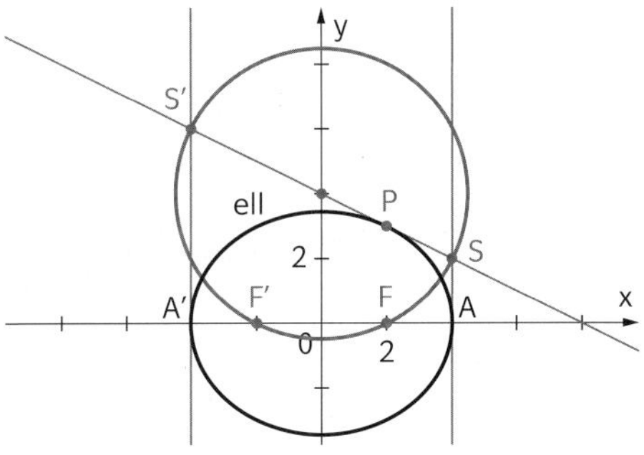

7.61 a) t: $4x + 3y = 30$, $F = (5|0)$, $F' = (-5|0)$,
$\sphericalangle(t, \overrightarrow{PF}) = \sphericalangle(t, \overrightarrow{PF'}) \approx 63{,}43°$
b) t: $4x - 7y = 81$, $F = (9|0)$, $F' = (-9|0)$,
$\sphericalangle(t, \overrightarrow{PF}) = \sphericalangle(t, \overrightarrow{PF'}) \approx 52{,}13°$

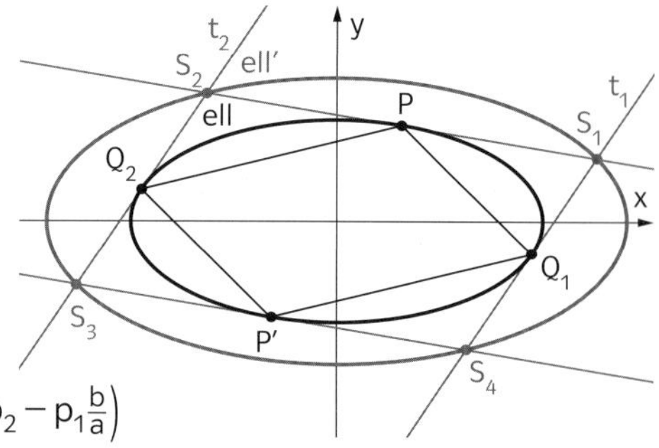

7.62 **1)** Setze die Koordinaten von Q_1 bzw. Q_2 in die Ellipsengleichung ein und berücksichtige, dass $b^2p_1^{\,2} + a^2p_2^{\,2} = a^2b^2$ ist!

2) Tangente in Q_1: t_1: $p_2x - p_1y = ab$
Tangente in Q_2: t_2: $p_2x - p_1y = -ab$
Die Richtungsvektoren von t_1 und t_2 sind zu $(p_1 \mid p_2)$ parallel.

3) $\overrightarrow{Q_1P} = \overrightarrow{P'Q_2} = \left(p_1 - p_2\frac{a}{b} \,\middle|\, p_2 + p_1\frac{b}{a}\right)$, $\overrightarrow{Q_2P} = \overrightarrow{P'Q_1} = \left(p_1 + p_2\frac{a}{b} \,\middle|\, p_2 - p_1\frac{b}{a}\right)$

Da die gegenüberliegenden Seiten des Vierecks Q_1PQ_2P' zueinander parallel sind, ist Q_1PQ_2P' ein Parallelogramm. Der Flächeninhalt dieses Parallelogramms ist gegeben durch:

$$\text{Flächeninhalt} = |\overrightarrow{Q_1P} \times \overrightarrow{Q_2P}| = \frac{2p_2^{\,2}a}{b} + \frac{2p_1^{\,2}b}{a} = 2\cdot\frac{p_2^{\,2}a^2 + p_1^{\,2}b^2}{ab} = 2ab$$

4) Schnittpunkte S_1, S_2, S_3 und S_4 der Tangenten an die Ellipse in P, P', Q_1, Q_2:

$$S_1 = \left(\frac{ap_2 + bp_1}{b} \,\middle|\, \frac{ap_2 - bp_1}{a}\right) = Q_1 + P,\ S_2 = \left(\frac{bp_1 - ap_2}{b} \,\middle|\, \frac{ap_2 + bp_1}{a}\right) = Q_2 + P,\ S_3 = -S_1 = Q_2 - P,\ S_4 = -S_2 = Q_1 - P$$

Setze die Koordinaten der Punkte S_1, S_2, S_3 und S_4 in die Gleichung der Ellipse $b^2x^2 + a^2y^2 = 2a^2b^2$ ein und zeige, dass diese Ellipsengleichung erfüllt ist! Da $P' = -P$ und $Q_2 = -Q_1$ ist, sind die Tangenten in P und in P' (bzw. in Q_1 und in Q_2) zueinander parallel. Daher ist das Viereck $S_1S_2S_3S_4$ ein Parallelogramm.

7.64 **a)** t_1: $-x + 5y = 18$, $P_1 = (-3 \mid 3)$; t_2: $7x - 5y = 54$, $P_2 = (7 \mid -1)$
b) t_1: $x - 3y = 13$, $P_1 = (4 \mid -3)$; t_2: $3x + 4y = 26$, $P_2 = (6 \mid 2)$
c) t_1: $-4x + 9y = 70$, $P_1 = (-4 \mid 6)$; t_2: $8x + 3y = 70$, $P_2 = (8 \mid 2)$
d) t_1: $-x + 8y = 66$, $P_1 = (-2 \mid 8)$; t_2: $5x + 4y = -66$, $P_2 = (-10 \mid -4)$

7.65 **1)** t: $x + 2y = 16$, $P = (4 \mid 6)$; t': $-x + 2y = 16$, $P' = (-4 \mid 6)$
2) $\varphi = \sphericalangle(t, t') \approx 53{,}13°$, Flächeninhalt = 24

7.67 **a)** t_1: $x + 5y = 29$, $P_1 = (4 \mid 5)$, t_2: $x + 5y = -29$, $P_2 = (-4 \mid -5)$
b) t_1: $3x - y = 25$, $P_1 = (8 \mid -1)$, t_2: $3x - y = -25$, $P_2 = (-8 \mid 1)$
c) t_1: $3x + 2y = 16$, $P_1 = (4 \mid 2)$, t_2: $3x + 2y = -16$, $P_2 = (-4 \mid -2)$
d) t_1: $y = 3$, $P_1 = (0 \mid 3)$, t_2: $y = -3$, $P_2 = (0 \mid -3)$

7.68 **a)** t_1: $x - 6y = 56$, $P_1 = (2 \mid -9)$, t_2: $x - 6y = -56$, $P_2 = (-2 \mid 9)$
b) t_1: $3x + 2y = 33$, $P_1 = (9 \mid 3)$, t_2: $3x + 2y = -33$, $P_2 = (-9 \mid -3)$
c) t_1: $4x + 3y = 38$, $P_1 = (5 \mid 6)$, t_2: $4x + 3y = -38$, $P_2 = (-5 \mid -6)$
d) t_1: $6x - 5y = 74$, $P_1 = (4 \mid -10)$, t_2: $6x - 5y = -74$, $P_2 = (-4 \mid 10)$

7.69 **a)** t_1: $x + 3y = \sqrt{72}$, $P_1 = (3\sqrt{2} \mid \sqrt{2})$, t_2: $x - 3y = -\sqrt{72}$, $P_2 = (-3\sqrt{2} \mid \sqrt{2})$
t_3: $x + 3y = -\sqrt{72}$, $P_3 = (-3\sqrt{2} \mid -\sqrt{2})$, t_4: $x - 3y = \sqrt{72}$, $P_4 = (3\sqrt{2} \mid -\sqrt{2})$
b) t_1: $2x + 3y = 24$, $P_1 = (6 \mid 4)$, t_2: $2x - 3y = -24$, $P_2 = (-6 \mid 4)$
t_3: $2x + 3y = -24$, $P_3 = (-6 \mid -4)$, t_4: $2x - 3y = 24$, $P_4 = (6 \mid -4)$

7.70 **a)** ell: $x^2 + 3y^2 = 112$, $R = (-2 \mid -6)$,
Flächeninhalt = 84

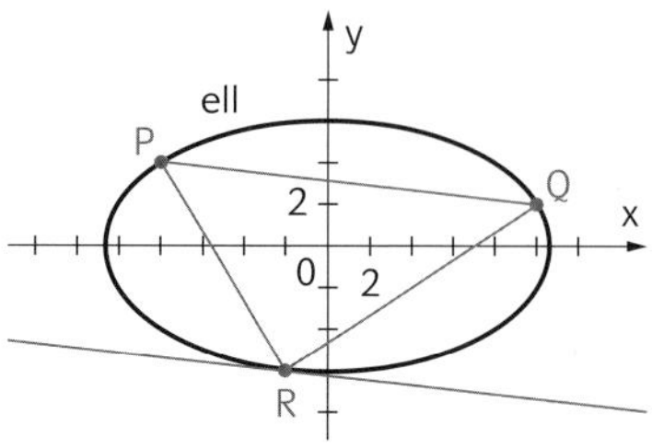

b) ell: $3x^2 + 4y^2 = 208$, $R = (8 \mid -2)$,
Flächeninhalt = 78

c) ell: $x^2 + 5y^2 = 189$, $R = (3 \mid 6)$,
Flächeninhalt = 105

7.71 $2b = 16$

7.72 a)

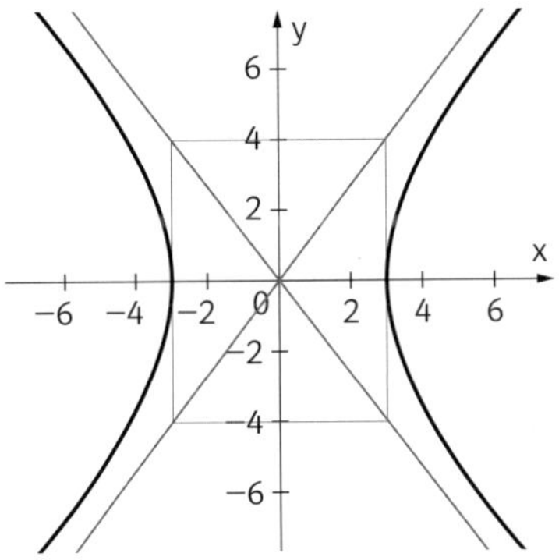

d)

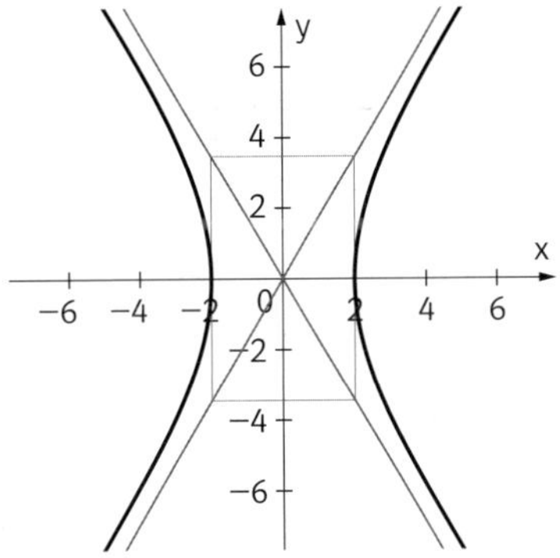

b)

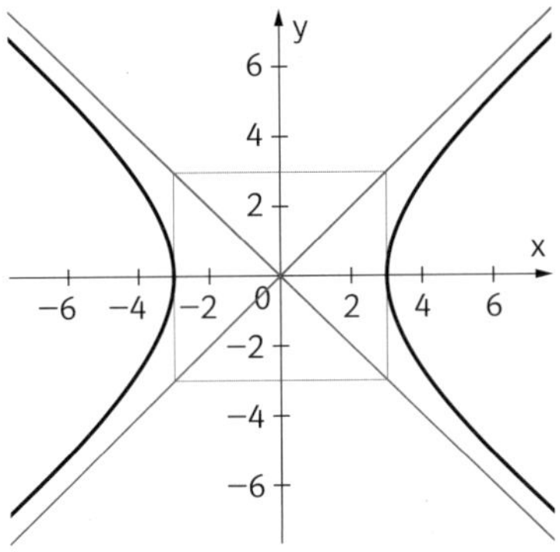

e)

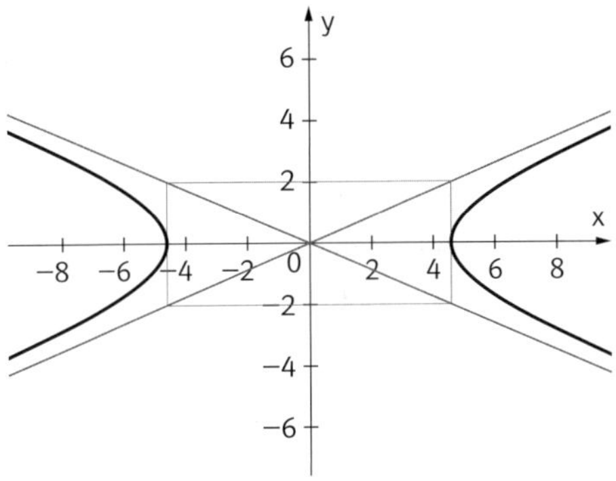

c)

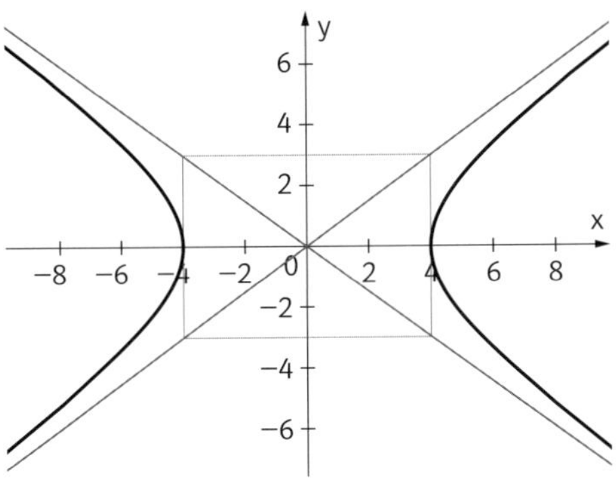

f)

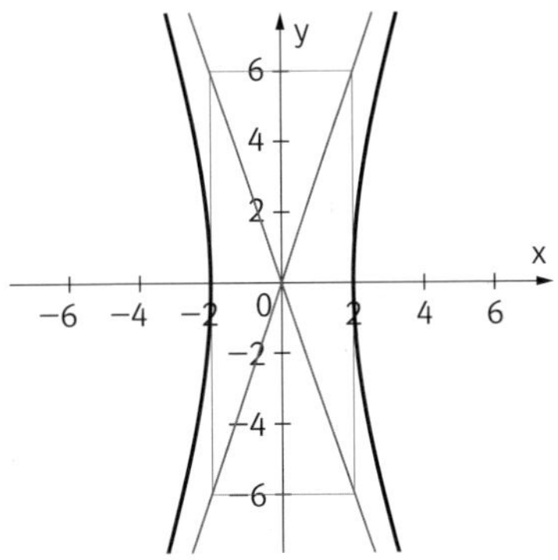

7.73 a)

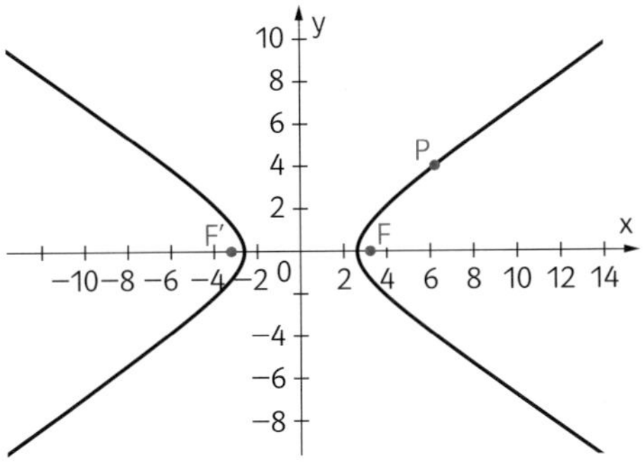

b)

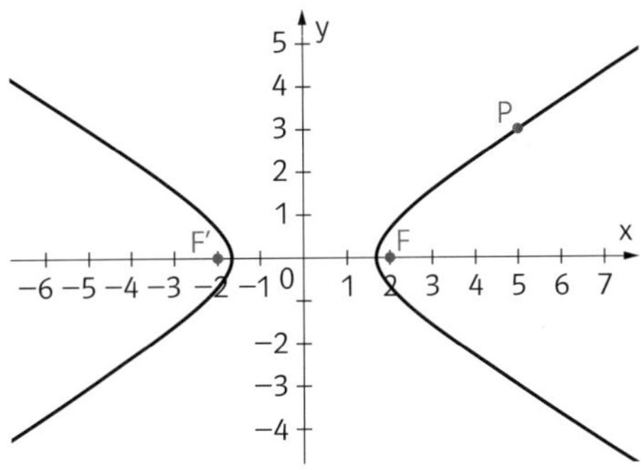

7.74 Nein (Siehe zB Nr. 7.72a!)

7.75 a) $9x^2 - 4y^2 = 36$
b) $49x^2 - 25y^2 = 1225$
c) $x^2 - y^2 = 16$
d) $x^2 - 49y^2 = 49$

7.76 a) $3x^2 - y^2 = 48$
b) $11x^2 - 25y^2 = 275$
c) $9x^2 - 7y^2 = 252$
d) $25x^2 - 56y^2 = 1400$

7.77 a) $9x^2-16y^2=144$ b) $16x^2-9y^2=144$ c) $3x^2-y^2=12$ d) $x^2-15y^2=60$ e) $25x^2-11y^2=275$ f) $x^2-3y^2=12$

7.78 a) $13x^2-36y^2=468$ b) $8x^2-y^2=72$ c) $36x^2-13y^2=468$ d) $8x^2-y^2=8$

7.79 a) $4x^2-5y^2=20$, $A=(\sqrt{5}\mid 0)$, $A'=(-\sqrt{5}\mid 0)$, $B=(0\mid 2)$, $B'=(0\mid -2)$
b) $3x^2-y^2=3$, $A=(1\mid 0)$, $A'=(-1\mid 0)$, $B=(0\mid \sqrt{3})$, $B'=(0\mid -\sqrt{3})$
c) $3x^2-y^2=12$, $A=(2\mid 0)$, $A'=(-2\mid 0)$, $B=(0\mid 2\sqrt{3})$, $B'=(0\mid -2\sqrt{3})$
d) $4x^2-5y^2=80$, $A=(2\sqrt{5}\mid 0)$, $A'=(-2\sqrt{5}\mid 0)$, $B=(0\mid 4)$, $B'=(0\mid -4)$
e) $9x^2-16y^2=144$, $A=(4\mid 0)$, $A'=(-4\mid 0)$, $B=(0\mid 3)$, $B'=(0\mid -3)$
f) $4x^2-y^2=64$, $A=(4\mid 0)$, $A'=(-4\mid 0)$, $B=(0\mid 8)$, $B'=(0\mid -8)$

7.80 a) $49x^2-9y^2=441$ b) $9x^2-16y^2=36$ c) $25x^2-y^2=100$

7.81 a) $4x^2-y^2=36$, $P=(5\mid 8)$
b) $9x^2-16y^2=576$, $P=(10\mid -4{,}5)$
c) $x^2-6y^2=6$, $P=(12\mid -\sqrt{23})$
d) $3x^2-2y^2=30$, $P=(8\mid -9)$
e) $x^2-y^2=72$, $P=(-11\mid -7)$
f) $3x^2-y^2=36$, $P=(2\sqrt{3}\mid 0)$
g) $4x^2-y^2=320$, $P=(12\mid 16)$
h) $x^2-8y^2=64$, $P=(12\mid -\sqrt{10})$

7.82 a) $a=3$, $b=\sqrt{72}$, $A=(3\mid 0)$, $A'=(-3\mid 0)$, $B=(0\mid \sqrt{72})$, $B'=(0\mid -\sqrt{72})$, $F=(9\mid 0)$, $F'=(-9\mid 0)$
b) $a=12$, $b=5$, $A=(12\mid 0)$, $A'=(-12\mid 0)$, $B=(0\mid 5)$, $B'=(0\mid -5)$, $F=(13\mid 0)$, $F'=(-13\mid 0)$
c) $a=4$, $b=4$, $A=(4\mid 0)$, $A'=(-4\mid 0)$, $B=(0\mid 4)$, $B'=(0\mid -4)$, $F=(4\sqrt{2}\mid 0)$, $F'=(-4\sqrt{2}\mid 0)$
d) $a=2$, $b=\sqrt{60}$, $A=(2\mid 0)$, $A'=(-2\mid 0)$, $B=(0\mid \sqrt{60})$, $B'=(0\mid -\sqrt{60})$, $F=(8\mid 0)$, $F'=(-8\mid 0)$
e) $a=\sqrt{84}$, $b=4$, $A=(\sqrt{84}\mid 0)$, $A'=(-\sqrt{84}\mid 0)$, $B=(0\mid 4)$, $B'=(0\mid -4)$, $F=(10\mid 0)$, $F'=(-10\mid 0)$
f) $a=6$, $b=\sqrt{45}$, $A=(6\mid 0)$, $A'=(-6\mid 0)$, $B=(0\mid \sqrt{45})$, $B'=(0\mid -\sqrt{45})$, $F=(9\mid 0)$, $F'=(-9\mid 0)$
g) $a=6$, $b=\sqrt{6}$, $A=(6\mid 0)$, $A'=(-6\mid 0)$, $B=(0\mid \sqrt{6})$, $B'=(0\mid -\sqrt{6})$, $F=(\sqrt{42}\mid 0)$, $F'=(-\sqrt{42}\mid 0)$
h) $a=6$, $b=4$, $A=(6\mid 0)$, $A'=(-6\mid 0)$, $B=(0\mid 4)$, $B'=(0\mid -4)$, $F=(\sqrt{52}\mid 0)$, $F'=(-\sqrt{52}\mid 0)$
i) $a=\sqrt{20}$, $b=\sqrt{80}$, $A=(\sqrt{20}\mid 0)$, $A'=(-\sqrt{20}\mid 0)$, $B=(0\mid \sqrt{80})$, $B'=(0\mid -\sqrt{80})$, $F=(10\mid 0)$, $F'=(-10\mid 0)$

7.83 a) $x^2-2y^2=7$ b) $x^2-3y^2=1$ c) $27x^2-20y^2=252$ d) $25x^2-16y^2=441$ e) $4x^2-y^2=60$ f) $2x^2-5y^2=108$ g) $x^2-4y^2=9$ h) $x^2-y^2=11$ i) $4x^2-3y^2=88$

7.84 a) $2x^2-3y^2=15$, $R\in hyp$, $S\notin hyp$, $T\in hyp$
b) $5x^2-2y^2=18$, $R\in hyp$, $S\in hyp$, $T\notin hyp$
c) $9x^2-y^2=320$, $R\in hyp$, $S\notin hyp$, $T\notin hyp$

7.85 a) ZB: $x^2-4y^2=16$, $x^2-4y^2=30$, $x^2-4y^2=100$
b) ZB: $9x^2-4y^2=36$, $9x^2-4y^2=144$, $9x^2-4y^2=1$
c) ZB: $3x^2-y^2=12$, $3x^2-y^2=30$, $3x^2-y^2=27$
d) ZB: $2x^2-5y^2=100$, $2x^2-5y^2=20$, $2x^2-5y^2=80$

7.86 a) ZB: $x^2-y^2=50$, $3x^2-2y^2=120$, $16x^2-9y^2=576$
b) ZB: $x^2-y^2=72$, $x^2-2y^2=96$, $4x^2-5y^2=320$
c) ZB: $3x^2-y^2=24$, $x^2-7y^2=28$, $5x^2-3y^2=60$
d) ZB: $5x^2-y^2=50$, $x^2-2y^2=40$, $3x^2-y^2=45$

7.87 a) $x^2-y^2=-4$ b) $x^2-9y^2=-9$ c) $9x^2-y^2=-9$ d) $9x^2-5y^2=-45$ e) $9x^2-16y^2=-144$ f) $x^2-24y^2=-24$ g) $4x^2-5y^2=-20$ h) $80x^2-y^2=-80$

7.88 a) hyp: $x^2-3y^2=-18$, $P\in hyp$, $Q\notin hyp$, $R\in hyp$
b) hyp: $4x^2-y^2=-100$, $P\notin hyp$, $Q\in hyp$, $R\in hyp$

7.89 $x^2-3y^2=-27$

7.90 a) $a=\sqrt{7}$, $b=3$, $F=(0|4)$, $F'=(0|-4)$, $A=(0|\sqrt{7})$, $A'=(0|-\sqrt{7})$, $B=(3|0)$, $B'=(-3|0)$
b) $a=8$, $b=6$, $F=(0|10)$, $F'=(0|-10)$, $A=(0|8)$, $A'=(0|-8)$, $B=(6|0)$, $B'=(-6|0)$
c) $a=5$, $b=5$, $F=(0|\sqrt{50})$, $F'=(0|-\sqrt{50})$, $A=(0|5)$, $A'=(0|-5)$, $B=(5|0)$, $B'=(-5|0)$
d) $a=5$, $b=\sqrt{24}$, $F=(0|7)$, $F'=(0|-7)$, $A=(0|5)$, $A'=(0|-5)$, $B=(\sqrt{24}|0)$, $B'=(-\sqrt{24}|0)$

7.91 a) $P=(\sqrt{33}|6)$, $F=(0|10)$, $F'=(0|-10)$, $\overline{PF}=7$, $\overline{PF'}=17$, $\sphericalangle(\overrightarrow{PF},\overrightarrow{PF'})\approx 105{,}10°$
b) $P=(7{,}5|3)$, $F=(0|7)$, $F'=(0|-7)$, $\overline{PF}=8{,}5$, $\overline{PF'}=12{,}5$, $\sphericalangle(\overrightarrow{PF},\overrightarrow{PF'})\approx 81{,}20°$

7.92 a) $5x^2-3y^2=30$, $P_1=(\sqrt{15}|\sqrt{15})$, $P_2=(-\sqrt{15}|-\sqrt{15})$
b) $4x^2-y^2=48$, $P_1=(4|4)$, $P_2=(-4|-4)$

7.93 a) $5x^2-4y^2=20$, $\overline{PF}=4$, $\overline{PF'}=8$, $\varphi\approx 46{,}57°$
b) $3x^2-y^2=108$, $\overline{PF}=30$, $\overline{PF'}=18$, $\varphi\approx 53{,}13°$

7.94 a) Flächeninhalt $=12$ b) Flächeninhalt $=4\sqrt{5}$ c) Flächeninhalt $=96$

7.95 a) AB: $2x+7y=14$, AB′: $2x-7y=14$, A′B: $2x-7y=-14$, A′B′: $2x+7y=-14$
b) AB: $5x+3y=15$, AB′: $5x-3y=15$, A′B: $5x-3y=-15$, A′B′: $5x+3y=-15$
c) AB: $x+y=4$, AB′: $x-y=4$, A′B: $x-y=-4$, A′B′: $x+y=-4$

7.96 $3x^2-y^2=12$
a) Abstand 4: $(3|\sqrt{15})$, $(3|-\sqrt{15})$
b) Abstand 6: $(4|6)$, $(4|-6)$, $(-2|0)$
c) Abstand 10: $(-4|6)$, $(-4|-6)$, $(6|\sqrt{96})$, $(6|-\sqrt{96})$
d) Abstand 26: $(14|24)$, $(14|-24)$, $(-12|\sqrt{420})$, $(-12|-\sqrt{420})$

7.97 hyp: $3x^2-y^2=75$,
$P_1=(7|\sqrt{72})$, $P_2=(-7|\sqrt{72})$, $P_3=(-7|-\sqrt{72})$, $P_4=(7|-\sqrt{72})$

7.98 a) $P_1=(7|12)$, $P_2=(-7|12)$, $P_3=(-7|-12)$, $P_4=(7|-12)$
b) $P_1=(3|8)$, $P_2=(-3|8)$, $P_3=(-3|-8)$, $P_4=(3|-8)$
c) $P_1=(18|20)$, $P_2=(-18|20)$, $P_3=(-18|-20)$, $P_4=(18|-20)$

7.99 a) hyp: $4x^2-y^2=20$ (siehe Abb. rechts),
$X_1=(3|4)$, $X_2=(-3|4)$, $X_3=(-3|-4)$, $X_4=(3|-4)$
b) hyp: $24x^2-y^2=600$,
$X_1=(7|24)$, $X_2=(-7|24)$, $X_3=(-7|-24)$, $X_4=(7|-24)$

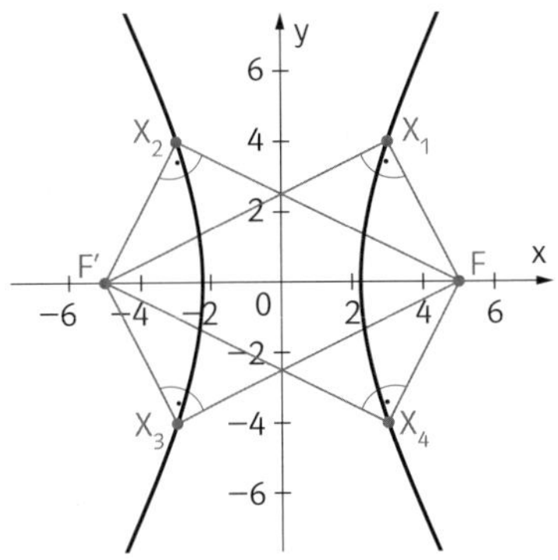

7.100 a) $P_1=(-9|12)$, $P_2=(-9|-12)$
b) $P_1=(9|3)$, $P_2=(9|-3)$

7.101 a) $P_1=(11|4)$, $P_2=(-11|4)$, $P_3=(-11|-4)$, $P_4=(11|-4)$
b) $P_1=(6|8)$, $P_2=(-6|8)$, $P_3=(-6|-8)$, $P_4=(6|-8)$
c) $P_1=(9|11)$, $P_2=(-9|11)$, $P_3=(-9|-11)$, $P_4=(9|-11)$

7.102 a) $P_1=(2|2)$, $P_2=(-2|2)$, $P_3=(-2|-2)$, $P_4=(2|-2)$, Flächeninhalt $=16$
b) $P_1=(5|5)$, $P_2=(-5|5)$, $P_3=(-5|-5)$, $P_4=(5|-5)$, Flächeninhalt $=100$
c) $P_1=(9|9)$, $P_2=(-9|9)$, $P_3=(-9|-9)$, $P_4=(9|-9)$, Flächeninhalt $=324$

7.103 a) $P_1=(6|5)$, $P_2=(-6|5)$, $P_3=(-6|-5)$, $P_4=(6|-5)$, Flächeninhalt $=120$
b) $P_1=(4|15)$, $P_2=(-4|15)$, $P_3=(-4|-15)$, $P_4=(4|-15)$, Flächeninhalt $=240$

7.104 $\left(\pm\sqrt{a^2+b^2}\,\middle|\,\pm\frac{b^2}{a}\right)$, Flächeninhalt $=\frac{4b^2\sqrt{a^2+b^2}}{a}$

7.105 a) $y = x,\ y = -x$ b) $y = \frac{2}{3}x,\ y = -\frac{2}{3}x$ c) $y = \frac{3}{2}x,\ y = -\frac{3}{2}x$

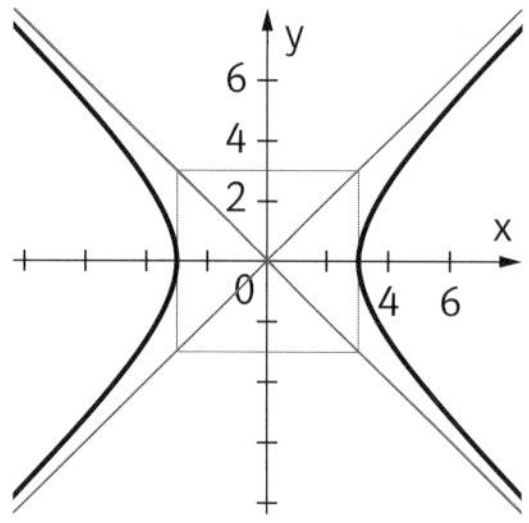

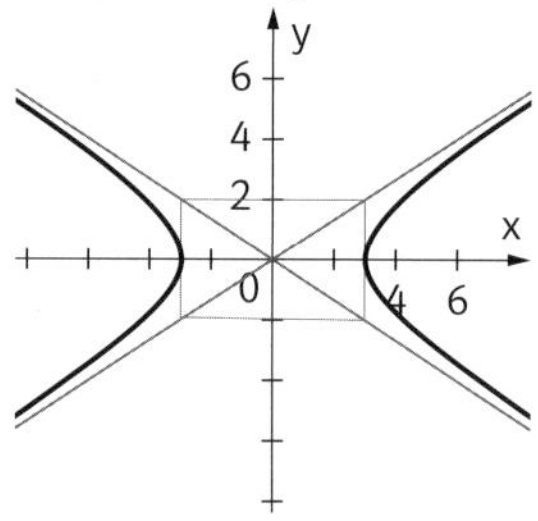

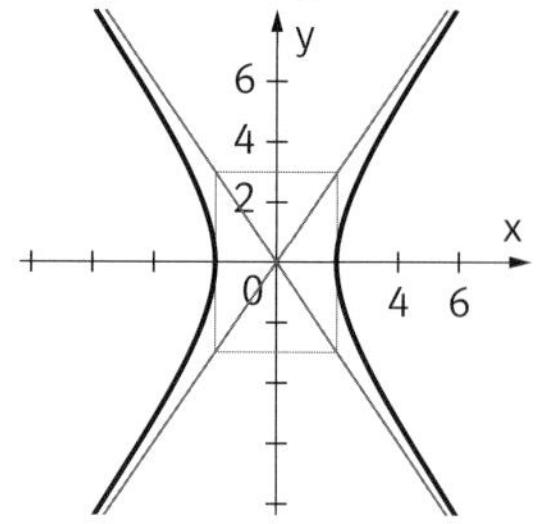

7.106 a) $y = \frac{3}{5}x,\ y = -\frac{3}{5}x$ c) $y = \frac{\sqrt{2}}{2}x,\ y = -\frac{\sqrt{2}}{2}x$
b) $y = \frac{1}{2}x,\ y = -\frac{1}{2}x$ d) $y = x,\ y = -x$

7.107 a) $16x^2 - 9y^2 = 64$ c) $9x^2 - 4y^2 = 144$
b) $4x^2 - y^2 = 64$ d) $x^2 - y^2 = 16$

7.108 a) $y = \frac{2}{3}x,\ y = -\frac{2}{3}x,\ \varphi \approx 67{,}38°$ c) $y = x,\ y = -x,\ \varphi = 90°$
b) $y = 4x,\ y = -4x,\ \varphi \approx 28{,}07°$

7.109 a) $4x^2 - y^2 = 20$,
$A = (\sqrt{5}\,|\,0),\ A' = (-\sqrt{5}\,|\,0),\ B = (0\,|\,2\sqrt{5}),\ B' = (0\,|\,-2\sqrt{5}),\ F = (5\,|\,0),\ F' = (-5\,|\,0)$
b) $x^2 - y^2 = 8$,
$A = (2\sqrt{2}\,|\,0),\ A' = (-2\sqrt{2}\,|\,0),\ B = (0\,|\,2\sqrt{2}),\ B' = (0\,|\,-2\sqrt{2}),\ F = (4\,|\,0),\ F' = (-4\,|\,0)$
c) $4x^2 - y^2 = 16$,
$A = (2\,|\,0),\ A' = (-2\,|\,0),\ B = (0\,|\,4),\ B' = (0\,|\,-4),\ F = (2\sqrt{5}\,|\,0),\ F' = (-2\sqrt{5}\,|\,0)$
d) $3x^2 - y^2 = 36$,
$A = (2\sqrt{3}\,|\,0),\ A' = (-2\sqrt{3}\,|\,0),\ B = (0\,|\,6),\ B' = (0\,|\,-6),\ F = (4\sqrt{3}\,|\,0),\ F' = (-4\sqrt{3}\,|\,0)$

7.110 a) $4x^2 - 9y^2 = 324$ b) $25x^2 - 16y^2 = 3\,600$

7.111 Eckpunkte dieses Parallelogramms sind:
$O = (0\,|\,0),\ P = (p_1\,|\,p_2),\ S_1 = \left(\frac{bp_1 + ap_2}{2b}\,\middle|\,\frac{bp_1 + ap_2}{2a}\right)$ und $S_2 = \left(\frac{bp_1 - ap_2}{2b}\,\middle|\,-\frac{bp_1 - ap_2}{2a}\right)$
Berücksichtigt man, dass $b^2p_1^{\,2} - a^2p_2^{\,2} = a^2b^2$ ist, so erhält man Flächeninhalt $= \frac{ab}{2}$.

7.113 a) $X_1 = (4\,|\,2),\ X_2 = (6\,|\,6)$ d) $X_1 = (-5\,|\,-2),\ X_2 = (7\,|\,6)$
b) $X_1 = (-3\,|\,3),\ X_2 = (5\,|\,-7)$ e) $X_1 = (-6\,|\,3),\ X_2 = (12\,|\,-9)$
c) $X_1 = (5\,|\,4),\ X_2 = (-7\,|\,10)$ f) $X_1 = (9\,|\,5),\ X_2 = (3\,|\,1)$

7.114 a) $P = (2\,|\,2),\ Q = (2\,|\,-2),\ \varphi = 90°$ b) $P = (2\,|\,6\sqrt{3}),\ Q = (1\,|\,0),\ \varphi \approx 79{,}11°$

7.115 a) $g \cap hyp$: $P_1 = (6\,|\,3),\ P_2 = (12\,|\,21)$; $h \cap hyp$: $P_3 = (6\,|\,-3),\ P_4 = (8\,|\,-11)$; Flächeninhalt = 66
b) $g \cap hyp$: $P_1 = (-11\,|\,5),\ P_2 = (14\,|\,10)$; $h \cap hyp$: $P_3 = (-10\,|\,-2),\ P_4 = (11\,|\,-5)$; Flächeninhalt = 252
c) $g \cap hyp$: $P_1 = (7\,|\,19),\ P_2 = (3{,}5\,|\,-5{,}5)$; $h \cap hyp$: $P_3 = (4\,|\,8),\ P_4 = (-3\,|\,1)$; Flächeninhalt = 63

7.116 a) $P = (7\,|\,-2),\ Q = (-8\,|\,8),\ S_1 = (1\,|\,2),\ S_2 = (-2\,|\,4)$,
$\overline{PS_1} = \overline{QS_2} = \sqrt{52}$ (siehe Abb. rechts)
b) $P = (-8\,|\,-21),\ Q = (4\,|\,3),\ S_1 = (-5\,|\,-15),\ S_2 = (1\,|\,-3)$,
$\overline{PS_1} = \overline{QS_2} = \sqrt{45}$
c) $P = (8\,|\,8),\ Q = (6\,|\,1),\ S_1 = (10\,|\,15),\ S_2 = (4\,|\,-6),\ \overline{PS_1} = \overline{QS_2} = \sqrt{53}$
d) $P = (17\,|\,8),\ Q = (7\,|\,2),\ S_1 = (22\,|\,11),\ S_2 = (2\,|\,-1),\ \overline{PS_1} = \overline{QS_2} = \sqrt{34}$
e) $P = (8\,|\,1),\ Q = (-12\,|\,9),\ S_1 = (3\,|\,3),\ S_2 = (-7\,|\,7),\ \overline{PS_1} = \overline{QS_2} = \sqrt{29}$
f) $P = (4\,|\,8),\ Q = (-3\,|\,4{,}5),\ S_1 = (3\,|\,7{,}5),\ S_2 = (-2\,|\,5)$,
$\overline{PS_1} = \overline{QS_2} = \sqrt{1{,}25}$

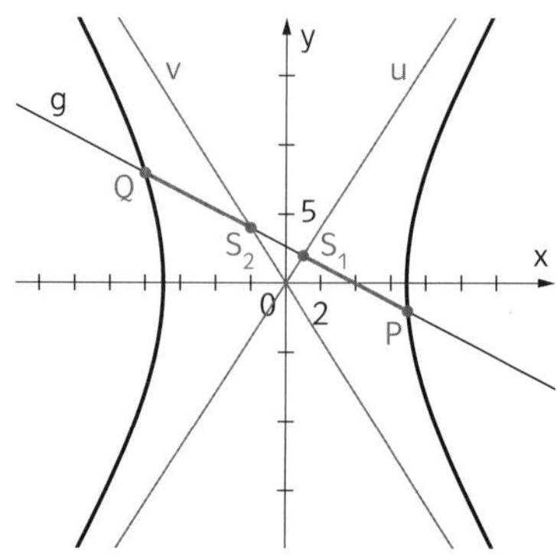

7.117 a) zwei Punkte $\Leftrightarrow -3 < a < 3$
ein Punkt $\Leftrightarrow a = -3 \lor a = 3$ [$a = -3$: $P = (-6\,|\,-3)$, $a = 3$: $P = (6\,|\,-3)$]
kein Punkt $\Leftrightarrow a < -3 \lor a > 3$

b) zwei Punkte $\Leftrightarrow a < -6 \lor a > 6$
ein Punkt $\Leftrightarrow a = -6 \lor a = 6$ [$a = -6$: $P = (2\,|\,-3)$, $a = 6$: $P = (2\,|\,3)$]
kein Punkt $\Leftrightarrow -6 < a < 6$

c) zwei Punkte $\Leftrightarrow a < -1 \lor a > 1$
ein Punkt $\Leftrightarrow a = -1 \lor a = 1$ [$a = -1$: $P = (5\,|\,-1)$, $a = 1$: $P = (5\,|\,1)$]
kein Punkt $\Leftrightarrow -1 < a < 1$

d) zwei Punkte $\Leftrightarrow -10 < a < 10$
ein Punkt $\Leftrightarrow a = -10 \lor a = 10$ [$a = -10$: $P = (-5\,|\,1)$, $a = 10$: $P = (5\,|\,1)$]
kein Punkt $\Leftrightarrow a < -10 \lor a > 10$

e) zwei Punkte $\Leftrightarrow -\sqrt{5} < a < \sqrt{5}$
ein Punkt $\Leftrightarrow a = -\sqrt{5} \lor a = \sqrt{5}$ [$a = -\sqrt{5}$: $P = (-\sqrt{5}\,|\,-1)$, $a = \sqrt{5}$: $P = (\sqrt{5}\,|\,-1)$]
kein Punkt $\Leftrightarrow a < -\sqrt{5} \lor a > \sqrt{5}$

f) zwei Punkte $\Leftrightarrow a < -5 \lor a > 5$
ein Punkt $\Leftrightarrow a = -5 \lor a = 5$ [$a = -5$: $P = (2\,|\,1)$, $a = 5$: $P = (2\,|\,-1)$]
kein Punkt $\Leftrightarrow -5 < a < 5$

7.118 a) $P = (3\,|\,1)$, $t: x - y = 2$
b) $P = (6\,|\,-9)$, $t: 5x + 3y = 3$
c) $P = (-4\,|\,-2)$, $t: 9x - 2y = -32$
d) $P = (-6\,|\,3)$, $t: 4x + 3y = -15$
e) $P = (8\,|\,2)$, $t: 3x - y = 22$
f) $P = (3\,|\,0)$, $t: x = 3$

7.119 Löse das entsprechende Gleichungssystem und beachte, dass $b^2p_1^{\,2} - a^2p_2^{\,2} = a^2b^2$ ist! Überlege, dass die Steigung der Geraden t für $P \in hyp$ nicht gleich $\pm\frac{b}{a}$ sein kann!

7.120 a) $t: 2x - y = 5$, $F = (5\,|\,0)$, $F' = (-5\,|\,0)$, $\overrightarrow{PF} = (1\,|\,-3)$, $\overrightarrow{PF'} = (-9\,|\,-3)$
Winkelsymmetrale von $\overrightarrow{PF}$ und $\overrightarrow{PF'} \parallel (1\,|\,2) \parallel t$

b) $t: 3x + y = 10$, $F = (10\,|\,0)$, $F' = (-10\,|\,0)$, $\overrightarrow{PF} = (4\,|\,8)$, $\overrightarrow{PF'} = (-16\,|\,8)$
Winkelsymmetrale von $\overrightarrow{PF}$ und $\overrightarrow{PF'} \parallel (1\,|\,-3) \parallel t$

c) $t: 3x - y = 24$, $F = (12\,|\,0)$, $F' = (-12\,|\,0)$, $\overrightarrow{PF} = (3\,|\,-3)$, $\overrightarrow{PF'} = (-21\,|\,-3)$
Winkelsymmetrale von $\overrightarrow{PF}$ und $\overrightarrow{PF'} \parallel (1\,|\,3) \parallel t$

d) $t: 8x - y = -8$, $F = (14\,|\,0)$, $F' = (-14\,|\,0)$, $\overrightarrow{PF} = (18\,|\,24)$, $\overrightarrow{PF'} = (-10\,|\,24)$
Winkelsymmetrale von $\overrightarrow{PF}$ und $\overrightarrow{PF'} \parallel (1\,|\,8) \parallel t$

7.121 $a^2k^2 = b^2 + d^2 \land a^2k^2 \neq b^2$

7.122 a) $a^2 = 14$, $b^2 = 7$, $F = (\sqrt{21}\,|\,0)$, $F' = (-\sqrt{21}\,|\,0)$,
$T_1 = (3{,}5\,|\,0)$, $T_2 = (0\,|\,-7)$, $N_1 = (6\,|\,0)$, $N_2 = (0\,|\,3)$,
$|\overline{N_1P}| = \sqrt{5}$, $|\overline{N_2P}| = 2\sqrt{5}$, $|\overline{N_1P}| : |\overline{N_2P}| = 1 : 2 = b^2 : a^2$,
$k: x^2 + (y + 2)^2 = 25$ (siehe Abb. rechts)

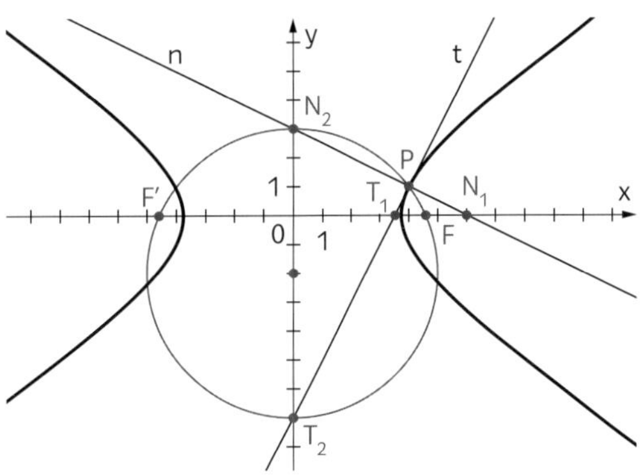

b) $a^2 = 52$, $b^2 = 39$, $F = (\sqrt{91}\,|\,0)$, $F' = (-\sqrt{91}\,|\,0)$
$T_1 = (6{,}5\,|\,0)$, $T_2 = (0\,|\,-13)$, $N_1 = (14\,|\,0)$, $N_2 = (0\,|\,7)$
$|\overline{N_1P}| = 3\sqrt{5}$, $|\overline{N_2P}| = 4\sqrt{5}$, $|\overline{N_1P}| : |\overline{N_2P}| = 3 : 4 = b^2 : a^2$,
$k: x^2 + (y + 3)^2 = 100$

c) $a^2 = 12$, $b^2 = 12$, $F = (\sqrt{24}\,|\,0)$, $F' = (-\sqrt{24}\,|\,0)$
$T_1 = (3\,|\,0)$, $T_2 = (0\,|\,-6)$, $N_1 = (8\,|\,0)$, $N_2 = (0\,|\,4)$
$|\overline{N_1P}| = 2\sqrt{5}$, $|\overline{N_2P}| = 2\sqrt{5}$, $|\overline{N_1P}| : |\overline{N_2P}| = 1 : 1 = b^2 : a^2$,
$k: x^2 + (y + 1)^2 = 25$

7.123 a) $x^2 - 4y^2 = 12$ b) $25x^2 - 42y^2 = 7$ c) $5x^2 - 4y^2 = 20$ d) $5x^2 - 3y^2 = 17$

7.124 a) $4x^2 - y^2 = 32$, t_P: $6x + y = 16$, t_Q: $18x - 7y = 32$,
$P_1 = (2|4)$, $P_2 = (4|-8)$, $Q_1 = (8|16)$, $Q_2 = (1|-2)$
Da $\overrightarrow{P_1Q_2} \parallel \overrightarrow{P_2Q_1}$, ist das Viereck $P_1Q_2P_2Q_1$ ein Trapez. $\text{Flächeninhalt}_{\text{Trapez}} = 60$

b) $x^2 - y^2 = 48$, t_P: $7x + y = -48$, t_Q: $2x - y = 12$,
$P_1 = (-6|-6)$, $P_2 = (-8|8)$, $Q_1 = (12|12)$, $Q_2 = (4|-4)$
Da $\overrightarrow{P_1Q_2} \parallel \overrightarrow{P_2Q_1}$, ist das Viereck $P_1Q_2Q_1P_2$ ein Trapez. $\text{Flächeninhalt}_{\text{Trapez}} = 216$

c) $9x^2 - y^2 = 216$, t_P: $15x - y = 72$, t_Q: $21x + 5y = 72$,
$P_1 = (6|18)$, $P_2 = (4|-12)$, $Q_1 = (2|6)$, $Q_2 = (12|-36)$
Da $\overrightarrow{P_1Q_2} \parallel \overrightarrow{P_2Q_1}$, ist das Viereck $P_1Q_1P_2Q_2$ ein Trapez. $\text{Flächeninhalt}_{\text{Trapez}} = 192$

7.125 1) Hinweis: Setze $P = (p_1|p_2)$ und beachte $b^2p_1^2 - a^2p_2^2 = a^2b^2$!
Es ergeben sich die Schnittpunkte:

$$P_1 = \left(\frac{a^2b}{bp_1 - ap_2} \middle| \frac{ab^2}{bp_1 - ap_2}\right),$$

$$P_2 = \left(\frac{a^2b}{bp_1 + ap_2} \middle| -\frac{ab^2}{bp_1 + ap_2}\right).$$

Zeige: $P = \frac{1}{2} \cdot (P_1 + P_2)$

2) Hinweis: Beachte $b^2p_1^2 - a^2p_2^2 = a^2b^2$!
Es ergibt sich:
$\text{Flächeninhalt} = \frac{1}{2} \cdot |\overrightarrow{OP_1} \times \overrightarrow{OP_2}| = ab$

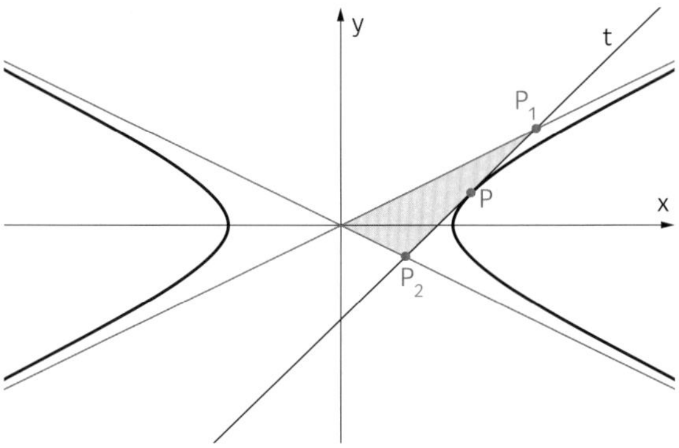

7.126 $P_1 = \left(\frac{a^2}{p_1 - p_2} \middle| \frac{a^2}{p_1 - p_2}\right) = (p_1 + p_2 | p_1 + p_2)$, $P_2 = \left(\frac{a^2}{p_1 + p_2} \middle| -\frac{a^2}{p_1 + p_2}\right) = (p_1 - p_2 | -p_1 + p_2)$,

$N_1 = (2p_1|0)$, $N_2 = (0|2p_2)$

1) $|\overrightarrow{N_2P_1}| = |\overrightarrow{N_2P_2}| = \sqrt{(p_1 + p_2)^2 + (p_1 - p_2)^2} = \sqrt{2p_1^2 + 2p_2^2}$
$F = (a\sqrt{2}|0)$, $F' = (-a\sqrt{2}|0)$
$|\overrightarrow{N_2F}| = |\overrightarrow{N_2F'}| = \sqrt{2a^2 + 4p_2^2} = \sqrt{2(p_1^2 - p_2^2) + 4p_2^2} = \sqrt{2p_1^2 + 2p_2^2}$
Daher liegen P_1, P_2, F und F' auf dem Kreis
k: $x^2 + (y - 2p_2)^2 = 2p_1^2 + 2p_2^2$.

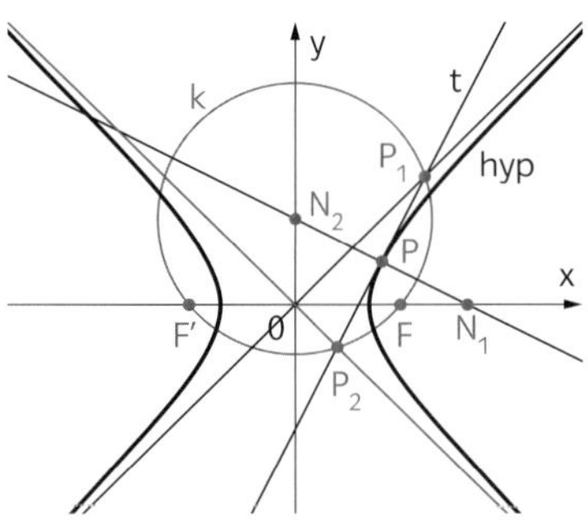

2) Da $|\overrightarrow{N_2P_1}| = |\overrightarrow{N_2P_2}| = |\overrightarrow{N_1P_1}| = |\overrightarrow{N_1P_2}| = \sqrt{2p_1^2 + 2p_2^2}$
und $\overrightarrow{N_2P_1} \perp \overrightarrow{N_2P_2}$, ist das Viereck $P_1N_2P_2N_1$ ein Quadrat.
Umkreis von $P_1N_2P_2N_1$: k': $(x - p_1)^2 + (y - p_2)^2 = p_1^2 + p_2^2$
$O = (0|0) \in k$, denn $(0 - p_1)^2 + (0 - p_2)^2 = p_1^2 + p_2^2$.

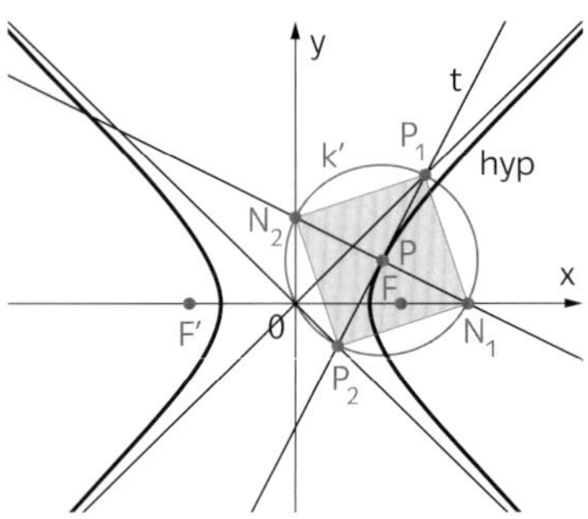

7.127 a) $P_1 = (9 \mid 10)$, t_1: $6x - 5y = 4$, $P_2 = (3 \mid 2)$, t_2: $2x - y = 4$
b) $P_1 = (-4 \mid 1)$, t_1: $8x + 5y = -27$, $P_2 = (6 \mid -3)$, t_2: $4x + 5y = 9$
c) $P_1 = (-4 \mid -2)$, t_1: $-6x + y = 22$, $P_2 = (6 \mid -8)$, t_2: $9x + 4y = 22$
d) $P_1 = (-7 \mid 1)$, t_1: $7x + 4y = -45$, $P_2 = (9 \mid 3)$, t_2: $3x - 4y = 15$
e) $P_1 = (9 \mid 10)$, t_1: $9x - 5y = 31$, $P_2 = (7 \mid -6)$, t_2: $7x + 3y = 31$
f) $P_1 = (-4 \mid -2)$, t_1: $-16x + 5y = 54$, $P_2 = (6 \mid 6)$, t_2: $8x - 5y = 18$

7.128 a) $P_1 = (a\sqrt{2} \mid -b)$, t_1: $b\sqrt{2}\,x + ay = ab$, $P_2 = (-a\sqrt{2} \mid -b)$, t_2: $-b\sqrt{2}x + ay = ab$
b) $P_1 = (2a \mid b\sqrt{3})$, t_1: $2bx - a\sqrt{3}\,y = ab$, $P_2 = (2a \mid -b\sqrt{3})$, t_2: $2bx + a\sqrt{3}\,y = ab$
c) $P_1 = (a \mid 0)$, t_1: $x = a$ (Da Q auf einer Asymptote liegt, gibt es nur eine Tangente.)
d) $P_1 = \left(\frac{5a}{4} \middle| \frac{3b}{4}\right)$, t_1: $5bx - 3ay = 4ab$ (Da Q auf einer Asymptote liegt, gibt es nur eine Tangente.)

7.129
- Liegt der Punkt $Q = (q_1 \mid q_2)$ innerhalb eines Hyperbelastes (dh. $b^2q_1^{\,2} - a^2q_2^{\,2} > a^2b^2$) oder ist $Q = (0 \mid 0)$, so kann man keine Tangenten von Q aus an die Hyperbel legen.
- Liegt Q auf der Hyperbel oder auf einer der beiden Asymptoten (wobei $Q \neq (0 \mid 0)$ ist), so gibt es genau eine Hyperbeltangente, die durch Q verläuft.
- Für alle übrigen Punkte Q der Ebene gibt es zwei Hyperbeltangenten durch Q.
Hinweis: Der Berührpunkt $(x_0 \mid y_0)$ einer Tangente an die Hyperbel $b^2x^2 - a^2y^2 = a^2b^2$ durch den Punkt $Q = (q_1 \mid q_2)$ muss die beiden folgenden Bedingungen erfüllen:
$b^2x_0^{\,2} - a^2y_0^{\,2} = a^2b^2$ und $b^2q_1x_0 - a^2q_2y_0 = a^2b^2$. Drücke aus diesen Bedingungen x_0 und y_0 aus und untersuche die möglichen Lösungsfälle!

7.130 a) t_1: $3x - y = 7$, t_2: $3x - y = -7$, $P_1 = (3 \mid 2)$, $P_2 = (-3 \mid -2)$
b) t_1: $4x + 5y = 30$, t_2: $4x + 5y = -30$, $P_1 = (10 \mid -2)$, $P_2 = (-10 \mid 2)$
c) t_1: $x + y = 16$, t_2: $x + y = -16$, $P_1 = (18 \mid -2)$, $P_2 = (-18 \mid 2)$
d) t_1: $6x - 7y = 5$, t_2: $6x - 7y = -5$, $P_1 = (9 \mid 7)$, $P_2 = (-9 \mid -7)$

7.131 a) t_1: $2x - y = 6$, t_2: $2x - y = -6$, $P_1 = (5 \mid 4)$, $P_2 = (-5 \mid -4)$
b) t_1: $5x - y = 24$, t_2: $5x - y = -24$, $P_1 = (5 \mid 1)$, $P_2 = (-5 \mid -1)$
c) t_1: $5x - 4y = 4$, t_2: $5x - 4y = -4$, $P_1 = (4 \mid 4)$, $P_2 = (-4 \mid -4)$
d) t_1: $5x - 3y = 16$, t_2: $5x - 3y = -16$, $P_1 = (5 \mid 3)$, $P_2 = (-5 \mid -3)$

7.132 a) t_1: $2x + y = 13$, t_2: $2x + y = -13$, $P_1 = (8 \mid -3)$, $P_2 = (-8 \mid 3)$
b) t_1: $2x - y = 9$, t_2: $2x - y = -9$, $P_1 = (12 \mid 15)$, $P_2 = (-12 \mid -15)$
c) t_1: $9x - 4y = 40$, t_2: $9x - 4y = -40$, $P_1 = (8 \mid 8)$, $P_2 = (-8 \mid -8)$
d) t_1: $3x + 4y = 11$, t_2: $3x + 4y = -11$, $P_1 = (9 \mid -4)$, $P_2 = (-9 \mid 4)$

7.133 a) $P_1 = (9 \mid -4)$, $P_2 = (15 \mid 8)$,
Tangenten parallel zu $\overrightarrow{P_1P_2}$: t_1: $2x - y = 11$, t_2: $2x - y = -11$, $T_1 = (6 \mid 1)$, $T_2 = (-6 \mid -1)$
b) $P_1 = (8 \mid 11)$, $P_2 = (12 \mid -21)$
Tangenten parallel zu $\overrightarrow{P_1P_2}$: t_1: $8x + y = 45$, t_2: $8x + y = -45$, $T_1 = (6 \mid -3)$, $T_2 = (-6 \mid 3)$

7.134 a)

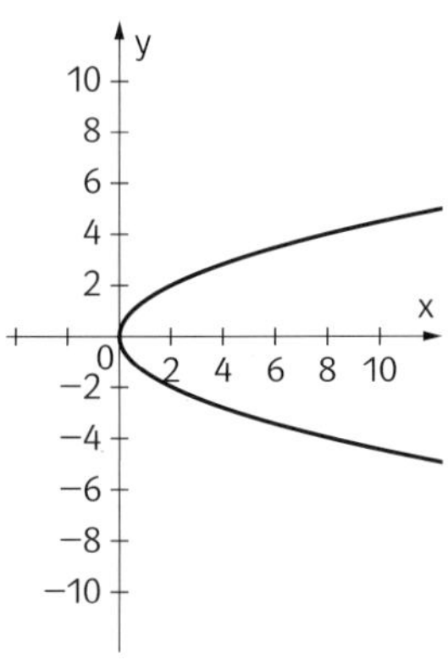

b)

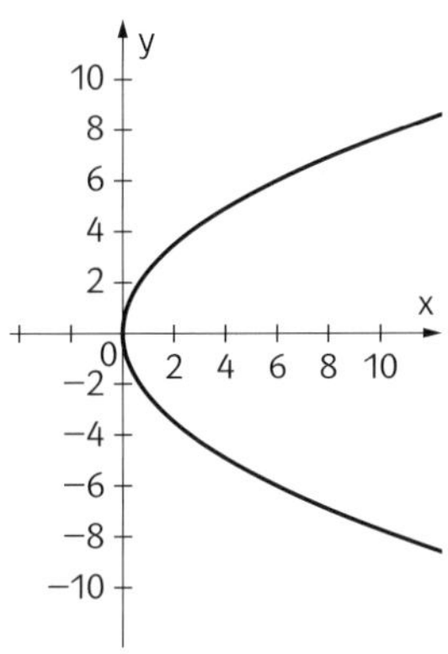

c)

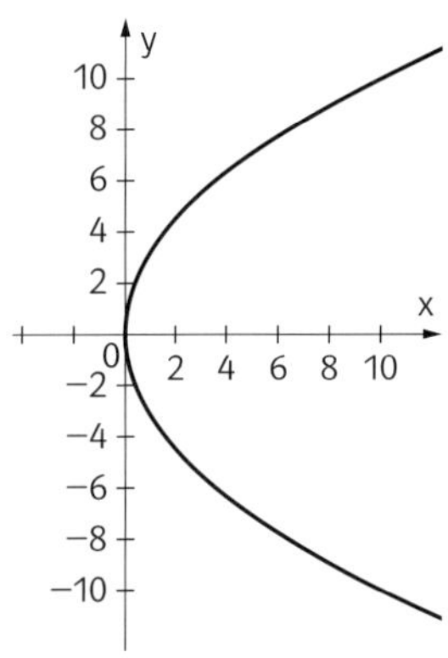

7.135

a) 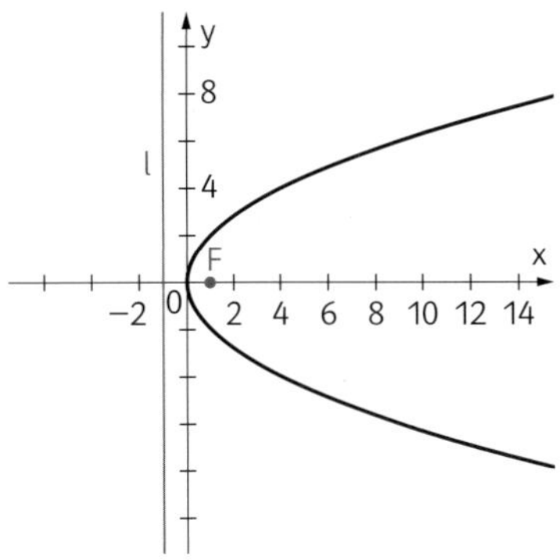

c) 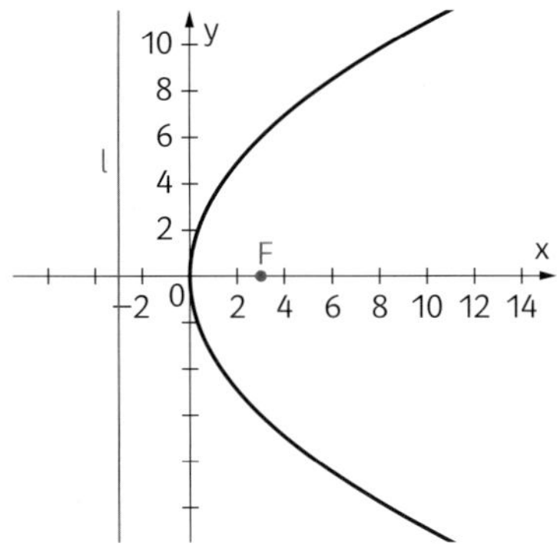

b) 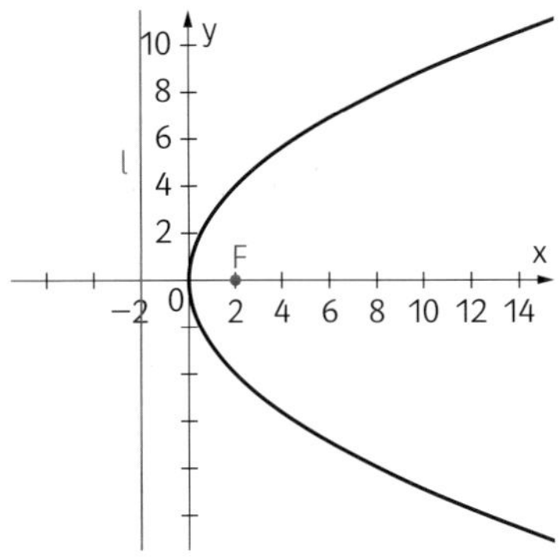

d) 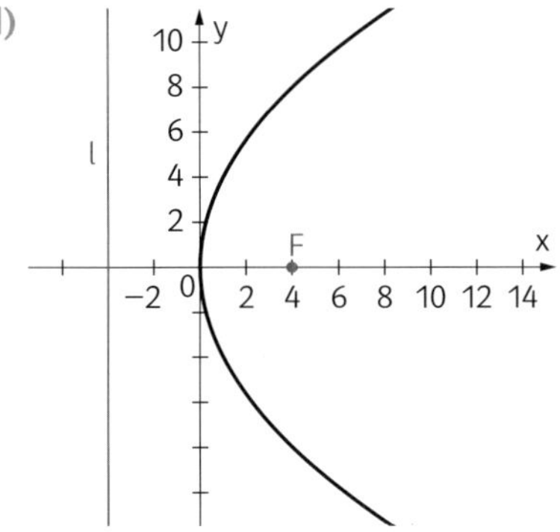

7.136
a) $y^2 = 6x$, $S = (0|0)$, zB: $P = (6|6)$, $Q = (6|-6)$
b) $y^2 = 8x$, $S = (0|0)$, zB: $P = (8|8)$, $Q = (2|-4)$
c) $y^2 = x$, $S = (0|0)$, zB: $P = (4|2)$, $Q = (1|-1)$
d) $y^2 = \frac{1}{2}x$, $S = (0|0)$, zB: $P = (8|2)$, $Q = (2|-1)$
e) $y^2 = 20x$, $S = (0|0)$, zB: $P = (5|10)$, $Q = (5|-10)$
f) $y^2 = 0{,}4x$, $S = (0|0)$, zB: $P = (10|2)$, $Q = (10|-2)$

7.137
a) $y^2 = \frac{25}{2}x$, $F = \left(\frac{25}{8} \middle| 0\right)$
b) $y^2 = 16x$, $F = (4|0)$
c) $y^2 = \frac{16}{3}x$, $F = \left(\frac{4}{3} \middle| 0\right)$
d) $y^2 = 4x$, $F = (1|0)$
e) $y^2 = 12x$, $F = (3|0)$
f) $y^2 = 9x$, $F = \left(\frac{9}{4} \middle| 0\right)$

7.138 a) $y^2 = 16x$ b) $y^2 = 12x$ c) $y^2 = 32x$ d) $y^2 = 18x$

7.139 a) $y^2 = 8x$ b) $y^2 = 20x$ c) $y^2 = 4x$ d) $y^2 = 12x$

7.140 a) $F = (2{,}5|0)$ b) $F = \left(\frac{1}{4} \middle| 0\right)$ c) $F = \left(\frac{3}{4} \middle| 0\right)$ d) $F = \left(\frac{5}{8} \middle| 0\right)$

7.141 $P = (9|6)$, $F = (1|0)$, $l: x = -1$, $\overline{PF} = \overline{Pl} = 10$

7.142 a) Flächeninhalt = 8 b) Flächeninhalt = 32 c) Flächeninhalt = 12,5 d) Flächeninhalt = 40,5

7.143 a) $p = 4$, $F = (0|2)$ b) $p = 8$, $F = (0|4)$ c) $p = \frac{25}{8}$, $F = \left(0 \middle| \frac{25}{16}\right)$ d) $p = \frac{5}{2}$, $F = \left(0 \middle| \frac{5}{4}\right)$

7.144 a) par: $x^2 = 8y$, $P \in$ par, $Q \notin$ par b) par: $x^2 = 6y$, $P \notin$ par, $Q \in$ par

7.145
a) par: $y^2 = \frac{4}{5}x$, par′: $x^2 = \frac{25}{2}y$
b) par: $y^2 = 9x$, par′: $x^2 = \frac{1}{3}y$
c) par: $y^2 = 4x$, par′: $x^2 = 4y$
d) par: $y^2 = \frac{3}{2}x$, par′: $x^2 = 12y$

7.148
a) $S_1 = (4|-6)$, $S_2 = (16|12)$
b) $S_1 = (0|0)$, $S_2 = (6|2)$
c) $S_1 = (2|3)$, $S_2 = (18|-9)$
d) $S_1 = (3|3)$, $S_2 = (12|-6)$
e) $S_1 = (3|4)$, $S_2 = (12|8)$
f) $S_1 = (2{,}5|-2)$, $S_2 = (10|4)$

7.149 $X_1 = \left(\frac{d^2}{5} \middle| d\right)$, $X_2 = \left(\frac{d^2}{5} \middle| -d\right)$

7.150 a) $P = \left(\frac{1}{4} \middle| \frac{3}{2}\right)$, $P' = \left(\frac{1}{100} \middle| \frac{3}{10}\right)$, $d \approx 1{,}22$

b) $P = \left(\frac{1}{4} \middle| 1\right)$, $P' = \left(\frac{9}{4} \middle| 3\right)$, $d = 2\sqrt{2} \approx 2{,}83$

c) $P = (1|3)$, $P' = \left(\frac{1}{4} \middle| \frac{3}{2}\right)$, $d \approx 1{,}68$

d) $P = (0|0)$, $P' = (7|7)$, $d = 7\sqrt{2} \approx 9{,}90$

7.151 1) $2dk = 1 \vee k = 0$ 2) $2dk > 1$ 3) $2dk < 1 \wedge k \neq 0$

7.152 1) $S_1 = (0{,}5|2)$, $S_2 = (4{,}5|6)$, $\overline{S_1S_2} = 4\sqrt{2} \approx 5{,}66$

2) $\sphericalangle S_1OS_2 \approx 22{,}83°$ 3) $F = (2|0)$, $\sphericalangle S_1FS_2 \approx 59{,}49°$ 4) $d = \frac{2{,}5}{\sqrt{2}} \approx 2{,}47$

7.153 1) $F = (3|0)$, $S = (3|6)$, $T = (12|12)$, Flächeninhalt $= 27$

2) $\sphericalangle TFS \approx 36{,}87°$, $\sphericalangle FST \approx 123{,}69°$, $\sphericalangle STF \approx 19{,}44°$

7.154 a) ZB: $x = -\frac{a}{2}$ b) ZB: $x = 0$ c) ZB: $y = x$

7.155 a) $P = (5|5)$, t: $x - 2y = -5$

b) $P = (9|6)$, t: $x - 3y = -9$

c) $P = (32|-8)$, t: $x + 8y = -32$

d) $P = (6|3)$, t: $x - 4y = -6$

e) $P = (81|-9)$, t: $x + 18y = -81$

f) $P = (162|18)$, t: $x - 18y = -162$

7.156 1) $P = (6|6)$, t: $x - 2y = -6$

2) $t \cap$ 2. Achse: $S = (0|3)$; $t \cap$ Leitlinie: $S_l = (-1{,}5|2{,}25)$

7.157 1) t: $x - 2y = -4$, t': $x + 2y = -4$, $P = (4|4)$, $P' = (4|-4)$

2) $S = (-4|0)$

3) $\text{Flächeninhalt}_{\Delta PSP'} = 32$

7.158 a) $P = (3|12)$, t: $2x - y = -6$, $P' = (3|-12)$, t': $2x + y = -6$, $S = (-3|0)$

$F = (12|0)$, Umkreis des Dreiecks PP'S: $(x - 12)^2 + y^2 = 15$

b) $P = (8|4)$, t: $x - 4y = -8$, $P' = (8|-4)$, t': $x + 4y = -8$, $S = (-8|0)$

$F = (0{,}5|0)$, Umkreis des Dreiecks PP'S: $(x - 0{,}5)^2 + y^2 = 72{,}25$

7.159 par: $y^2 = 24x$, t: $2x - y = -3$,

$L = (-6|-9)$, n: $x + 2y = -24$, $n \cap \text{par} = \{(24|-24)\}$

Hinweis: Allgemein gilt: Zwei Tangenten einer Parabel stehen genau dann aufeinander normal, wenn sie einander in einem Punkt der Leitlinie schneiden.

7.160 $P = (9|-12)$, $Q = (1|-4)$, $R = (4|8)$

$A = (3|-8)$, $B = (-6|-2)$, $C = (-2|2)$,

1) $\text{Flächeninhalt}_{\Delta PQR} = 60$, $\text{Flächeninhalt}_{\Delta ABC} = 30$

2) Leitlinie l der Parabel: l: $x = -4$,

Höhenschnittpunkt von ΔABC: $H = (-4|-1) \in l$,

3) Umkreis k von ΔABC: $(x + 0{,}5)^2 + (y + 3{,}5)^2 = 32{,}5$

$F = (4|0) \in k$ (siehe Abb. rechts)

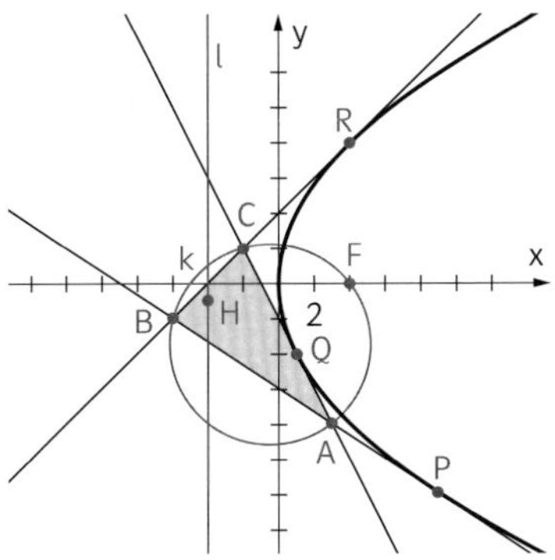

7.161 $P = (-12|4)$, $Q = (6|1)$, $R = (18|9)$

$A = (-3|-2)$, $B = (3|-6)$, $C = (12|3)$

1) $\text{Flächeninhalt}_{\Delta PQR} = 90$, $\text{Flächeninhalt}_{\Delta ABC} = 45$

2) Leitlinie l der Parabel: l: $y = -9$,

Höhenschnittpunkt von ΔABC: $H = (4|-9) \in l$,

3) Umkreis k von ΔABC: $(x - 4)^2 + (y - 2)^2 = 65$, $F = (0|9) \in k$

7.162 Hinweis zu 1) und 2): Stelle die Tangentengleichung auf und setze $y = 0$ bzw. $x = 0$!
Hinweis zu 4): Zeige, dass $|\overrightarrow{P_1F}| = |\overrightarrow{FP}|$ ist! Daraus folgt, dass das Dreieck P_1FP gleichschenkelig mit Spitze in F ist und daher gleich große Basiswinkel $\sphericalangle(PP_1F) = \sphericalangle(P_1PF)$ hat (siehe Abb. rechts).

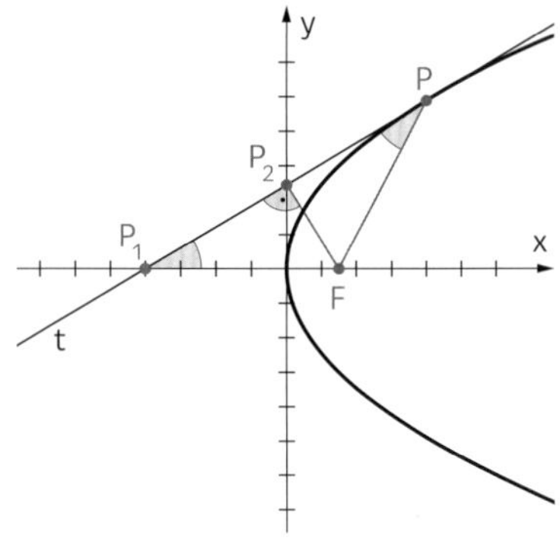

7.163 a) $P_1 = (0 \mid 0)$, t_1: $x = 0$, $P_2 = (2 \mid 4)$, t_2: $x - y = -2$
b) $P_1 = (4 \mid 6)$, t_1: $3x - 4y = -12$, $P_2 = (36 \mid 18)$, t_2: $x - 4y = -36$
c) $P_1 = (5 \mid 5)$, t_1: $x - 2y = -5$, $P_2 = (45 \mid 15)$, t_2: $x - 6y = -45$
d) $P_1 = (4 \mid -2)$, t_1: $x + 4y = -4$, $P_2 = (16 \mid 4)$, t_2: $x - 8y = -16$

7.164 $Q = (-1 \mid 2)$
Hinweis: Beachte, dass Q auf der Leitlinie der Parabel liegt.

7.165 a) $P = (54 \mid 9)$, t: $x - 12y = -54$
b) $P = (20 \mid -5)$, t: $x + 8y = -20$
c) $P = \left(\frac{2}{3} \middle| 2\right)$, t: $3x - 2y = -2$

7.166 a) $P = \left(\frac{125}{8} \middle| -\frac{25}{2}\right)$, t: $8x + 20y = -125$
b) $P = (32 \mid 16)$, t: $x - 4y = -32$
c) $P = \left(\frac{16}{3} \middle| 4\right)$, t: $3x - 8y = -16$
d) $P = \left(\frac{1}{2} \middle| -1\right)$, t: $2x + 2y = -1$

7.167 a) $P = (2 \mid -6)$, t_P: $3x + 2y = -6$, $Q = (8 \mid 12)$, t_Q: $3x - 4y = -24$,
$S = (-4 \mid 3)$, $T = (0{,}5 \mid 3)$, t_T: $3x - y = -1{,}5$,
$M_{PQ} = (5 \mid 3)$, $T = \frac{1}{2} \cdot (S + M_{PQ})$ (siehe Abb. rechts)
b) $P = (3 \mid 3)$, t_P: $x - 2y = -3$, $Q = (27 \mid 9)$, t_Q: $x - 6y = -27$,
$S = (9 \mid 6)$, $T = (12 \mid 6)$, t_T: $x - 4y = -12$,
$M_{PQ} = (15 \mid 6)$, $T = \frac{1}{2} \cdot (S + M_{PQ})$

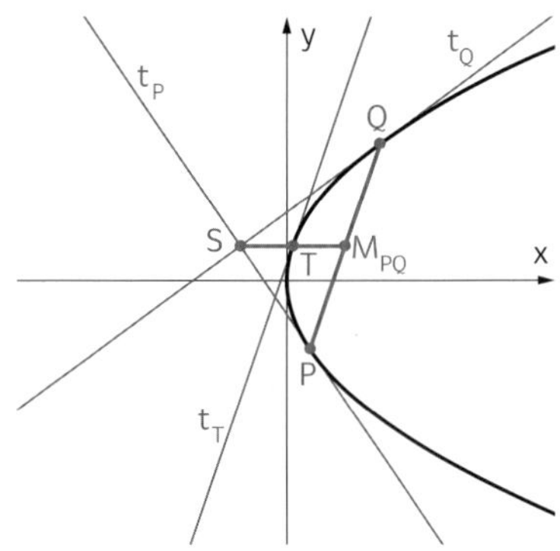

7.168 Nein. Zu einer Geraden, die zur ersten Achse parallel ist, gibt es keine parallele Tangente an die Parabel.

7.169 Ein Punkt, eine Gerade oder ein Geradenpaar (zwei Geraden durch die Spitze S).

7.170 Für $\varepsilon = 0$ geht die Gleichung über in $y^2 = 2px - x^2$. Diese Gleichung ist äquivalent zu $x^2 - 2px + y^2 = 0$ bzw. $(x - p)^2 + y^2 = p^2$. Dies ist eine Gleichung eines Kreises mit dem Mittelpunkt $M = (p \mid 0)$ und dem Radius $r = p$.

7.171 Siehe Seiten 138, 150 und 159!

7.172 Siehe Seiten 139–140 und 150–151!

7.173 Siehe Seiten 159–160!

7.174 a) Ellipse: $a^2 - b^2 = e^2$; Hier ist stets $a \geqslant b$.
b) Hyperbel : $a^2 + b^2 = e^2$; Es gibt Hyperbeln mit $a \geqslant b$ und auch mit $a < b$.

7.175 a) Ellipse: 1. Hauptlage: $b^2x^2 + a^2y^2 = a^2b^2$, wobei $a \geqslant b$
2. Hauptlage: $a^2x^2 + b^2y^2 = a^2b^2$, wobei $a \geqslant b$
b) Hyperbel: 1. Hauptlage: $b^2x^2 - a^2y^2 = a^2b^2$
2. Hauptlage: $a^2x^2 - b^2y^2 = -a^2b^2$
c) Parabel: 1. Hauptlage: $y^2 = 2px$, wobei $p > 0$
2. Hauptlage: $x^2 = 2py$, wobei $p > 0$

7.176 Siehe Seite 141!

7.177 **1)** Siehe Seiten 154–155! **2)** $y = \frac{b}{a}x$, $y = -\frac{b}{a}x$

7.178 Siehe Seiten 146–147, Seite 157 und Seite 163!

7.179 Siehe Seiten 165–166!

7.180 Eine Ellipse, Hyperbel bzw. Parabel kann mit einer Geraden 0, 1 oder 2 gemeinsame Punkte haben.
Für Ellipsen gilt (wie für Kreise), dass eine Gerade genau dann Tangente ist, wenn sie mit der Ellipse einen Punkt gemeinsam hat.
Bei der Hyperbel dagegen haben die Parallelen zu den Asymptoten genau einen Schnittpunkt mit der Hyperbel, sind jedoch keine Tangenten (siehe Abb. rechts).
Genauso hat jede Gerade, die zur Achse einer Parabel parallel ist, genau einen Schnittpunkt mit dieser Parabel und ist trotzdem keine Tangente.

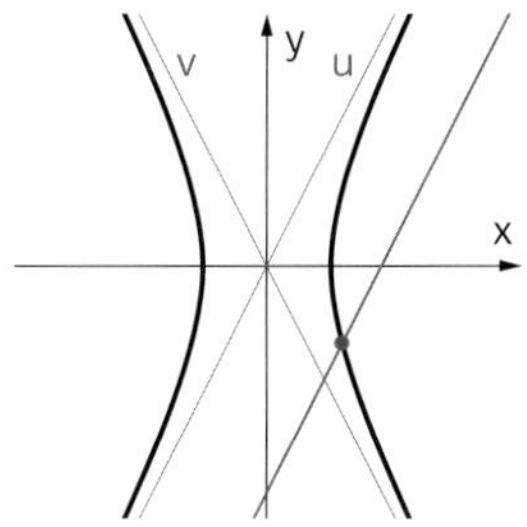

7.182 **a)** ell: $x^2 + 16y^2 = 256$, $P = (12 \mid \sqrt{7})$ **b)** ell: $x^2 + 9y^2 = 144$, $P = (3 \mid -\sqrt{15})$

7.183 **a)** hyp: $4x^2 - y^2 = 16$ **c)** hyp: $x^2 - 3y^2 = 75$
b) hyp: $9x^2 - 16y^2 = 1296$

7.184 $y^2 = 6x$, $F = (1{,}5 \mid 0)$, $l: x = -1{,}5$

7.185

	A	B	C	D	E	F
$(x-2)^2 + y^2 = 4$	☐	☐	☒	☐	☐	☐
$9x^2 + 16y^2 = 144$	☒	☐	☐	☐	☐	☐
$16x^2 - 9y^2 = 144$	☐	☒	☐	☐	☐	☐
$16x^2 + 9y^2 = 144$	☐	☐	☐	☐	☐	☒
$9x^2 - 16y^2 = 144$	☐	☐	☐	☐	☒	☐
$x^2 + y^2 = 16$	☐	☐	☐	☒	☐	☐

7.186 **a)** $P = (6 \mid -4)$, $t: x - 2y = 14$, $P' = (-6 \mid 4)$, $t': x - 2y = -14$
b) $P = (5 \mid 2)$, $t: 3x + y = 17$, $P' = (-5 \mid -2)$, $t': 3x + y = -17$

7.187 **a)** $P = (9 \mid 7)$, $t: 6x - 7y = 5$ **b)** $P = (-8 \mid 9)$, $t: 2x + 3y = 11$

7.188 **a)** $a = 4$, $b = 2$, $F = (\sqrt{20} \mid 0)$, $F' = (-\sqrt{20} \mid 0)$
b) $a = 3$, $b = \sqrt{27}$, $F = (0 \mid 6)$, $F' = (0 \mid -6)$
c) $a = \sqrt{35}$, $b = \sqrt{14}$, $F = (7 \mid 0)$, $F' = (-7 \mid 0)$
d) $a = 6$, $b = 6$, $F = (0 \mid 6\sqrt{2})$, $F' = (0 \mid -6\sqrt{2})$

7.189 richtig: $y = 2x$

7.190 **a)** Hyperbel in 2. Hauptlage, $F = (0 \mid 4)$, $F' = (0 \mid -4)$
b) Hyperbel in 1. Hauptlage, $F = (4 \mid 0)$, $F' = (-4 \mid 0)$
c) Keines von beiden
d) Ellipse in 2. Hauptlage, $F = (0 \mid 2)$, $F' = (0 \mid -2)$
e) Hyperbel in 1. Hauptlage, $F = (4 \mid 0)$, $F' = (-4 \mid 0)$
f) Hyperbel in 2. Hauptlage, $F = (0 \mid 4)$, $F' = (0 \mid -4)$
g) Keines von beiden
h) Ellipse in 1. Hauptlage, $F = (2 \mid 0)$, $F' = (-2 \mid 0)$

7.191 **a)** $F = (0 \mid 6)$, $l: y = -6$, zB: $P_1 = (0 \mid 0)$, $P_2 = (6 \mid 1{,}5)$, $P_3 = (-12 \mid 6)$, $P_4 = (24 \mid 24)$

b) $F = \left(\frac{2}{3} \middle| 0\right)$, $l: x = -\frac{2}{3}$, zB: $P_1 = (0 \mid 0)$, $P_2 = (3 \mid \sqrt{8})$, $P_3 = (6 \mid 4)$, $P_4 = (24 \mid 8)$

c) $F = \left(0 \middle| \frac{25}{16}\right)$, $l: y = -\frac{25}{16}$, zB: $P_1 = (0 \mid 0)$, $P_2 = (5 \mid 4)$, $P_3 = (2{,}5 \mid 1)$, $P_4 = (-10 \mid 16)$

d) $F = (9 \mid 0)$, $l: x = -9$, zB: $P_1 = (0 \mid 0)$, $P_2 = (1 \mid 6)$, $P_3 = (4 \mid 12)$, $P_4 = (9 \mid 18)$

7.192 **a)** $P = (12 \mid 6)$, $t: x - 4y = -12$ **b)** $P = (10 \mid -4)$, $t: x + 5y = -10$

8 Kurven und Flächen

8.01 **a)** $f(x) = \frac{3x^2}{x^2+1}$, $D = \mathbb{R}$

b) $f_1(x) = x^2 \cdot \sqrt{x+1}$, $f_2(x) = -x^2 \cdot \sqrt{x+1}$, $D = [-1; \infty[$

c) nein

d) $f_1(x) = x \cdot \sqrt{36-x^2}$, $f_2(x) = -x \cdot \sqrt{36-x^2}$, $D = [-6; 6]$

e) $f(x) = \frac{x^2-2x}{(x+1)^2}$, $D = \mathbb{R}\setminus\{-1\}$

f) nein

g) $f_1(x) = \frac{1}{4}x \cdot \sqrt{9-x}$, $f_2(x) = -\frac{1}{4}x \cdot \sqrt{9-x}$, $D =]-\infty; 9]$

h) Durch Ausmultiplizieren und Vereinfachen erhält man:
$y^2(27 + x^2) + 12y(x^2 - 9) + (x^2 - 9)^2 = 0$
Auflösen dieser quadratischen Gleichung nach y ergibt:
$f_1(x) = (-6 + \sqrt{9-x^2}) \cdot \frac{x^2-9}{x^2+27}$, $f_2(x) = (-6 - \sqrt{9-x^2}) \cdot \frac{x^2-9}{x^2+27}$, $D = [-3; 3]$

i) $f_1(x) = \sqrt{\frac{x^3}{8-x}}$, $f_2(x) = -\sqrt{\frac{x^3}{8-x}}$, $D = [0; 8[$

j) nein

k) $f_1(x) = \sqrt{x(x^2-9)}$, $f_2(x) = -\sqrt{x(x^2-9)}$, $D = [-3; 0] \cup [3; \infty[$

l) $f_1(x) = x \cdot \sqrt{\frac{9+2x}{2}}$, $f_2(x) = -x \cdot \sqrt{\frac{9+2x}{2}}$, $D = [-4{,}5; \infty[$

m) nein

n) $f_1(x) = \sqrt{\frac{x^3+1}{x+3}}$, $f_1(x) = -\sqrt{\frac{x^3+1}{x+3}}$, $D =]-\infty; -3[\cup [-1; \infty[$

o) nein

8.02 **a)** ZB: $x = 1$ **b)** ZB: $y^2 = x$

8.03 **a)** $a > 0$

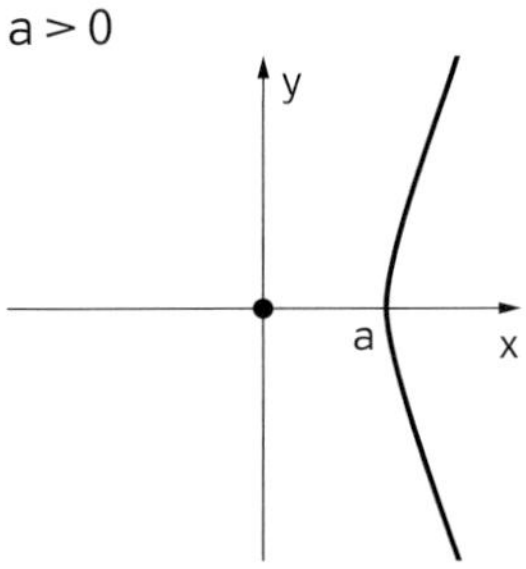

$a = 0$

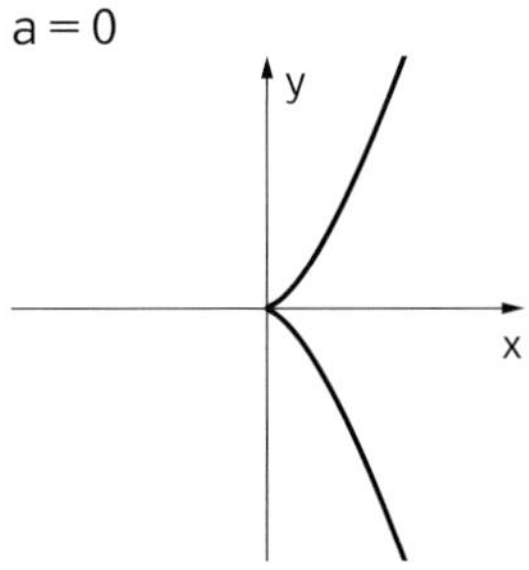

$a < 0$

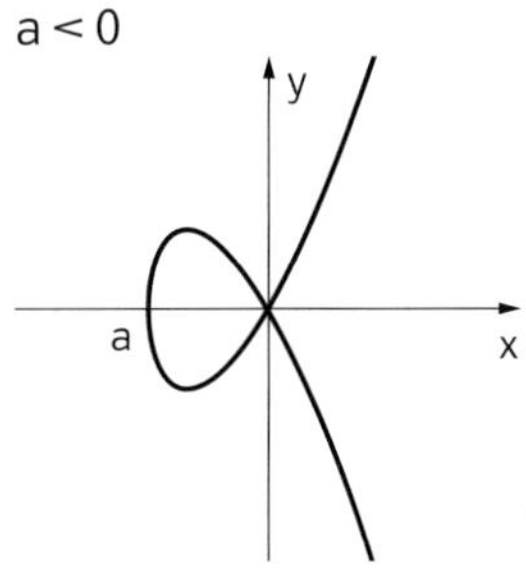

b) $a > 0$

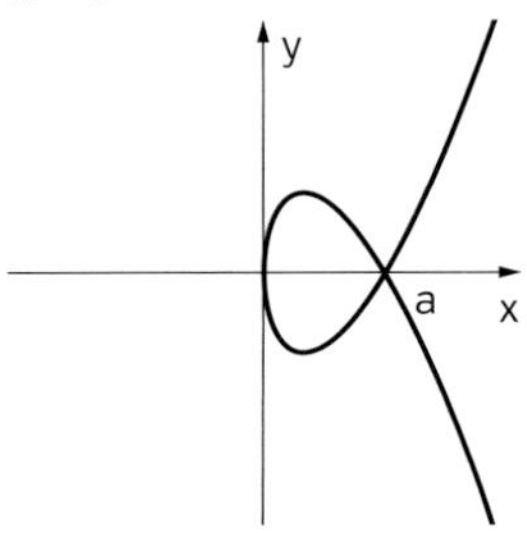

$a = 0$

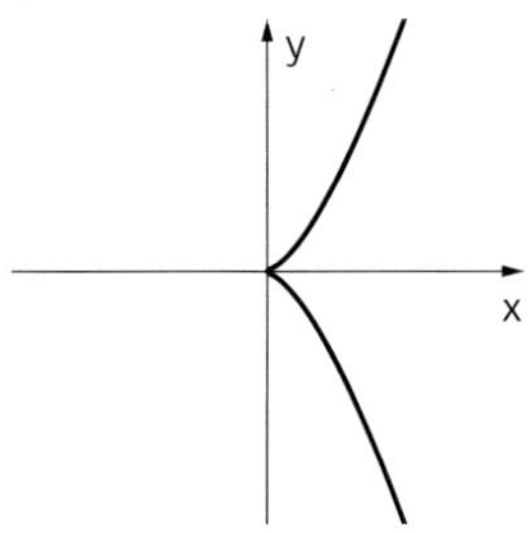

$a < 0$

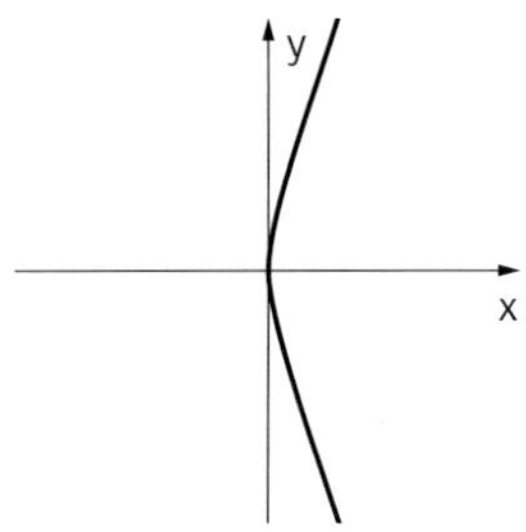

c) $a > 0$

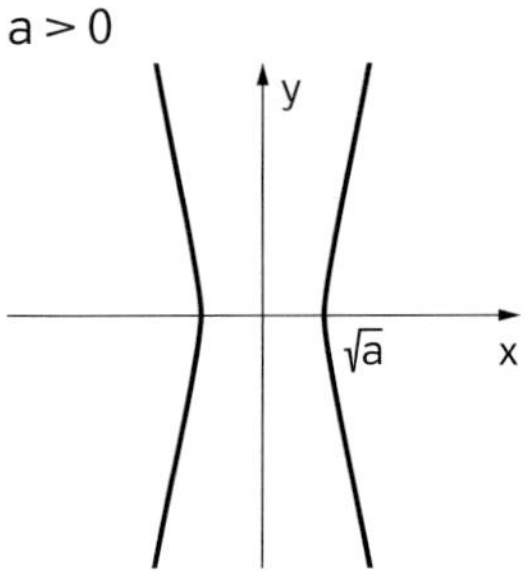

$a = 0$

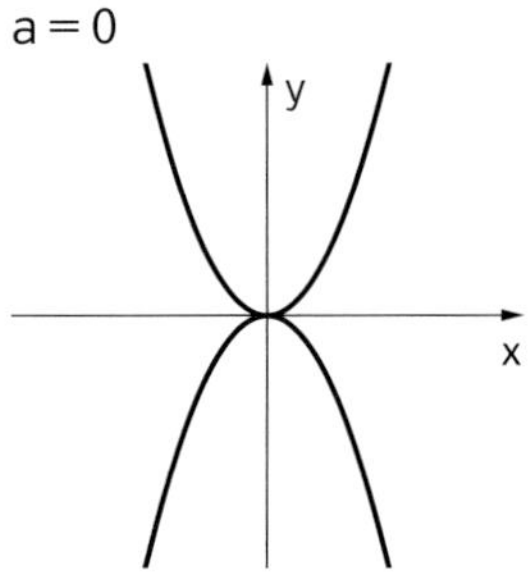

$a < 0$

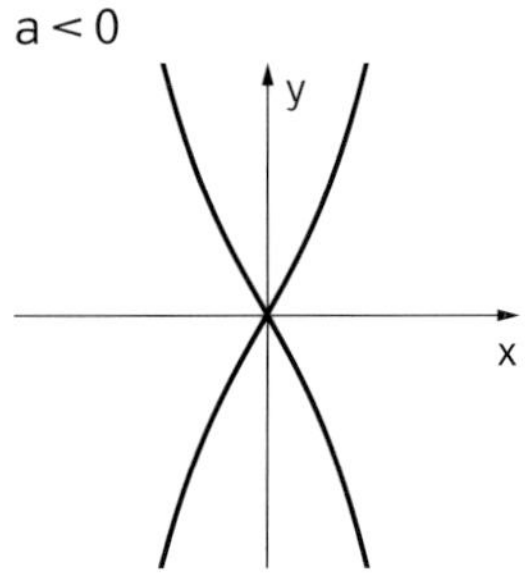

d) $a > 0$

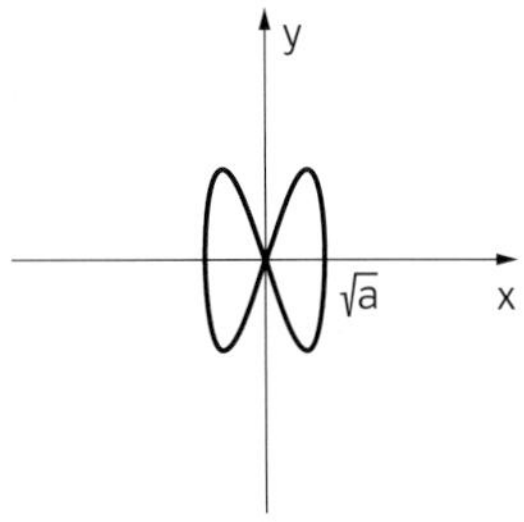

$a = 0$

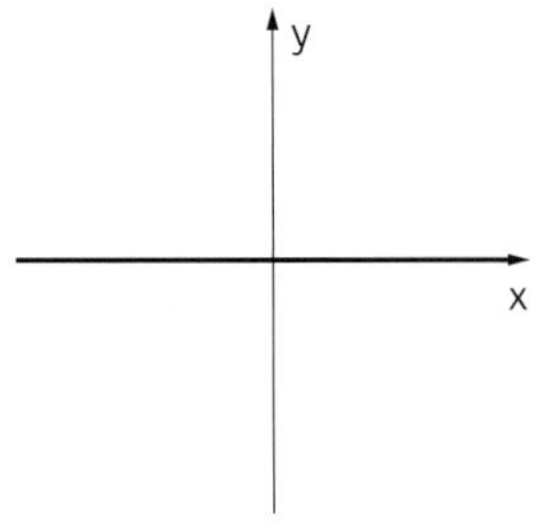

$a < 0$

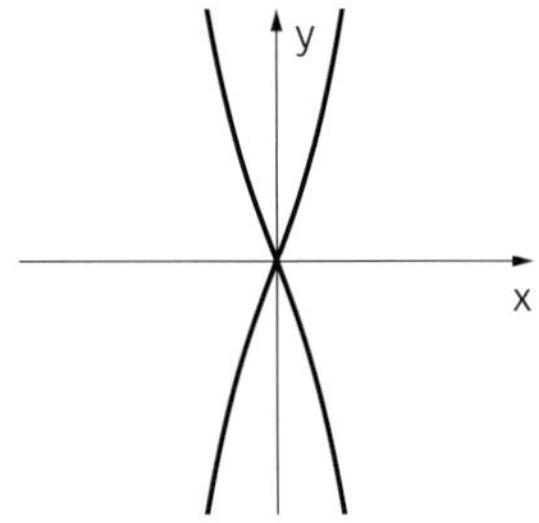

8.04 **a)** $y = \frac{x^3}{8} - 2,\ D = \mathbb{R}$
b) $y = x^2 + 1,\ D = \mathbb{R}$
c) $y = \frac{x + 11}{2},\ D = \mathbb{R}$
d) $y = \frac{x^2 - 2x + 5}{4},\ D = \mathbb{R}$
e) $y = \sqrt{x + 5},\ D = [-5;\ \infty[$
f) $y = \sqrt{2x - 4},\ D = [2;\ \infty[$

8.05 **a)** $x^2 + y^2 = 9$
b) $x^2 + y^2 = 10$
c) $(x - 2)^2 + (y + 1)^2 = 16$
d) $(x + 3)^2 + (y - 7)^2 = 25$

8.06 $x = a \cdot \cos t \wedge y = b \cdot \sin t \Rightarrow \cos t = \frac{x}{a} \wedge \sin t = \frac{y}{b} \Rightarrow \cos^2 t + \sin^2 t = \frac{x^2}{a^2} + \frac{y^2}{b^2} = 1 \Rightarrow b^2x^2 + a^2y^2 = a^2b^2$

8.07 $x = a \cdot \cos^3 t \wedge y = a \cdot \sin^3 t \Rightarrow \cos t = \left(\frac{x}{a}\right)^{\frac{1}{3}} \wedge \sin t = \left(\frac{y}{a}\right)^{\frac{1}{3}} \Rightarrow \cos^2 t + \sin^2 t = \left(\frac{x}{a}\right)^{\frac{2}{3}} + \left(\frac{y}{a}\right)^{\frac{2}{3}} = 1 \Rightarrow x^{\frac{2}{3}} + y^{\frac{2}{3}} = a^{\frac{2}{3}}$

8.08 **a)** $x = 2y^2$
b) $y^2 = x^3$
c) $y = x \wedge x \geq 0$
d) $x^2 + 4y^2 = 16$
e) $y = 1 - x^2 \wedge -1 \leq x \leq 1$
f) $y = 1 - x \wedge 0 \leq x \leq 1$

8.09 **a)** **1)** Rosenkurven mit $b = 1$:

a	2	3	4	5	6	7	8	9	10	11	12	13
Anzahl der Rosenblätter	4	3	8	5	12	7	16	9	20	11	24	13

Für gerades a besteht die Kurve aus 2a Blättern, für ungerades a aus a Blättern.
Die einzelnen Blätter der Blume überlappen einander nicht.

2) Rosenkurven mit $b = 2$:

a	3	4	5	6	7	8	9	10	11	12	13	14
Anzahl der Rosenblätter	6	4	10	3	14	8	18	5	22	12	26	7

Für ungerades a besteht die Kurve aus 2a Blättern. Ist a durch 4 teilbar, so hat die Kurve a Blätter. Ist a gerade, aber nicht durch 4 teilbar, so hat die Kurve $\frac{a}{2}$ Blätter.
Für ungerades a überlappen die Blätter der Blume einander.

3) Rosenkurven mit vorgegebenem Verhältnis a : b:

a : b	2 : 1	4 : 2	3 : 1	6 : 2	4 : 1	3 : 2	4 : 3	5 : 2	5 : 3	5 : 4	7 : 2	7 : 3
Anzahl der Rosenblätter	4	4	3	3	8	6	8	10	5	10	14	7

Jedem vorgegebenen Verhältnis a : b entspricht (für vorgegebenes r) dieselbe Kurve.
Schreibt man das Verhältnis $a : b > 1$ als vollständig gekürzten Bruch $\frac{a}{b} = \frac{m}{n}$, so gilt:
– Sind m und n beide ungerade, so hat die Kurve m Blätter.
– Ist eine der Zahlen m, n gerade und die andere ungerade, so hat die Kurve 2m Blätter.
– Ist $n > 1$, so überlappen die Blätter einander.

b) Für $a = b$ ist $x = r \cdot \sin(at) \cdot \cos(at)$ und $y = r \cdot \sin^2(at)$.
Daraus folgt:

$$x^2 + y^2 = r^2 \cdot \sin^2(at) \cdot \cos^2(at) + r^2 \cdot \sin^4(at) = r^2 \cdot \underbrace{\sin^2(at)}_{\frac{y}{r}} \cdot \underbrace{[\cos^2(at) + \sin^2(at)]}_{=1} = r^2 \cdot \frac{y}{r} = ry$$

Umformen der Gleichung $x^2 + y^2 - ry = 0$ ergibt: $x^2 + \left(y - \frac{r}{2}\right)^2 = \frac{r^2}{4}$

8.10 **1)** $a = b$:
Für $d = 0, \pi, 2\pi$ erhält man den Kreis $x^2 + y^2 = r^2$.
Für $d = \frac{\pi}{2}$ erhält man die Strecke $\{(x \mid x) \mid -r \leq x \leq r\}$.
Für $d = \frac{3\pi}{2}$ erhält man die Strecke $\{(x \mid -x) \mid -r \leq x \leq r\}$.
Für alle übrigen Werte von d mit $0 < d < 2\pi$ erhält man eine Ellipse mit Mittelpunkt $(0 \mid 0)$.

8.12 **1)** Setzt man $d = 0$, so folgt $X = ((R - r) \cdot \cos t \mid (R - r) \cdot \sin t)$.
Diese Kurve ist der Kreis k: $x^2 + y^2 = (R - r)^2$ mit Mittelpunkt $M = (0 \mid 0)$ und Radius $|R - r|$.
2) Setzt man $R = 2r$, so folgt $X = ((r + d) \cdot \cos t \mid (r - d) \cdot \sin t)$.
Diese Kurve ist die Ellipse ell: $(r - d)^2x^2 + (r + d)^2y^2 = (r - d)^2(r + d)^2$ in 1. Hauptlage mit den Hauptachsenlängen $a = r + d$ und $b = |r - d|$.
Ist insbesondere $d = r$, so erhält man $X = (2r \cdot \cos t \mid 0)$. In diesem Fall ergibt sich also die Strecke $[-2r; 2r]$ als entartete Ellipse.
3) Ist das Verhältnis $R : r$ eine positive natürliche Zahl n, so erhält man eine geschlossene Kurve mit n Symmetrieachsen.

8.14 **a)** $H_t = (t \mid 4t^3 - t^2)$, $T_t = (3t \mid -t^2)$, $W_t = (2t \mid 2t^3 - t^2)$
H_t: $y = 4x^3 - x^2$, T_t: $y = -\frac{x^2}{9}$, W_t: $y = \frac{x^3}{4} - \frac{x^2}{4}$
b) $H_t = (t - 2 \mid t^3 - 12t + 16)$, $T_t = (t + 2 \mid t^3 - 12t - 16)$, $W_t = (t \mid t^3 - 12t)$
H_t: $y = x^3 + 6x^2$, T_t: $y = x^3 - 6x^2$, W_t: $y = x^3 - 12x$

8.17 Wenn v (bei konstantem ω) wächst, entfernen sich die Windungen voneinander.
Wenn ω (bei konstantem v) wächst, nähern sich die Windungen einander.

8.18 Wenn c (bei konstantem a) wächst, entfernen sich die Windungen voneinander.
Wenn a (bei konstantem c) wächst, entfernen sich die Windungen ebenfalls voneinander.

8.21 **a)** Gerade durch $(0 \mid 0 \mid 0)$ mit dem Richtungsvektor $(1 \mid 2 \mid 3)$
b) Parabel mit Scheitel im Nullpunkt
c) Graph der Funktion $t \mapsto t^2$ eingebettet in die xy-Ebene des $\mathbb{R}^3$
d) Graph der Funktion $t \mapsto \sqrt{t}$ eingebettet in die xz-Ebene des $\mathbb{R}^3$
e) Schraubenlinie mit Radius 3 und Ganghöhe 2π
f) Spirallinie mit Ganghöhe $\frac{2\pi}{3}$
g) Kreis mit Mittelpunkt $M = (2 \mid 0 \mid 0)$ und Radius $r = 1$, der in der xy-Ebene des $\mathbb{R}^3$ liegt.
h) Kreis mit Mittelpunkt $M = (0 \mid 1 \mid 0)$ und Radius $r = 4$, der parallel zur xz-Ebene des $\mathbb{R}^3$ liegt.

8.22

a) $(u \mid v \mid v^2)$	**e)** $(u \mid v \mid \sqrt{u^2 + v^2 - 4})$	**i)** $(u \mid v \mid \cos(u \cdot v))$
b) $(u \mid v \mid u^2 - v^2)$	**f)** $(u \mid v \mid \sqrt{u^2 + v^2 + 1})$	**j)** $(u \mid v \mid \cos^2 u + \sin^2 v)$
c) $(u \mid v \mid \sqrt{u^2 + v^2})$	**g)** $(u \mid v \mid \cos^2 u)$	**k)** $\left(u \middle| v \middle| 4 \cdot e^{-\frac{u^2 + v^2}{2}}\right)$
d) $(u \mid v \mid \sqrt{4 - u^2 - v^2})$	**h)** $(u \mid v \mid \sin(u + v))$	**l)** $\left(u \middle| v \middle| 4 \cdot e^{-\frac{u^2 + v^2}{2}} \cdot \cos(u^2 + v^2)\right)$

Hinweise zu einigen dieser Flächen:
c) Mantelfläche des Doppeldrehkegels $x^2 + y^2 = z^2$ (mit Spitze $S = (0 \mid 0 \mid 0)$ und der z-Achse als Kegelachse, die Erzeugenden sind unter 45° zur z-Achse geneigt)
d) obere Halbkugel der Kugel $x^2 + y^2 + z^2 = 4$ (mit Mittelpunkt $(0 \mid 0 \mid 0)$ und Radius 2)

e) obere Hälfte des einschaligen Drehhyperboloids $x^2 + y^2 - z^2 = 4$ (das durch Rotation der in der xz-Ebene gelegenen Hyperbel $x^2 - z^2 = 4$ um die z-Achse ensteht)

f) eine der beiden Schalen des zweischaligen Drehhyperboloids $x^2 + y^2 - z^2 = -1$ (das durch Rotation der in der xz-Ebene gelegenen Hyperbel $x^2 - z^2 = -1$ um die z-Achse ensteht)

8.23 **a)** $X = (v \mid \cos u \mid \sin u)$ mit $u \in [0; 2\pi[$ und $v \in [0; 5]$
b) $X = (\cos u \mid v \mid \sin u)$ mit $u \in [0; 2\pi[$ und $v \in [0; 5]$

8.24 **a)** **1)** $(u \mid u^2 \cdot \cos v \mid u^2 \cdot \sin v)$ mit $u \in [0; 4] \wedge v \in [0; 2\pi[$
2) $(u \cdot \cos v \mid u^2 \mid u \cdot \sin v)$ mit $u \in [0; 4] \wedge v \in [0; 2\pi[$

b) **1)** $(u \mid \cos u \cdot \cos v \mid \cos u \cdot \sin v)$ mit $u \in \left[-\frac{\pi}{2}; \frac{\pi}{2}\right] \wedge v \in [0; 2\pi[$
2) $(u \cdot \cos v \mid \cos u \mid u \cdot \sin v)$ mit $u \in \left[-\frac{\pi}{2}; \frac{\pi}{2}\right] \wedge v \in [0; 2\pi[$

c) **1)** $(3 \cdot \cos u \mid 3 \cdot \sin u \cdot \cos v \mid 3 \cdot \sin u \cdot \sin v)$ mit $u \in [0; 2\pi[\wedge v \in [0; 2\pi[$
2) $(3 \cdot \cos u \cdot \cos v \mid 3 \cdot \sin u \mid 3 \cdot \cos u \cdot \sin v)$ mit $u \in [0; 2\pi[\wedge v \in [0; 2\pi[$

d) **1)** $(5 \cdot \cos^3 u \mid 5 \cdot \sin^3 u \cdot \cos v \mid 5 \cdot \sin^3 u \cdot \sin v)$ mit $u \in [0; 2\pi[\wedge v \in [0; 2\pi[$
2) $(5 \cdot \cos^3 u \cdot \cos v \mid 5 \cdot \sin^3 u \mid 5 \cdot \cos^3 u \cdot \sin v)$ mit $u \in [0; 2\pi[\wedge v \in [0; 2\pi[$

8.25 **a)** $X = (u \mid 2u \cdot \cos v \mid 2u \cdot \sin v)$ mit $u \in \mathbb{R} \wedge v \in [0; 2\pi[$
b) $X = (u \cdot \cos v \mid 2u \mid u \cdot \sin v)$ mit $u \in \mathbb{R} \wedge v \in [0; 2\pi[$

8.26 $X = (\cos u \mid (3 + \sin u) \cdot \cos v \mid (3 + \sin u) \cdot \sin v)$ mit $u \in [0; 2\pi[\wedge v \in [0; 2\pi[$

8.27 **1)** **a)** Kreisfläche mit $M = (0 \mid 0 \mid 0)$ und Radius $r = 4$, die in der xy-Ebene liegt.
b) Fläche eines Kreisringes mit $M = (0 \mid 0 \mid 0)$ und den Radien $R = 4$ und $r = 2$, der in der xy-Ebene liegt.

2) **a)** Mantelfläche eines Drehkegels mit Spitze $S = (0 \mid 0 \mid 0)$ und Grundflächenmittelpunkt $M = (0 \mid 0 \mid 4)$, der die Höhe $h = 4$ und den Radius $r = 4$ hat.
b) Mantelfläche eines Drehkegelstumpfes mit Grundflächenmittelpunkt $M_1 = (0 \mid 0 \mid 4)$ und Deckflächenmittelpunkt $M_2 = (0 \mid 0 \mid 1)$, der die Höhe $h = 3$ und die Radien $r_1 = 4$ und $r_2 = 1$ hat.

3) **a)** Mantelfläche eines schiefen Kreiszylinders mit Grundflächenmittelpunkt $M_1 = (0 \mid 0 \mid 0)$ und Deckflächenmittelpunkt $M_2 = (4 \mid 4 \mid 4)$, der den Radius $r = 1$ hat.
b) „Hälfte" der Mantelfläche des obigen Drehzylinders

8.28 **a)** obere Halbkugel **b)** rechte Halbkugel **c)** untere Halbkugel

9 Wahrscheinlichkeitsverteilungen

Die folgenden Ergebnisse wurden mit Hilfe der im Buch angegebenen Tabellen berechnet. Infolge von Rundungen in den Tabellen und in den Rechnungen stellen die Ergebnisse nur Näherungswerte dar. Falls eine Software verwendet wird, können die Ergebnisse ebenfalls geringfügig abweichen.

9.01 Zum Beispiel:

1) In einer Urne befinden sich 150 Lose mit den Nummern 1, 2, 3, …, 50. Ein Los wird blind gezogen. X = Nummer des gezogenen Loses. X kann die Werte 1, 2, 3, …, 50 annehmen.
2) Beim Lotto „6 aus 45" werden 6 von 45 Zahlen angekreuzt. X = Anzahl der erratenen Zahlen. X kann die Werte 0, 1, 2, 3, 4, 5, 6 annehmen.
3) Bei der Betätigung eines Spielautomaten erscheinen drei Symbole. X = Anzahl gleicher Symbole. X kann die Werte 1, 2, 3 annehmen.

9.02 a) $P(X=1)=\frac{1}{6}$ b) $P(X=6)=\frac{1}{6}$ c) $P(X<3)=\frac{1}{3}$ d) $P(3\leq X<5)=\frac{1}{3}$ e) $P(2\leq X\leq 4)=\frac{1}{2}$ f) $P(X>2)=\frac{2}{3}$

9.03 a) $P(Y=0)=\frac{1}{37}$ b) $P(Y\geq 12)=\frac{25}{37}$ c) $P(Y<25)=\frac{25}{37}$ d) $P(10\leq Y\leq 20)=\frac{11}{37}$ e) P(Y ist positiv und gerade) $=\frac{18}{37}$ f) P(Y ist positiv und durch 3 teilbar) $=\frac{12}{37}$

9.04 R kann die Werte 1, 2, 3, 4 annehmen.
a) $P(R\geq 2)=\frac{3}{4}$ b) $P(1<R<4)=\frac{2}{3}$ c) $P(1\leq R\leq 3)=\frac{11}{12}$ d) $P(R>4)=0$ e) P(R ist ungerade) $=\frac{3}{4}$ f) P(R ist Primzahl) $=\frac{2}{3}$

9.05 1) X kann die Werte 1, 2, 3, 4, 5, 6, 8, 9, 10, 12, 15, 16, 18, 20, 24, 25, 30, 36 annehmen.

2)

Produkt der Augenzahlen	1	2	3	4	5	6	8	9	10	12	15	16	18	20	24	25	30	36
Wahrscheinlichkeit	$\frac{1}{36}$	$\frac{1}{18}$	$\frac{1}{18}$	$\frac{1}{12}$	$\frac{1}{18}$	$\frac{1}{9}$	$\frac{1}{18}$	$\frac{1}{36}$	$\frac{1}{18}$	$\frac{1}{9}$	$\frac{1}{18}$	$\frac{1}{36}$	$\frac{1}{18}$	$\frac{1}{18}$	$\frac{1}{18}$	$\frac{1}{36}$	$\frac{1}{18}$	$\frac{1}{36}$

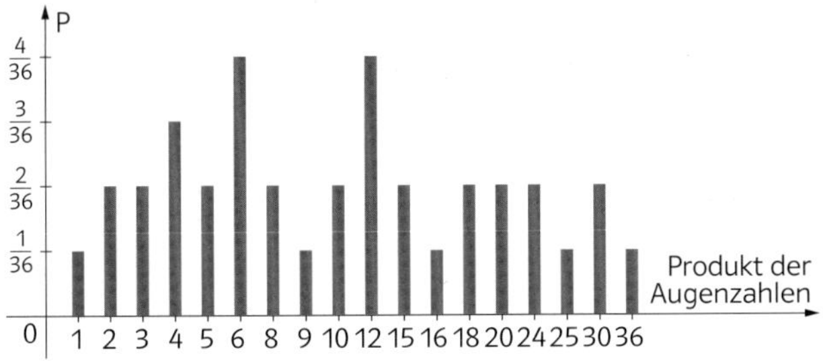

9.06 1) 2, 4, 5, 6, 7, 8

2)

S	2	4	5	6	7	8
Wahrscheinlichkeit	$\frac{1}{4}$	$\frac{1}{4}$	$\frac{1}{4}$	$\frac{1}{16}$	$\frac{1}{8}$	$\frac{1}{16}$

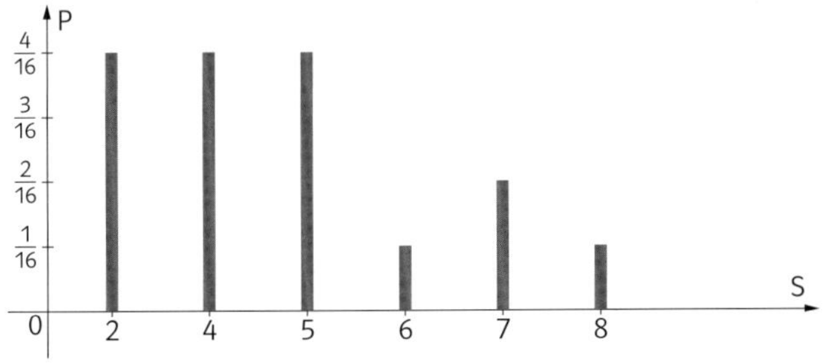

9.07 1) 0, 1, 2, 3

2)

U	0	1	2	3
Wahrscheinlichkeit	$\frac{1}{6}$	$\frac{1}{6}$	$\frac{1}{3}$	$\frac{1}{3}$

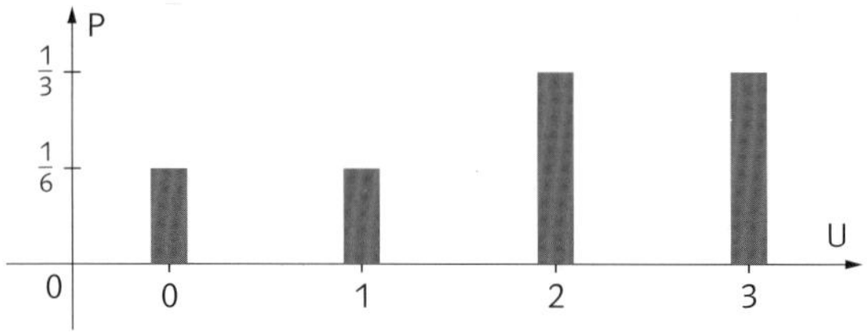

9.08 1) 0, 1, 2

2)

X	0	1	2
Wahrscheinlichkeit	0,16	0,48	0,36

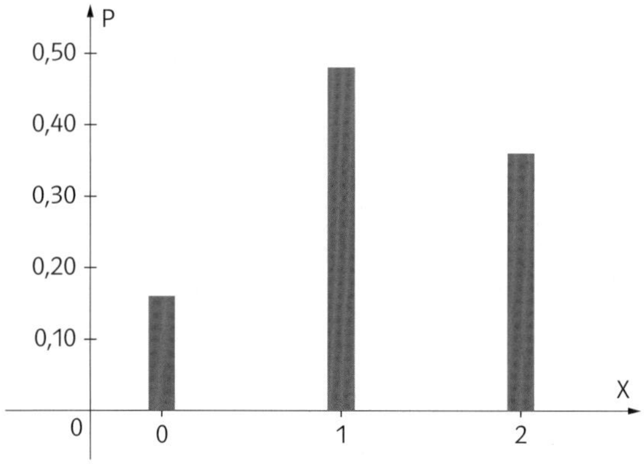

9.09 1) 1, 2, 3

2)

Z	1	2	3
Wahrscheinlichkeit	$\frac{1}{3}$	$\frac{1}{3}$	$\frac{1}{3}$

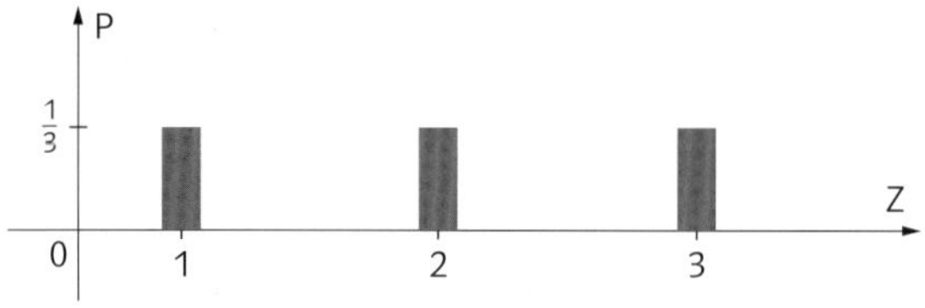

9.10 1) Die beste Gewinnchance hat die Ente mit der Nummer „7", weil diese Nummer am wahrscheinlichsten ist (siehe Beispiel 2 auf Seite 186).

2) Ja, denn die Häufigkeiten der einzelnen Augensummen bei 20-maligem Würfeln können von ihren Wahrscheinlichkeiten abweichen und zufällig gleich sein.

9.13 1)

Krankheitsdauer D	1	2	3
Wahrscheinlichkeit näherungsweise	$\frac{226}{400} = 0{,}565$	$\frac{143}{400} = 0{,}3575$	$\frac{31}{400} = 0{,}0775$

2) $P(D \leqslant 2) \approx \frac{369}{400} = 0{,}9225$

9.14 1)

Inkubationszeit T (in Tagen)	1	2	3	4	5
Wahrscheinlichkeit näherungsweise	0,105	0,325	0,43	0,13	0,01

2) $P(T \geqslant 2) = 0{,}895$; $P(T \geqslant 3) = 0{,}57$; $P(T \geqslant 4) = 0{,}14$

9.16 X = Anzahl der erratenen Begriffe

1) mögliche Werte von X sind 0, 1, 2, 3, 4, 5.

X	0	1	2	3	4	5
abs. Häufigkeit	1	1	2	1	3	2
rel. Häufigkeit	0,1	0,1	0,2	0,1	0,3	0,2

2) $\overline{x} = 3$ 3) $s^2 = 2{,}6$ 4) $s \approx 1{,}61$

9.17 1)

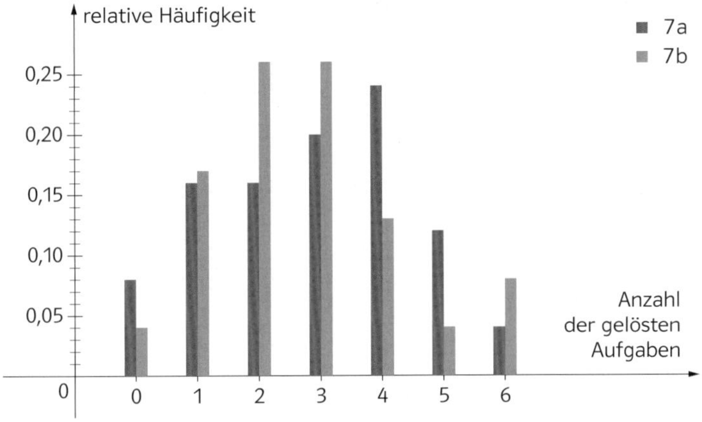

2)

	Mittelwert	empirische Varianz	empirische Standardabweichung
Klasse 7a	ca. 2,9	ca. 2,6	ca. 1,6
Klasse 7b	ca. 2,7	ca. 2,4	ca. 1,5

3) Die Klasse 7a hat im Mittel besser abgeschnitten als die Klasse 7b. In der 7a streuen die Anzahlen der gelösten Aufgaben stärker um den Mittelwert als in der 7b.

9.18

	mittlere Masse	empirische Standardabweichung
1. Waage	42,2 g	ca. 0,75 g
2. Waage	42,2 g	ca. 0,60 g

Die 2. Waage ist zuverlässiger, denn ihre Messergebnisse streuen weniger um den Mittelwert als jene der 1. Waage.

9.19

	Mittelwert	empirische Varianz	empirische Standardabweichung
Preis in Euro	ca. 33,42	ca. 1,18	ca. 1,09
Preis in US-Dollar	ca. 40,08	ca. 1,70	ca. 1,30

Unter Berücksichtigung eines Wechselkurses von 1 € ≈ 1,20 US-Dollar entsprechen einander die Mittelwerte und empirischen Standardabweichungen der Preise in Euro und US-Dollar wie in der Tabelle.

9.20 1) Marke A:

Schachtelinhalt (Stück)	97	98	99	100	101	102	103
relative Häufigkeit	0,05	0,1	0,2	0,4	0,15	0,05	0,05

Marke B:

Schachtelinhalt (Stück)	97	98	99	100	101	102	103
relative Häufigkeit	0,1	0,1	0,25	0,35	0,15	0	0,05

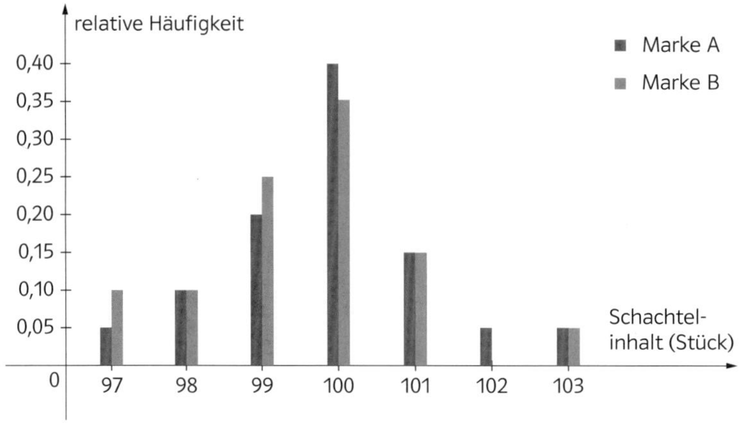

2)

	Mittelwert	empirische Varianz	empirische Standardabweichung
Marke A	99,85	ca. 1,83	ca. 1,35
Marke B	99,55	ca. 1,95	ca. 1,40

3) Man sollte die Marke A kaufen, denn bei Marke A ist der Schachtelinhalt im Mittel größer und streut weniger als bei Marke B. Aus diesen Gründen muss man eher bei Marke B mit Reklamationen wegen zu geringem Schachtelinhalt rechnen.

9.21

	richtig	falsch
Werden die Daten $x_1, x_2, \ldots, x_n$ in Meter gemessen, dann wird auch der Mittelwert $\bar{x}$ in Meter gemessen.	☒	☐
Werden die Daten $x_1, x_2, \ldots, x_n$ in Meter gemessen, dann wird auch die empirische Varianz s^2 in Meter gemessen.	☐	☒
Werden die Daten $x_1, x_2, \ldots, x_n$ in Meter gemessen, dann wird auch die empirische Standardabweichung s in Meter gemessen.	☒	☐
Werden alle Daten $x_1, x_2, \ldots, x_n$ um 1 erhöht, dann erhöht sich auch der Mittelwert $\bar{x}$ um 1.	☒	☐
Werden alle Daten $x_1, x_2, \ldots, x_n$ um 1 erhöht, dann erhöht sich auch die empirische Varianz s^2 um 1.	☐	☒
Werden alle Daten $x_1, x_2, \ldots, x_n$ um 1 erhöht, dann erhöht sich auch die empirische Standardabweichung um 1.	☐	☒
Werden alle Daten $x_1, x_2, \ldots, x_n$ verdoppelt, dann wird auch der Mittelwert $\bar{x}$ verdoppelt.	☒	☐
Werden alle Daten $x_1, x_2, \ldots, x_n$ verdoppelt, dann wird auch die empirische Varianz s^2 verdoppelt.	☐	☒
Werden alle Daten $x_1, x_2, \ldots, x_n$ verdoppelt, dann wird auch die empirische Standardabweichung s verdoppelt.	☒	☐

9.24 Erwartungswert des Gewinns $= \frac{29}{12} \approx 2,42$ (€)
Der Erwartungswert kann näherungsweise als mittlerer Gewinn pro Spiel gedeutet werden, wenn das Rad sehr oft gedreht wird.

9.25 Erwartungswert des Gewinns $= \frac{5}{12} \approx 0,42$ (€)
Man erhält dasselbe Ergebnis, wenn man von dem in Aufgabe 9.24 berechneten Erwartungswert $\frac{29}{12}$ € den Einsatz von 2 € abzieht.

9.26 a) 12,25 b) 0 c) $\frac{35}{18} \approx 1,94$ d) $\frac{161}{36} \approx 4,47$

9.27 2

9.28 4,05 – 5 = – 0,95 (Jetons)

9.29 **1)** $E(2 \cdot X) = (2 \cdot a_1) \cdot p_1 + (2 \cdot a_2) \cdot p_2 + \ldots + (2 \cdot a_k) \cdot p_k = 2 \cdot (a_1 \cdot p_1 + a_2 \cdot p_2 + \ldots + a_k \cdot p_k) = 2 \cdot E(X)$

2) Ja, denn es gilt:

$E(X+1) = (a_1 + 1) \cdot p_1 + (a_2 + 1) \cdot p_2 + \ldots + (a_k + 1) \cdot p_k =$

$= (a_1 \cdot p_1 + a_2 \cdot p_2 + \ldots + a_k \cdot p_k) + (p_1 + p_2 + \ldots + p_k) = E(X) + 1$

9.30 4,8 c

9.31 **1)** 33,98 € **2)** ca. 19 €

9.32 $E(X) = 4$

9.33 $e : a = p : 1$

9.34 115 €

9.35 Der Erwartungswert des erhaltenen Geldbetrags für Anna beträgt $-\frac{1}{9}$ € ≈ – 0,11 €, jener für Lukas notwendigerweise $\frac{1}{9}$ € ≈ 0,11 €, dh. Lukas ist langfristig im Vorteil.

9.36 $\sigma^2 \approx 2{,}92$; $\sigma \approx 1{,}71$

Wenn man einen Würfel sehr oft wirft, wird man für die Augenzahl eine empirische Varianz von ca. 2,92 bzw. eine empirische Standardabweichung von ca. 1,71 erhalten.

9.37 $\sigma^2 \approx 5{,}83$; $\sigma \approx 2{,}42$

Wenn man zwei Würfel sehr oft wirft, wird man für die Augensumme eine empirische Varianz von ca. 5,83 bzw. eine empirische Standardabweichung von ca. 2,42 erhalten.

9.38 $\sigma^2 = 0{,}75$; $\sigma \approx 0{,}87$

Wenn man einen dreimaligen Münzwurf sehr oft wiederholt, wird man für die Kopfanzahl eine empirische Varianz von 0,75 bzw. eine empirische Standardabweichung von ca. 0,87 erhalten.

9.39 $\mu = -\frac{1}{37} \approx -0{,}03$; $\sigma^2 \approx 34{,}08$

9.40 $\mu = -\frac{1}{37} \approx -0{,}03$; $\sigma^2 \approx 1{,}00$

9.41 $E(X) = p$; $V(X) = p(1-p)$

9.42 $\mu \approx 1{,}91$ (€); $\sigma^2 \approx 36{,}28$ (€)

9.43 **a)** $E(X) = 5$; $V(X) = 2{,}5$ **b)** $E(X) = 5$; $V(X) = \frac{5}{3}$

9.44 $E(P) = 6{,}25$; $V(P) = 17{,}1875$

9.45 **1)** $E(m \cdot X) = (m \cdot a_1) \cdot p_1 + (m \cdot a_2) \cdot p_2 + \ldots + (m \cdot a_k) \cdot p_k =$

$= m \cdot (a_1 \cdot p_1 + a_2 \cdot p_2 + \ldots + a_k \cdot p_k) = m \cdot E(X)$

2) $V(m \cdot X) = (m \cdot a_1)^2 \cdot p_1 + (m \cdot a_2)^2 \cdot p_2 + \ldots + (m \cdot a_k)^2 \cdot p_k - (E(m \cdot X))^2 =$

$= m^2 \cdot (a_1^2 \cdot p_1 + a_2^2 \cdot p_2 + \ldots + a_k^2 \cdot p_k) - (m \cdot E(X))^2 =$

$= m^2 \cdot [(a_1^2 \cdot p_1 + a_2^2 \cdot p_2 + \ldots + a_k^2 \cdot p_k) - (E(X))^2] = m^2 \cdot V(X)$

3) $\sqrt{V(m \cdot X)} = \sqrt{m^2 \cdot V(X)} = m \cdot \sqrt{V(X)}$

9.46 $E(N) = 2{,}875$; $V(N) \approx 0{,}36$

9.47 **a)** $E(X) = E(Y) = 1{,}5$; $E(X+Y) = 3$

Vermutete Regel: $E(X+Y) = E(X) + E(Y)$

b) $E(X) = E(Y) = 1{,}5$; $E(X+Y) = 3$

9.48 $E(Y) = 1{,}5$; $V(Y) = 0{,}75$

In langen Versuchsserien ist im Mittel mit ungefähr 1,5 Wechseln zu rechnen.

9.49

Reihenfolge	ABC	ACB	BAC	BCA	CAB	CBA
E(Z)	1,18	1,165	1,23	1,22	1,115	1,12

Die Kontrollreihenfolge CAB, die die Kontrollen geordnet nach ihrer Zuverlässigkeit durchführt, ist am günstigsten.

9.50 Alex muss einen durchschnittlichen Verlust von 0,014 € pro Spiel erwarten.

9.51

Ausgaben in €	mit Versicherung	ohne Versicherung
Unfall	400	1200
kein Unfall	100	0
Erwartungswert	130	120

Der Autobesitzer sollte auf den Vorschlag nicht eingehen, weil der Erwartungswert der Ausgaben mit Versicherung höher ist als der Erwartungswert ohne Versicherung.

9.53 auf $3^5 \cdot 2^3 = 1944$ Arten

9.54 $10^4 = 10\,000$

9.55 $4^3 = 64$

9.56 $10^3 = 1000$

9.57 $2^8 = 256$

9.59 auf $8! = 40\,320$ Arten

9.60 $10! = 3\,628\,800$ Rangfolgen

9.61 $5! = 120$ Möglichkeiten

9.62 $2! = 2$
$5! = 120$
$10! = 3\,628\,800$
$15! = 1{,}307674368 \cdot 10^{12}$
$20! = 2{,}432902008 \cdot 10^{18}$

9.65 a) 15 b) 56 c) 126 d) 210 e) 792 f) 15

9.66 a) 10 b) 2002 c) 12376 d) 54264 e) 2704156 f) 10400600

9.67 a) 56 b) 15504 c) 2118760

9.68 Die Menge {a, b, c, d, e, f} besitzt 15 vierelementige Teilmengen. In lexikografischer Ordnung:
{a, b, c, d}, {a, b, c, e}, {a, b, c, f}, {a, b, d, e}, {a, b, d, f}, {a, b, e, f}, {a, c, d, e}, {a, c, d, f}, {a, c, e, f}, {a, d, e, f}, {b, c, d, e}, {b, c, d, f}, {b, c, e, f}, {b, d, e, f}, {c, d, e, f}

9.69 a) 10 b) 10

9.70 142506

9.71 a) 190-mal b) 435-mal

9.72 462

9.73 $\binom{n}{2} = \frac{n \cdot (n-1)}{2}$ Verbindungsgeraden

9.74 n-Eck: $\binom{n}{2} - n = \frac{n \cdot (n-3)}{2}$ Diagonalen 4-Eck: 2 Diagonalen; 5-Eck: 5 Diagonalen

9.75 ca. $3{,}517322747 \cdot 10^{15}$ Blätter

9.77 a) 1 b) 45 c) 252 d) 120 e) 1

9.78 a) 45 b) 10 c) 1

9.79 a) 84 b) 126 c) 36

9.80 a) RRORO; 10 b) ORROROR; 35 c) ROROROROR; 126

9.81 a) auf $6! = 720$ Arten b) auf $\binom{6}{3} = 20$ Arten

9.82

$$
\begin{array}{ccccccccccccccc}
 & & & & & & 1 & & 1 & & & & & & \\
 & & & & & 1 & & 2 & & 1 & & & & & \\
 & & & & 1 & & 3 & & 3 & & 1 & & & & \\
 & & & 1 & & 4 & & 6 & & 4 & & 1 & & & \\
 & & 1 & & 5 & & 10 & & 10 & & 5 & & 1 & & \\
 & 1 & & 6 & & 15 & & 20 & & 15 & & 6 & & 1 & \\
1 & & 7 & & 21 & & 35 & & 35 & & 21 & & 7 & & 1
\end{array}
$$

9.83 680; 15 504, 12 650

9.84 Im Binomiallehrsatz ergibt sich für $a = b = 1$ die Behauptung.

9.87 a) ca. 0,4823 b) ca. 0,3858 c) ca. 0,1157 d) ca. 0,0154 e) ca. 0,0008

9.88 a) ca. 0,1208 b) ca. 0,2256 c) ca. 0,1208

9.89 a) ca. 0,0003 b) ca. 0,1721 c) ca. 0,0320 d) ca. 0,000002

9.90 a) ca. 0,0048 b) ca. 0,2302 c) ca. 0,0979

9.91 a) ca. 0,2907 b) ca. 0,1550 c) ca. 0,00002

9.92 a) ca. 0,0014 b) ca. 0,1144

9.93 Die Wahrscheinlichkeit, dass von 10 Flügen 9 ausgebucht sind, beträgt ca. 0,347, die Wahrscheinlichkeit, dass von 10 Flügen 8 ausgebucht sind, beträgt ca. 0,276, daher soll man aufrunden.

9.95 a) ca. 0,7082 b) ca. 0,2529 c) ca. 0,0361

9.96 a) ca. 0,5987 b) ca. 0,0746 c) ca. 0 d) ca. 0

9.97 8 Personen

9.98 ca. 0,1171

9.100 a) ca. 0,176 b) ca. 0,001 c) ca. 0,001 d) ca. 0,057

9.101 ca. 0,383

9.102 a) ca. 0,623 b) ca. 0,172 c) ca. 0,001

9.103 a) ca. 0,166 b) ca. 0,167

9.104 ca. 0,767

9.105 a) ca. 0,656 b) ca. 0,171

9.106 a) ca. 1,000 b) ca. 0,989 c) 0,850

9.107 a) 0,5 b) 0,5 c) 0,5

9.108 a) ca. 0,8823 b) ca. 0,1106 c) ca. 0,0070

9.109 Die Wahrscheinlichkeit, dass bei 10 Versuchen 7 Treffer erzielt werden, wenn die „Farbe" rein zufällig genannt wird, ist sehr klein und beträgt nur ca. 0,0031. Das spricht zwar für „außersinnliche" Fähigkeiten, man kann aber eher vermuten, dass das „Medium" zusätzliche Informationen über die „Farbe" der gezogenen Karten besitzt, zum Beispiel mittels technischer Hilfsmittel.

9.110 ca. 0,086

9.111 **a)** ca. 0,315 **b)** ca. 0,075 **c)** ca. 0,011 **d)** ca. 0,001

9.112 *Solid* muss mit ca. 182 Rücknahmen bei 1000 versendeten Paketen rechnen.

9.113 **a)** ca. 0,321 **b)** ca. 0,243

9.114 **a)** ca. 0,202 **b)** ca. 0,671 **c)** mindestens 17-mal
d) Die Wahrscheinlichkeit, bei einem Wurf mit diesem Würfel einen Sechser zu erhalten, beträgt mindestens 0,369.

9.115 **1)** ca. 0,078 **2)** unter ca. 8 Fragen **3)** ca. 0,555

9.116 **a)** **1)** ca. 0,623 **2)** unter mindestens 4 Fragen **3)** 0,9375
b) **1)** ca. 0,2131 **2)** unter mindestens 6 Fragen **3)** ca. 0,7366

9.117 **1)** ca. 0,1007 **2)** ca. 0,0017 **3)** mindestens 110-mal

9.118 **a)** **1)** ca. 0,9958 **2)** ca. 0,1012 **3)** mindestens 8-mal
b) **1)** ca. 0,6536 **2)** ca. 0,1061 **3)** mindestens 27-mal

9.119 **a)** ca. 0,2304 **b)** in höchstens 11 Stücke

9.120 ca. 0,8069

9.121 $P(H=k) = \binom{n}{k} \cdot 0{,}5^k \cdot 0{,}5^{n-k} = \binom{n}{n-k} \cdot 0{,}5^{n-k} \cdot 0{,}5^{n-(n-k)} = P(H=n-k)$

9.122

Fach	0	1	2	3	4	5	6	7	8
ungefähre Kugelanzahl	2	16	55	109	137	109	55	16	2

9.125 **1)** $\mu = \frac{10}{3}$; Varianz $\sigma^2 = \frac{25}{9}$; Standardabweichung $\sigma = \frac{5}{3}$; **2)** ca. 0,102

9.126 **1)** $\mu = 3$; Varianz $\sigma^2 = 1{,}5$; Standardabweichung $\sigma \approx 1{,}22$; **2)** ca. 0,109

9.127 **1)** $\mu = \frac{360}{37} \approx 9{,}73$; Varianz $\sigma^2 = \frac{6840}{1369} \approx 5{,}00$; Standardabweichung $\sigma \approx 2{,}24$; **2)** ca. 0,626

9.128 **1)** $\mu = 2$; Varianz $\sigma^2 = 1{,}8$; Standardabweichung $\sigma \approx 1{,}34$; **2)** ca. 0,255

9.129 **1)** $\mu = 15$; Varianz $\sigma^2 = 3{,}75$; Standardabweichung $\sigma \approx 1{,}94$; **2)** ca. 0,169

9.130 **1)** ca. 0,2127 **2)** unter mindestens 24 Lampen

9.131 P(Lukas gewinnt) = 0,504 > P(Lena gewinnt) = 0,496
Das Spiel ist nicht fair, Lukas ist im Vorteil.

9.132
- $0 \leq p \leq 1 \Rightarrow 0 \leq n \cdot p \leq n \Rightarrow \mu \leq n$
- Wir betrachten zuerst die quadratische Funktion f mit $f(p) = p \cdot (1-p) = p - p^2$ im Intervall [0; 1]. Der Graph dieser Funktion besitzt den Hochpunkt H = (0,5 | 0,25). Daraus folgt: $\sigma^2 = n \cdot p \cdot (1-p) = n \cdot f(p) \leq n \cdot 0{,}25 = \frac{n}{4}$

9.133 **1)** ca. 0,3364; ca. 0,4562 **2)** 0,6 **3)** 179 000 €

9.134 **1)** ca. 0,111 **2)** ca. 0,945 **3)** ca. 0,166
Bei Verwendung des Programms STICHPROBENSIMULATION können die Ergebnisse leicht variieren.

9.135 1) ca. 0,035 2) ca. 0,974 3) ca. 0,061
Bei Verwendung des Programms STICHPROBENSIMULATION können die Ergebnisse leicht variieren.

9.136 1) ca. 0,1607 2) ca. 0,2537 3) ca. 0,9069
Bei Verwendung des Programms STICHPROBENSIMULATION können die Ergebnisse leicht variieren.

9.137 a) ca. 0,0280 b) ca. 0,1087 c) ca. 0,8633 d) ca. 0,5752 e) ca. 0
Bei Verwendung des Programms STICHPROBENSIMULATION können die Ergebnisse leicht variieren.

9.144 $5! = 120$

9.145 a) $5! = 120$ b) $\frac{6!}{2!} = 360$

9.146 $\frac{5!}{3! \cdot 2!} = 10$

9.147 $20 \cdot 19 \cdot 18 = 6\,840$

9.148 $\frac{6!}{3! \cdot 2! \cdot 1!} = 60$

9.149 a) $5 \cdot 4 \cdot 3 \cdot 2 = 120$ b) $5^4 = 625$

9.150 $2^9 = 512$

9.151 1 000 000

9.152 $4^3 = 64$

9.153 a) 669 240 b) 694 980

9.154 a) ca. 0,477 b) $\left(\frac{13}{32}\right)^{10} \approx 0{,}0001$

9.155 1) 10 000 2) 12 3) 0,75

9.156 Ohne Berücksichtigung der Wurfreihenfolge kann man sowohl 11 als auch 12 auf 6 verschieden Arten in eine Summe von drei Augenzahlen zerlegen. Berücksichtigt man aber die Wurfreihenfolge, dann gibt es 27 Wurffolgen mit der Augensumme 11 und nur 25 Wurffolgen mit der Augensumme 12.
Daher gilt: $P(\text{Augensumme} = 11) = \frac{1}{8} = 0{,}125$ und $P(\text{Augensumme} = 12) = \frac{25}{216} \approx 0{,}116$

9.157 $\frac{20!}{10! \cdot 7! \cdot 3!} \cdot 0{,}50^{10} \cdot 0{,}35^7 \cdot 0{,}15^3 \approx 0{,}047$

9.158 a) 6 b) 4

9.162 a) ca. 0,0000287 c) ca. 0,15147 e) ca. 0,40056
b) ca. 0,02244 d) ca. 0,42413 f) ca. 0,02383

9.163 a) ca. 0,001726 d) ca. 0,001295
b) ca. 0,020714 e) ca. 0,00000074
c) ca. 0,000070 f) ca. 0,000028

9.164 ca. 0,061625

9.165 a) $\frac{1}{126} \approx 0{,}00794$ b) $\frac{10}{21} \approx 0{,}47619$ c) $\frac{9}{14} \approx 0{,}64286$

9.166 Eine **Zufallsvariable** ordnet jedem Ausfall eines Zufallsversuchs eine reelle Zahl zu.
Wird jedem Wert a_i einer Zufallsvariablen X die Wahrscheinlichkeit $P(X = a_i)$ zugeordnet, so bezeichnet man diese Zuordnung als **Wahrscheinlichkeitsverteilung** von X.
Diese kann man durch eine Tabelle oder ein Stabdiagramm darstellen.

9.167 Bei zunehmender Anzahl der Versuchsdurchführungen nähert sich die Häufigkeitsverteilung einer Zufallsvariablen X im Großen und Ganzen der Wahrscheinlichkeitsverteilung von X.

9.168 a) Erwartungswert E(X); Begründung siehe Seite 195 und Seite 198!
b) Varianz V(X)

9.169 Siehe Seiten 203, 204 und 205!

9.170 1) Wird ein Zufallsversuch n-mal unter den gleichen Bedingungen durchgeführt und tritt dabei ein Ereignis E jedes Mal mit der Wahrscheinlichkeit p ein, dann ist die absolute Häufigkeit H des Eintretens von E binomialverteilt mit den Parametern n und p. In der Formel $P(H = k) = \binom{n}{k} \cdot p^k \cdot (1 - p)^{n-k}$ bedeutet n die Anzahl der Versuchsdurchführungen, k die Anzahl und p die Wahrscheinlichkeit des Eintretens von E in der Versuchsserie.
2) Ein Zweisektoren-Glücksrad mit einem schwarzen und einem weißen Sektor wird 10-mal unter denselben Bedingungen gedreht. Mit welcher Wahrscheinlichkeit bleibt der Zeiger 6-mal im schwarzen Sektor stehen?

9.172 Punktezahl beim 1. Test:
Mittelwert = 10; empirische Varianz ≈ 4,1; empirische Standardabweichung ≈ 2,0
Punktezahl beim 2. Test:
Mittelwert = 10; empirische Varianz ≈ 11,3; empirische Standardabweichung ≈ 3,4
Im Mittel haben die Kandidaten bei beiden Tests gleich gut abgeschnitten, allerdings streuen die Punktezahlen beim 2. Test stärker.

9.173 1) Mit jeweils $\frac{1}{3}$ sind die Summenwerte 4 und 5 am wahrscheinlichsten.
Der Erwartungswert der Summe beträgt 4,5.
2)
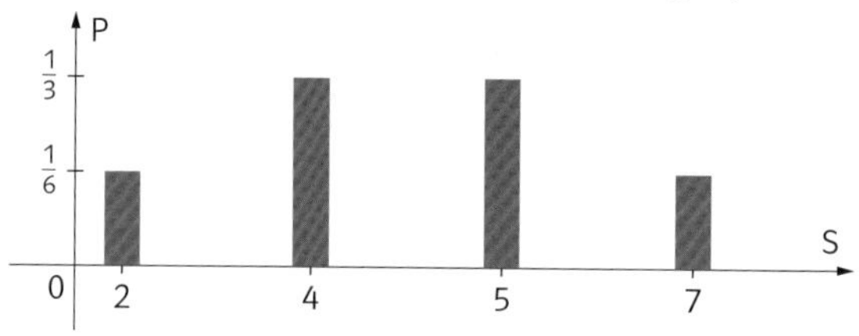

9.174 $E(X) = 1{,}2;\ V(X) = (1 - 1{,}2)^2 \cdot 0{,}8 + (2 - 1{,}2)^2 \cdot 0{,}2 = 1^2 \cdot 0{,}8 + 2^2 \cdot 0{,}2 - 1{,}2^2 = 0{,}16$

9.175

k	0	1	2	3
P(X = k)	0,300	0,210	0,147	0,343

9.176 $\mu = 5;\ \sigma = \sqrt{2{,}5} \approx 1{,}58$

9.177 An diesem Automaten lohnt es sich nicht zu spielen, denn pro Spiel beträgt die zu erwartende Auszahlung 15 c, bei einem Spieleinsatz von 20 c. Pro Spiel ist daher ein Verlust von 5 c zu erwarten.

9.178 Der Erwartungswert des Gewinns ist für Alena und Boris gleich 0. Das Spiel ist also fair.

9.179 1) $3^{12} = 531\,441$ 2) $\left(\frac{1}{3}\right)^{12} \approx 0{,}0000019$

9.180 a) ca. 0,006 b) ca. 0,121 c) ca. 0,954 d) ca. 0,833

9.181 a) ca. 0,989 b) ca. 0,122

9.182 ca. 0,2131

9.183 a) ca. 0,2787 b) ca. 0,5913 c) ca. 0,6874

9.184 a) ca. 0,028 b) ca. 0,103 c) ca. 0

9.185 1) Nein, denn der Stichprobenumfang macht 50 % vom Umfang der Grundgesamtheit aus und ist daher im Verhältnis zu groß!

2) Weil dann der Stichprobenumfang nur 0,5 % vom Umfang der Grundgesamtheit ausmacht und daher im Verhältnis klein ist!

9.186 Der Variante 2 ist der Vorzug zu geben, denn die Wahrscheinlichkeit, den Grundkompetenztest nach Variante 1 durch rein zufälliges Ankreuzen zu bestehen, beträgt noch ca. 0,014, während die entsprechende Wahrscheinlichkeit bei Verwendung von Variante 2 mit ca. 0,000007 praktisch null ist.

9.187 a) ca. 0,190 b) ca. 0,133

9.188 1) ca. 0,9998 2) ca. 0,8593 3) ca. 0,020

10 Komplexe Zahlen

10.02 a) Die Summanden sind 3 und 13.
b) Die Zahl 16 kann nicht in zwei reelle Summanden zerlegt werden, deren Produkt 70 ist. Sie kann aber in zwei komplexe Summanden zerlegt werden, nämlich: $8+\sqrt{-6}$ und $8-\sqrt{-6}$

10.03 a) 1 b) −1 c) i d) i e) −1 f) 1 g) −i h) −i i) −9 j) −25

10.04 1) $i^0=1,\ i^1=i,\ i^2=-1,\ i^3=-i,\ i^4=1,\ i^5=i,\ i^6=-1,\ i^7=-i,\ i^8=1,\ i^9=i,\ i^{10}=-1,\ i^{11}=-i,\ i^{12}=1,\ i^{13}=i$
2) i, −1, −i und 1
$i^{4k}=1,\ i^{4k+1}=i,\ i^{4k+2}=-1,\ i^{4k+3}=-i$ für $k\in\mathbb{N}$.
3) $i^{40}=1,\ i^{81}=i,\ i^{122}=-1,\ i^{163}=-i$

10.06 a) $5+8i$ b) $10+3i$ c) $3+3i$ d) $-2-2i$ e) $9+5i$ f) $4i$ g) $-8-5i$ h) i i) 6 j) 0 k) $-4+4i$ l) 0

10.07 a) $\frac{3}{4}+\frac{9}{4}i$ b) $\frac{1}{12}+\frac{3}{2}i$ c) $-\frac{27}{7}+\frac{48}{7}i$ d) $3-\frac{27}{5}i$ e) $\frac{7}{4}i$ f) $-9+\pi i$

10.08 a) $2a+3bi$ b) $-bi$ c) $x-yi$ d) $u-w+3vi$ e) $a+b+(x+y)\cdot i$ f) $2r+4+(3s-5)\cdot i$

10.09 a) $-6+22i$ b) $-6-22i$ c) $\frac{901}{100}$ d) $2+\frac{5}{6}i$ e) $36+77i$ f) 74 g) $17+\frac{827}{63}i$ h) $3-14i$ i) 34 j) $40i$ k) $11-3i$ l) 72

10.10 a) $2i$ b) $-2i$ c) $-5-12i$ d) $28-96i$ e) $1-i$

10.11 ☐ ☐ ☒ ☐ ☐

10.12 a) $\frac{11}{13}-\frac{10}{13}i$ b) $-\frac{1}{13}-\frac{5}{13}i$ c) $\frac{1}{2}+2i$ d) $\frac{5}{2}-\frac{3}{2}i$ e) i f) $-\frac{1}{5}+\frac{2}{5}i$ g) $-5-9i$

10.13 $\frac{1}{a+bi}=\frac{a}{a^2+b^2}-\frac{b}{a^2+b^2}i$ (mit $a+bi\neq 0$, woraus $a^2+b^2\neq 0$ folgt)

10.14 a) $-i$ b) i c) $\frac{2}{13}-\frac{3}{13}i$ d) $\frac{2}{13}+\frac{3}{13}i$ e) -1 f) $-i$ g) $-i$ h) i

10.15 a) $20-14i$ b) $-3-13i$ c) $16-9i$ d) 0

10.16 a) $23+11i$ b) $-\frac{408}{325}+\frac{194}{325}i$ c) i

10.17 a) $a(a^2-3b^2)+b(3a^2-b^2)i$ b) $2+\frac{3}{2}i$ c) $-1-\frac{3}{2}i$ d) $\frac{886}{169}+\frac{2031}{169}i$

10.18 a) $-\frac{4uv}{u^2+v^2}i$ b) $c^4-6c^2d^2+d^4+4cd\cdot(c^2-d^2)\cdot i$ c) $a^2-2b^2+(2a^2+b^2)\cdot i$ [Zerlege: $a^4+b^4=(a^2-b^2i)(a^2+b^2i)$]

10.19 a) $(3x+2yi)(3x-2yi)$ b) $(5a^2+3b^2i)(5a^2-3b^2i)$ c) $(\sqrt{a}+\sqrt{b}\,i)(\sqrt{a}-\sqrt{b}\,i)$ d) $(\sqrt{2c}+\sqrt{3d}\,i)(\sqrt{2c}-\sqrt{3d}\,i)$

10.20 $(a + bi) + (a - bi) = 2a$ reelle Zahl

$(a + bi) - (a - bi) = 2bi$ imaginäre Zahl

$(a + bi) \cdot (a - bi) = a^2 + b^2$ reelle Zahl

$\frac{a + bi}{a - bi} = \frac{a^2 - b^2}{a^2 + b^2} + \frac{2ab}{a^2 + b^2} \cdot i$ komplexe Zahl

Beim Quotienten muss $a - bi \neq 0$ vorausgesetzt werden, woraus $a^2 + b^2 \neq 0$ folgt.

10.21 **a)** $b = 4 \lor b = -4$ **b)** $b = \sqrt{21} \lor b = -\sqrt{21}$

10.23 **a)** $x = -i \lor x = i$ **b)** $x = -2i \lor x = 2i$ **c)** $x = -\frac{4}{3}i \lor x = \frac{4}{3}i$ **d)** $x = -\frac{\sqrt{21}}{7}i \lor x = \frac{\sqrt{21}}{7}i$ **e)** $x = -\sqrt{u} \cdot i \lor x = \sqrt{u} \cdot i$

10.24 **a)** $x = -2 - i \lor x = -2 + i$
b) $x = -2 - \sqrt{3} \cdot i \lor x = -2 + \sqrt{3} \cdot i$
c) $x = 3 - 2i \lor x = 3 + 2i$
d) $x = 4 - 4i \lor x = 4 + 4i$
e) $x = 1{,}5 - 3{,}5i \lor x = 1{,}5 + 3{,}5i$
f) $x = 5 - 0{,}5i \lor x = 5 + 0{,}5i$
g) $x = -2{,}5 - 0{,}5i \lor x = -2{,}5 + 0{,}5i$
h) $x = -2 - \frac{1}{3}i \lor x = -2 + \frac{1}{3}i$
i) $x = 1{,}5 - 0{,}2i \lor x = 1{,}5 + 0{,}2i$

10.25 **a)** $(x - 1 + i)(x - 1 - i)$
b) $(x - 4 + 3i)(x - 4 - 3i)$
c) $(x + 7 + 2i)(x + 7 - 2i)$
d) $(x - 7 + 4i)(x - 7 - 4i)$
e) $(x + 3 + 3i)(x + 3 - 3i)$

10.26 **a)** $x_2 = 1 + 2i,\ x^2 - 2x + 5 = 0$
b) $x_2 = 2 + 3i,\ x^2 - 4x + 13 = 0$
c) $x_2 = 8 - 2i,\ x^2 - 16x + 68 = 0$
d) $x_2 = 1 - i,\ x^2 - 2x + 2 = 0$
e) $x_2 = c + di,\ x^2 - 2cx + c^2 + d^2 = 0$

10.27 **a)** $x = 0 \lor x = -2i \lor x = 2i$
b) $x = 0 \lor x = 6 - i \lor x = 6 + i$
c) $x = 0 \lor x = -3 - 5i \lor x = -3 + 5i$
d) $x = 0 \lor x = 1 - 3i \lor x = 1 + 3i$
e) $x = 0 \lor x = -2 - 5i \lor x = -2 + 5i$
f) $x = 0 \lor x = -i \lor x = i$

10.28 $(1 + i)^3 = 1 + 3i + 3i^2 + i^3 = \ldots = -2 + 2i,\ (-1 + i)^3 = -1 + 3i - 3i^2 + i^3 = \ldots = 2 + 2i$

10.29 $x = \sqrt[3]{\sqrt{(-5)^3 + 2^2} - 2} - \sqrt[3]{\sqrt{(-5)^3 + 2^2} + 2} = \sqrt[3]{\sqrt{-121} - 2} - \sqrt[3]{\sqrt{-121} + 2} =$
$= \sqrt[3]{-2 + 11i} - \sqrt[3]{2 + 11i} = -2 + i - (2 + i) = -4$
$(2 + i)^3 = 8 + 12i + 6i^2 + i^3 = \ldots = 2 + 11i$
$(-2 + i)^3 = -8 + 12i - 6i^2 + i^3 = \ldots = -2 + 11i$

10.30 **a)** $x = a + ai \lor x = a - ai$. Keine reelle Lösung, weil $D = -a^2 < 0$.
b) $x = -\frac{3}{2} + \frac{1}{2}i \lor x = -\frac{3}{2} - \frac{1}{2}i$. Keine reelle Lösung, weil $D = -\frac{1}{4} < 0$.
c) $x = 2a + 2i \lor x = 2a - 2i$. Keine reelle Lösung, weil $D = -4 < 0$.
d) $x = 3a + 2ai \lor x = 3a - 2ai$. Keine reelle Lösung, weil $D = -4a^2 < 0$.
e) $x = -a + (a - b)i \lor x = -a - (a - b)i$. Keine reelle Lösung, weil $D = -(a - b)^2 < 0$.
f) $x = \frac{1}{a} + i \lor x = \frac{1}{a} - i$. Keine reelle Lösung, weil $D = -1 < 0$

10.32 **a)** bis **h)**

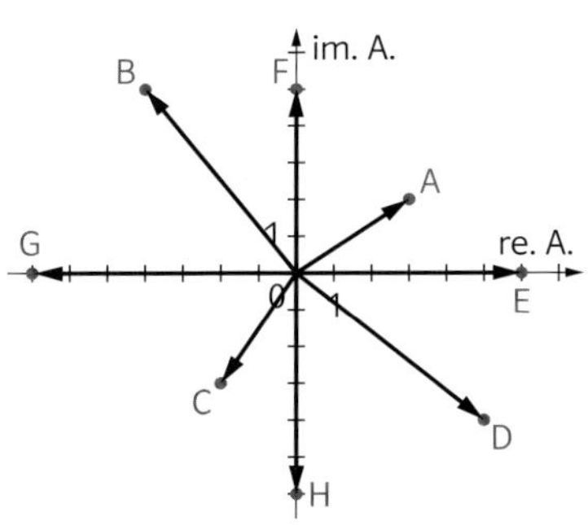

10.33 a)

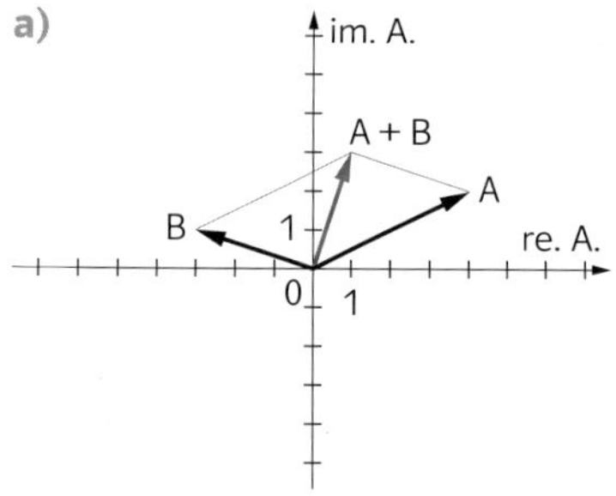

b), c), d), e) und f) analog zu a)

10.34
a) (7 | 4) bzw. $7 + 4i$
b) (5 | 6) bzw. $5 + 6i$
c) (7 | 3) bzw. $7 + 3i$
d) (16 | −4) bzw. $16 - 4i$
e) (0 | 0) bzw. 0
f) $(u^2 + v^2 \mid 0)$ bzw. $u^2 + v^2$
g) (11 | 7) bzw. $11 + 7i$
h) (−30 | −6) bzw. $-30 - 6i$

10.35
a) $(a \mid b) - (c \mid d) = (a - c \mid b - d)$
b) $(a \mid b) : (c \mid d) = \left(\frac{ac + bd}{c^2 + d^2} \,\middle|\, \frac{bc - ad}{c^2 + d^2}\right)$

10.38
a) $r = 5, \ \varphi \approx 306{,}9°$
b) $r = 13, \ \varphi \approx 67{,}4°$
c) $r = 4, \ \varphi = 270°$
d) $r = 25, \ \varphi \approx 73{,}7°$
e) $r = 37, \ \varphi \approx 288{,}9°$
f) $r \approx 20{,}1, \ \varphi \approx 276{,}0°$

10.39
a) $3 + 4i \approx 5 \cdot (\cos 53{,}1° + i \cdot \sin 53{,}1°)$
b) $4 - 3i \approx 5 \cdot (\cos 323{,}1° + i \cdot \sin 323{,}1°)$
c) $5 - 12i \approx 13 \cdot (\cos 292{,}6° + i \cdot \sin 292{,}6°)$
d) $-1{,}5 + 2i \approx 2{,}5 \cdot (\cos 126{,}9° + i \cdot \sin 126{,}9°)$
e) $6 + 8i \approx 10 \cdot (\cos 53{,}1° + i \cdot \sin 53{,}1°)$
f) $15 - 8i \approx 17 \cdot (\cos 331{,}9° + i \cdot \sin 331{,}9°)$
g) $i = 1 \cdot (\cos 90° + i \cdot \sin 90°)$
h) $-5i = 5 \cdot (\cos 270° + i \cdot \sin 270°)$
i) $i = 3 \cdot (\cos 0° + i \cdot \sin 0°)$
j) $17{,}5i = 17{,}5 \cdot (\cos 90° + i \cdot \sin 90°)$

10.40
a) $\frac{5}{2}\sqrt{3} + \frac{5}{2}i \approx 4{,}33 + 2{,}50i$
b) $-2 + 2\sqrt{3}i \approx -2 + 3{,}46i$
c) $\approx -5{,}64 - 2{,}05i$
d) $2 - 2\sqrt{3}i \approx 2 - 3{,}46i$
e) $\approx -6{,}63 + 0{,}93i$
f) $6i$
g) -7
h) 5
i) $-5i$

10.41 a)

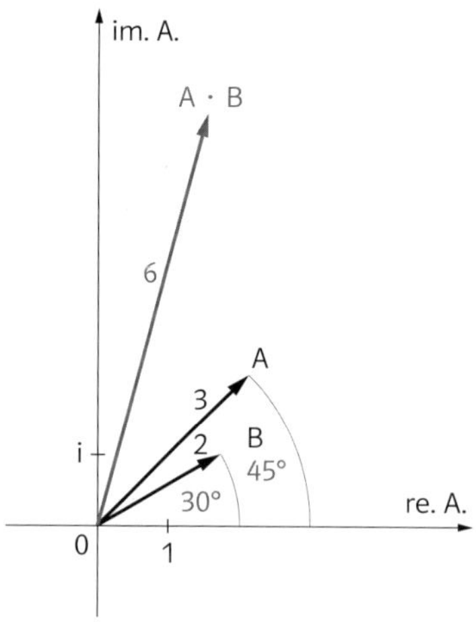

b)

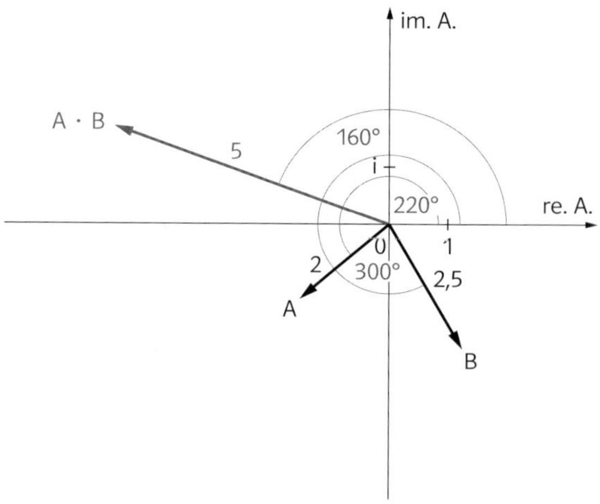

10.42 a)

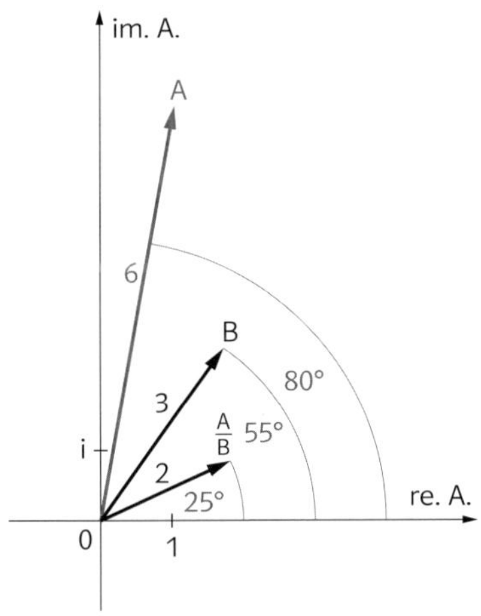

b)

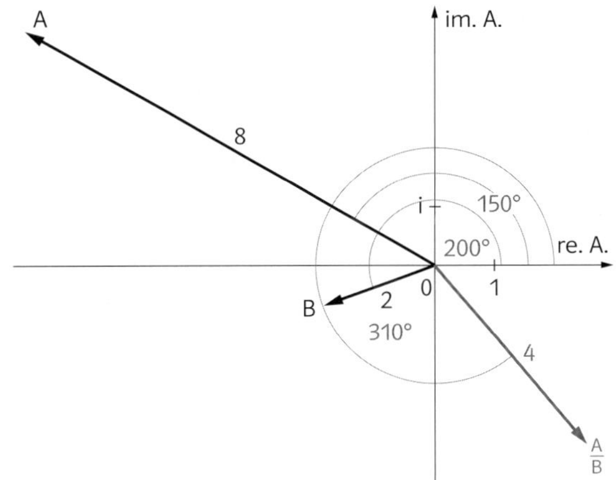

10.44 a) $A^2 = 4 \cdot (\cos 150° + i \cdot \sin 150°)$, $A^3 = 8 \cdot (\cos 225° + i \cdot \sin 225°)$

b) $A^2 = 9 \cdot (\cos 172° + i \cdot \sin 172°)$, $A^3 = 27 \cdot (\cos 258° + i \cdot \sin 258°)$

c) $A^2 = \frac{1}{4} \cdot (\cos 340° + i \cdot \sin 340°)$, $A^3 = \frac{1}{8} \cdot (\cos 150° + i \cdot \sin 150°)$

10.45 a) $A^2 = 6 + 6\sqrt{3}i = 12 \cdot (\cos 60° + i \cdot \sin 60°)$

$A^3 = 12\sqrt{12} \cdot i = 12\sqrt{12} \cdot (\cos 90° + i \cdot \sin 90°)$

$A^4 = -72 + 72\sqrt{3} \cdot i = 144 \cdot (\cos 120° + i \cdot \sin 120°)$

b) $A^2 = -2 - 2\sqrt{3} \cdot i = 4 \cdot (\cos 240° + i \cdot \sin 240°)$

$A^3 = -8 = 8 \cdot (\cos 180° + i \cdot \sin 180°)$

$A^4 = -8 + 8 \cdot \sqrt{3} \cdot i = 16 \cdot (\cos 120° + i \cdot \sin 120°)$

c) $A^2 = \frac{1}{2} \cdot i = \frac{1}{2} \cdot (\cos 90° + i \cdot \sin 90°)$

$A^3 = -\frac{1}{4} + \frac{1}{4} \cdot i = \frac{\sqrt{2}}{4} \cdot (\cos 135° + i \cdot \sin 135°)$

$A^4 = -\frac{1}{4} = \frac{1}{4} \cdot (\cos 180° + i \cdot \sin 180°)$

d) $A^2 = -2 \cdot i = 2 \cdot (\cos 270° + i \cdot \sin 270°)$,

$A^3 = -2 + 2i = 2\sqrt{2} \cdot (\cos 225° + i \cdot \sin 225°)$

$A^4 = -4 = 4 \cdot (\cos 180° + i \cdot \sin 180°)$

10.46 a)

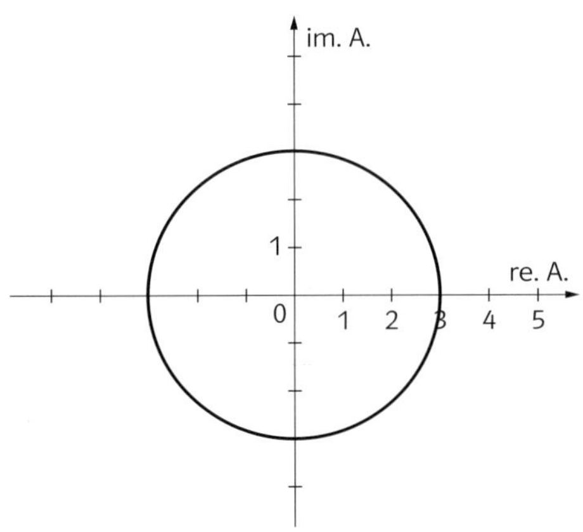

c)

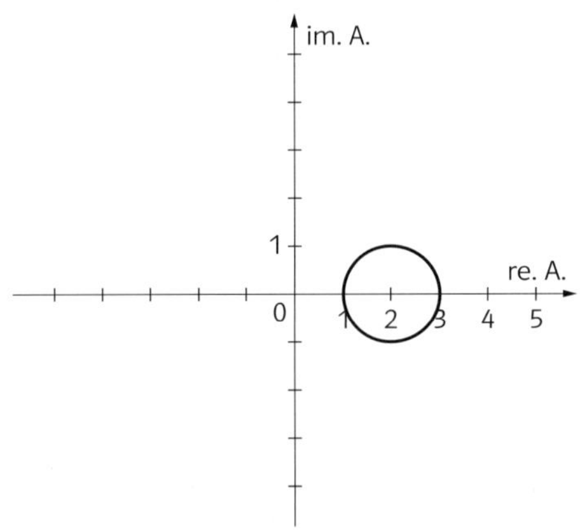

b)

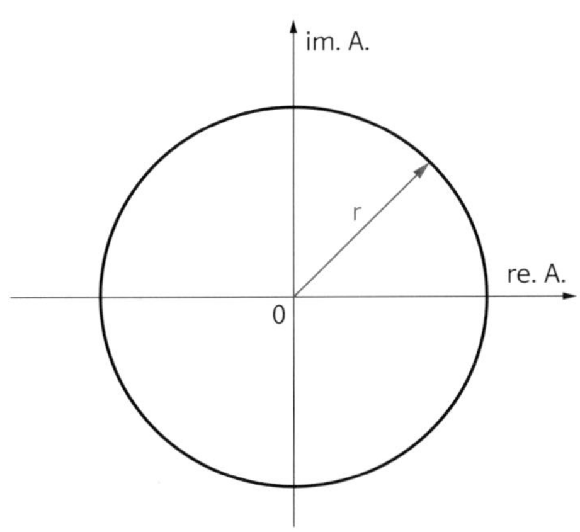

d)

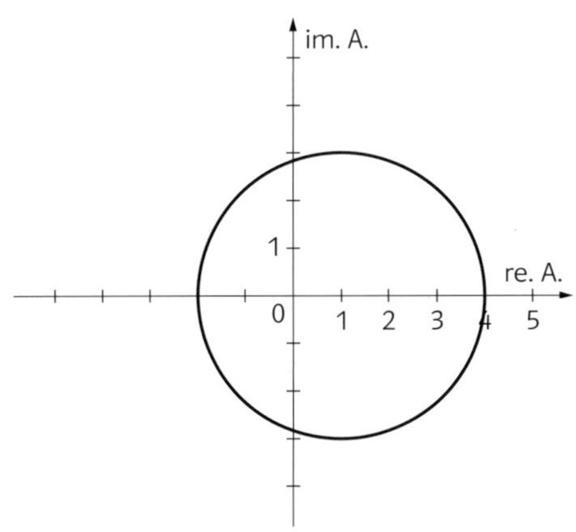

10.47 **a)** $A = -\frac{1}{2} + \frac{\sqrt{3}}{2}i,\ A^2 = -\frac{1}{2} - \frac{\sqrt{3}}{2}i,\ A^3 = 1,\ A^4 = -\frac{1}{2} + \frac{\sqrt{3}}{2}i,\ \dots$

Die Zahlen $-\frac{1}{2} + \frac{\sqrt{3}}{2}i, -\frac{1}{2} - \frac{\sqrt{3}}{2}i, 1$ wiederholen sich periodisch.

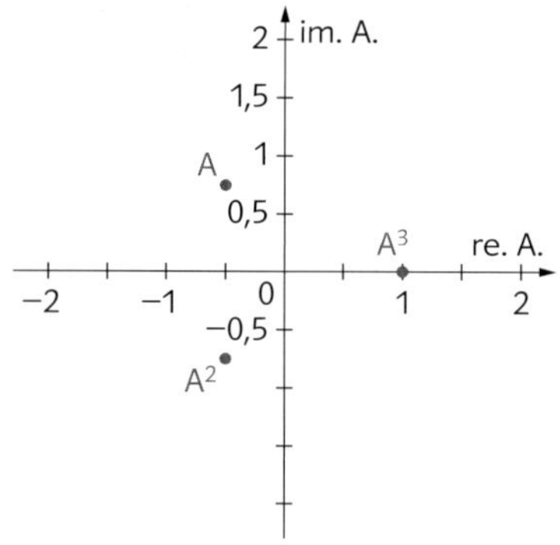

b) $A = -\frac{\sqrt{2}}{2} + \frac{\sqrt{2}}{2}i,\ A^2 = -i,\ A^3 = \frac{\sqrt{2}}{2} + \frac{\sqrt{2}}{2}i,\ A^4 = -1,\ A^5 = \frac{\sqrt{2}}{2} - \frac{\sqrt{2}}{2}i,$

$A^6 = i,\quad A^7 = -\frac{\sqrt{2}}{2} - \frac{\sqrt{2}}{2}i,\ A^8 = 1,\ A^9 = -\frac{\sqrt{2}}{2} + \frac{\sqrt{2}}{2}i$

Die Zahlen $-\frac{\sqrt{2}}{2} + \frac{\sqrt{2}}{2}i, -i, \frac{\sqrt{2}}{2} + \frac{\sqrt{2}}{2}i, -1, \frac{\sqrt{2}}{2} - \frac{\sqrt{2}}{2}i, i, -\frac{\sqrt{2}}{2} - \frac{\sqrt{2}}{2}i, 1$ wiederholen sich periodisch.

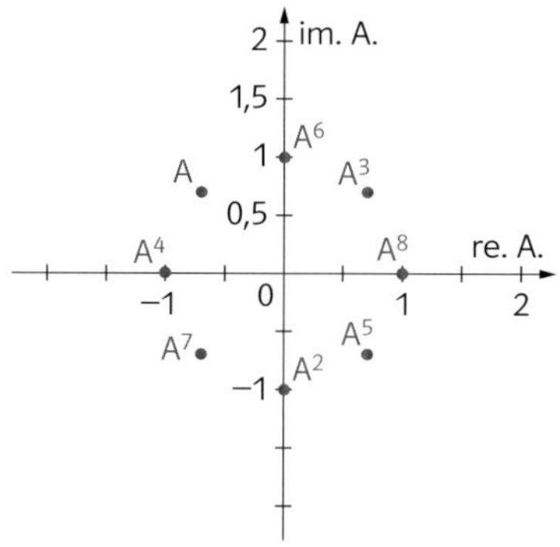

c) $A = -\frac{\sqrt{3}}{2} + \frac{1}{2}i,\ A^2 = \frac{1}{2} - \frac{\sqrt{3}}{2}i,\ A^3 = i,\ A^4 = -\frac{1}{2} - \frac{\sqrt{3}}{2}i,\ A^5 = \frac{\sqrt{3}}{2} + \frac{1}{2}i,$

$A^6 = -1,\ A^7 = \frac{\sqrt{3}}{2} - \frac{1}{2}i,\ A^8 = -\frac{1}{2} + \frac{\sqrt{3}}{2}i,\ A^9 = -i,\ A^{10} = \frac{1}{2} + \frac{\sqrt{3}}{2}i,$

$A^{11} = -\frac{\sqrt{3}}{2} - \frac{1}{2}i,\ A^{12} = 1,\ A^{13} = -\frac{\sqrt{3}}{2} + \frac{1}{2}i,\ \dots$

Die Zahlen A bis A^{12} wiederholen sich periodisch.

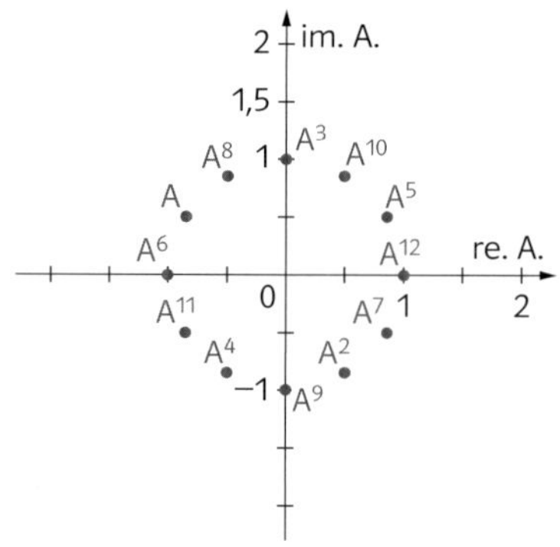

10.48 Hinweis: Setze $A = a + bi$, $B = c + di$!
$|A + B|^2 + |A - B|^2 = \dots = 2 \cdot (|A|^2 + |B|^2)$

10.49 **Erster Beweis:**

Setze $A = r \cdot (\cos\alpha + i \cdot \sin\alpha)$, $B = r \cdot (\cos\beta + i \cdot \sin\beta)$! Dann gilt:

$A^2 + B^2 = r^2 \cdot (\cos 2\alpha + i \cdot \sin 2\alpha) + r^2 \cdot (\cos 2\beta + i \cdot \sin 2\beta) =$
$= r^2 \cdot [(\cos 2\alpha + \cos 2\beta) + i \cdot (\sin 2\alpha + \sin 2\beta)]$

Daraus folgt:

$A^2 + B^2 = 0 \Leftrightarrow \cos 2\alpha + \cos 2\beta = 0 \wedge \sin 2\alpha + \sin 2\beta = 0 \Leftrightarrow$
$\Leftrightarrow 2 \cdot \cos\frac{2\alpha + 2\beta}{2} \cdot \cos\frac{2\alpha - 2\beta}{2} = 0 \wedge 2 \cdot \sin\frac{2\alpha + 2\beta}{2} \cdot \cos\frac{2\alpha - 2\beta}{2} = 0 \Leftrightarrow$
$\Leftrightarrow \cos(\alpha + \beta) \cdot \cos(\alpha - \beta) = 0 \wedge \sin(\alpha + \beta) \cdot \cos(\alpha - \beta) = 0 \Leftrightarrow$
$\Leftrightarrow \cos(\alpha - \beta) = 0 \Leftrightarrow |\alpha - \beta| = 90° \Leftrightarrow |\arg A - \arg B| = 90°$

Zweiter Beweis:

$A^2 + B^2 = 0 \Leftrightarrow (A - iB)(A + iB) = 0 \Leftrightarrow A - iB = 0 \vee A + iB = 0 \Leftrightarrow$
$\Leftrightarrow A = iB \vee A = -iB \Leftrightarrow A = iB \vee B = iA \Leftrightarrow$
$\Leftrightarrow \arg A = \arg B + 90° \vee \arg B = \arg A + 90° \Leftrightarrow |\arg A - \arg B| = 90°$

10.51 **a)** $W_1 = 2 \cdot (\cos 34° + i \cdot \sin 34°)$,
$W_2 = 2 \cdot (\cos 214° + i \cdot \sin 214°)$

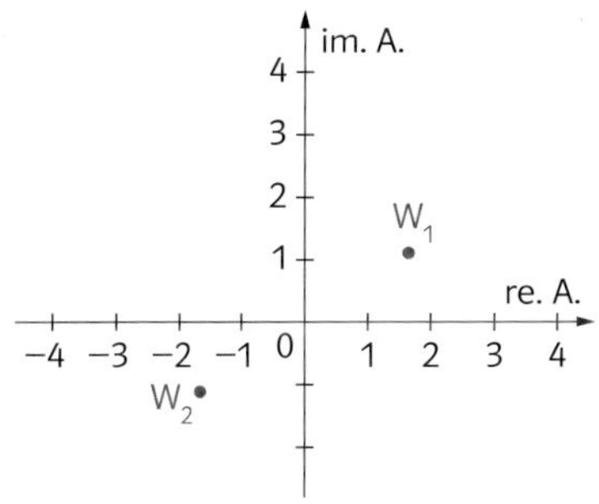

b) $W_1 = 3 \cdot (\cos 56° + i \cdot \sin 56°)$,
$W_2 = 3 \cdot (\cos 236° + i \cdot \sin 236°)$

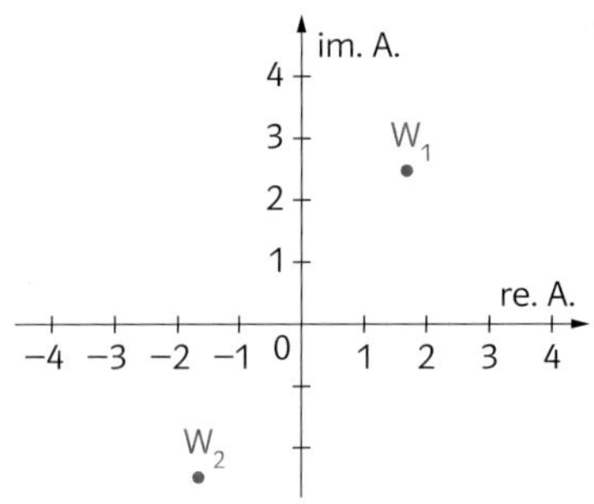

c) $W_1 = \sqrt{2} \cdot (\cos 45° + i \cdot \sin 45°) = 1 + i$
$W_2 = \sqrt{2} \cdot (\cos 225° + i \cdot \sin 225°) = -1 - i$

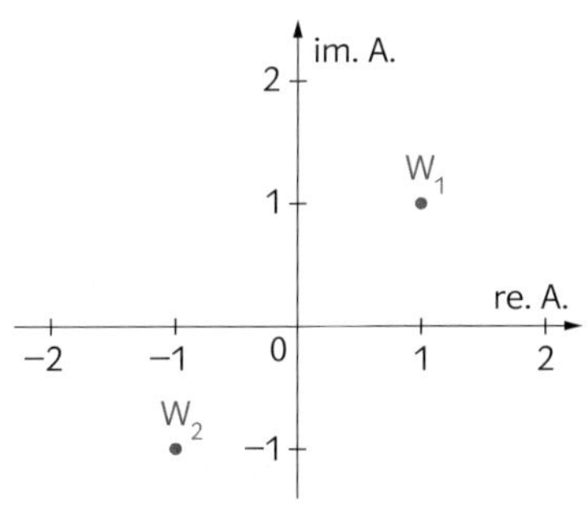

10.52 **a)** $W_1 = \cos 18° + i \cdot \sin 18°$ (Hauptwert),
$W_2 = \cos 138° + i \cdot \sin 138°$,
$W_3 = \cos 258° + i \cdot \sin 258°$
Die Punkte liegen auf einem Kreis mit dem Mittelpunkt O und dem Radius 1. Sie bilden die Eckpunkte eines gleichseitigen Dreiecks.

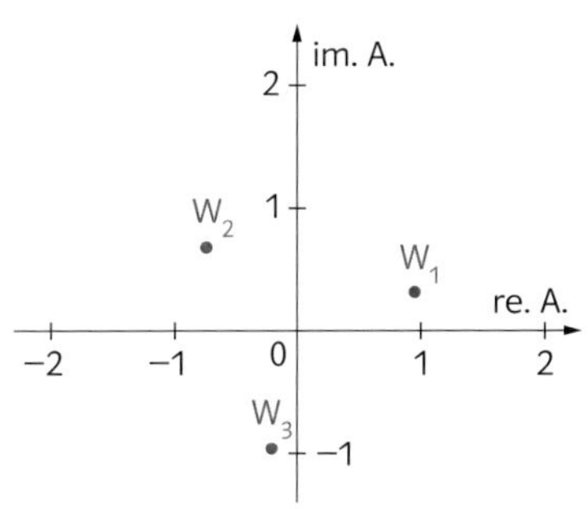

b) $W_1 = 2 \cdot (\cos 33° + i \cdot \sin 33°)$ (Hauptwert),
$W_2 = 2 \cdot (\cos 153° + i \cdot \sin 153°)$,
$W_3 = 2 \cdot (\cos 273° + i \cdot \sin 273°)$
Die Punkte liegen auf einem Kreis mit dem Mittelpunkt O und dem Radius 2. Sie bilden die Eckpunkte eines gleichseitigen Dreiecks.

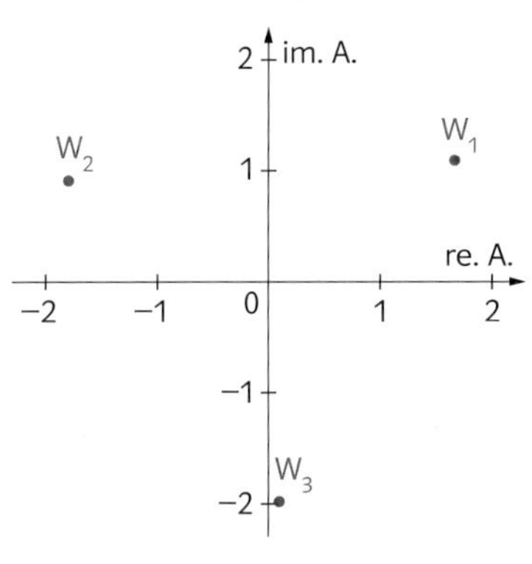

c) $W_1 = \sqrt[3]{3} \cdot (\cos 90° + i \cdot \sin 90°) = 3\sqrt{3} \cdot i$ (Hauptwert),
$W_2 = \sqrt[3]{3} \cdot (\cos 210° + i \cdot \sin 210°)$,
$W_3 = \sqrt[3]{3} \cdot (\cos 330° + i \cdot \sin 330°)$
Die Punkte liegen auf einem Kreis mit dem Mittelpunkt O und dem Radius $\sqrt[3]{3}$. Sie bilden die Eckpunkte eines gleichseitigen Dreiecks.

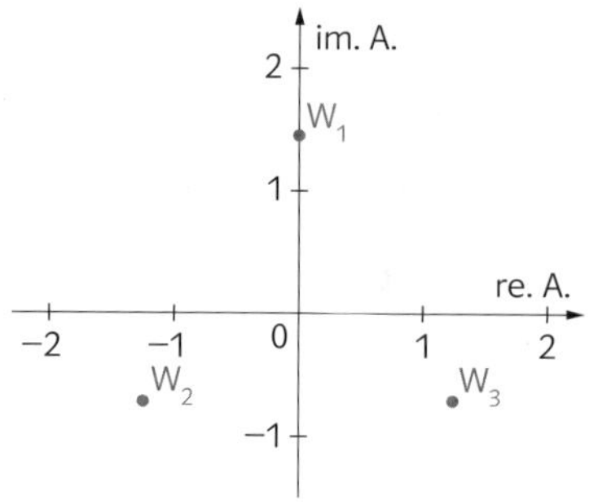

10.53 a) $x_1 = \sqrt[4]{2} \cdot (\cos 22{,}5° + i \cdot \sin 22{,}5°) \approx 1{,}10 + 0{,}46i$
$x_2 = \sqrt[4]{2} \cdot (\cos 202{,}5° + i \cdot \sin 202{,}5°) \approx -1{,}10 - 0{,}46i$
b) $x_1 \approx \sqrt{5} \cdot (\cos 161{,}6° + i \cdot \sin 161{,}6°) \approx -2{,}12 + 0{,}71i$
$x_2 \approx \sqrt{5} \cdot (\cos 341{,}6° + i \cdot \sin 341{,}6°) \approx 2{,}12 - 0{,}71i$
c) $x_1 = \sqrt{2} \cdot (\cos 15° + i \cdot \sin 15°) \approx 1{,}37 + 0{,}37i$
$x_2 = \sqrt{2} \cdot (\cos 135° + i \cdot \sin 135°) = -1 + i$
$x_3 = \sqrt{2} \cdot (\cos 255° + i \cdot \sin 255°) \approx -0{,}37 - 1{,}37i$
d) $x_1 = \cos 90° + i \cdot \sin 90° = i$
$x_2 = \cos 210° + i \cdot \sin 210° \approx -0{,}87 - 0{,}5i$
$x_3 = \cos 330° + i \cdot \sin 330° \approx 0{,}87 - 0{,}5i$
e) $x_1 = \cos 0° + i \cdot \sin 0° = 1$
$x_2 = \cos 90° + i \cdot \sin 90° = i$
$x_3 = \cos 180° + i \cdot \sin 180° = -1$
$x_4 = \cos 270° + i \cdot \sin 270° = -i$
f) $x_1 = \cos 30° + i \cdot \sin 30° = \frac{1}{2}\sqrt{3} + \frac{1}{2}i \approx 0{,}87 + 0{,}5i$
$x_2 = \cos 90° + i \cdot \sin 90° = i$
$x_3 = \cos 150° + i \cdot \sin 150° = -\frac{1}{2}\sqrt{3} + \frac{1}{2}i \approx -0{,}87 + 0{,}5i$
$x_4 = \cos 210° + i \cdot \sin 210° = -\frac{1}{2}\sqrt{3} - \frac{1}{2}i \approx -0{,}87 - 0{,}5i$
$x_5 = \cos 270° + i \cdot \sin 270° = -i$
$x_6 = \cos 330° + i \cdot \sin 330° = \frac{1}{2}\sqrt{3} - \frac{1}{2}i \approx 0{,}87 - 0{,}5i$

10.54 a) $x = 3 - 2i$
b) $x = 5i$
c) $x = \frac{5}{4}$
d) $x = \frac{1}{2} + \frac{1}{2}i$
e) $x = \frac{2}{5} + \frac{8}{5}i$
f) $x = \frac{1}{6} + \frac{1}{6}i$

10.55 a) $x = \frac{1}{2}\sqrt{3} - \frac{1}{2}i \lor x = -\frac{1}{2}\sqrt{3} - \frac{1}{2}i$
b) $x = 3i \lor x = -2i$
c) $x = -(1 + \sqrt{2})i \lor x = -(1 - \sqrt{2})i$
d) $x = \frac{3}{2} - \frac{1}{2}i \lor x = -\frac{3}{2} - \frac{1}{2}i$
e) $x = -\frac{1}{2} - \frac{1}{2}i$
f) $x = \frac{3}{2} + \frac{3}{2}i$
g) $x = -1 - i \lor x = \frac{1}{2} + \frac{1}{2}i$
h) $x = -\frac{4}{5} + \frac{3}{5}i \lor x = -i$
i) $x = -\frac{1}{2} + \frac{1}{2}i$

10.56 a) ZB.: $x^2 - 4x + 4 + 2i = 0$ b) ZB.: $x^2 - x + 1 + i = 0$ c) ZB.: $x^2 - (3 + i) \cdot x + 2 + i = 0$

10.57 Eine quadratische Gleichung der Form $x^2 + px + q = 0$ mit $p, q \in \mathbb{C}$ besitzt genau dann zwei Lösungen, die sich nur im Vorzeichen unterscheiden, wenn $p = 0$ ist.
Eine quadratische Gleichung der Form $ax^2 + bx + c = 0$ mit $a, b, c \in \mathbb{C}$ besitzt genau dann zwei Lösungen, die sich nur im Vorzeichen unterscheiden, wenn $b = 0$ ist.

10.58 Siehe Seiten 231 und 234!

10.59 Siehe Seite 231!

10.60 $\mathbb{R} \subset \mathbb{C}$. Siehe Seite 231!

10.61 $x = -\sqrt{a} \cdot i \lor x = \sqrt{a} \cdot i$

10.62 Siehe Seiten 234 und 235!

10.64 Siehe Seite 237!

10.65 Siehe Seite 237!

10.66 Siehe Seite 238!
$a = (a \mid 0)$, $i = (0 \mid 1)$, $bi = (0 \mid b)$, $a + bi = (a \mid b)$

10.67 Siehe Seiten 230–250!

10.68

	richtig	falsch
5 ist eine komplexe Zahl.	☒	☐
$-(1-i)$ ist eine imaginäre Zahl.	☐	☒
Jede reelle Zahl ist eine imaginäre Zahl.	☐	☒
Konjugiert komplexe Zahlen entsprechen Punkten in der Gauß'schen Zahlenebene, die symmetrisch zum Ursprung liegen.	☐	☒

10.69 **a)** zB: -1 **b)** zB: $\sqrt{2}$ **c)** $1 + i$

10.70

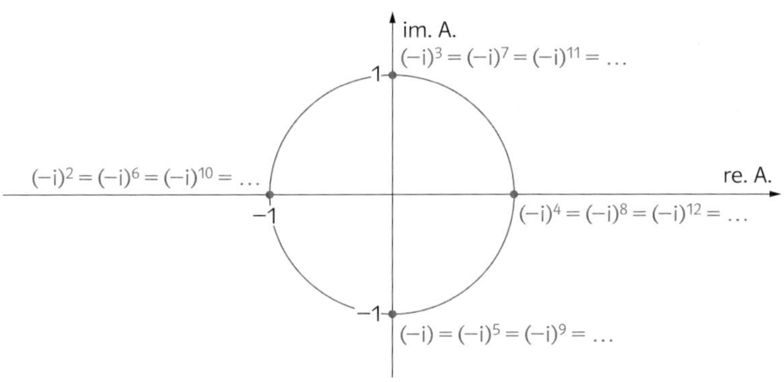

$-i,\ (-i)^2 = -1,\ (-i)^3 = i,\ (-i)^4 = 1,\ (-i)^5 = -i,\ \ldots$
Die Zahlen $-i, -1, i, 1$ wiederholen sich periodisch.
Die Punkte liegen auf einem Kreis mit dem Mittelpunkt 0 und dem Radius 1. Außerdem bilden sie die Eckpunkte eines Quadrats.

10.71 **a)** $-3 + i$ **b)** $5{,}3 - 6{,}2i$

10.72 **a)** $x = -\frac{1}{4} + \frac{\sqrt{39}}{4}i \lor x = -\frac{1}{4} - \frac{\sqrt{39}}{4}i$

b) $x = -\frac{1}{6} + \frac{\sqrt{11}}{6}i \lor x = -\frac{1}{6} - \frac{\sqrt{11}}{6}i$

c) $x = 0 \lor x = 2 + i \lor x = 2 - i$

d) $x = 0 \lor x = -\frac{1}{2} + \frac{\sqrt{7}}{2}i \lor x = -\frac{1}{2} - \frac{\sqrt{7}}{2}i$